CPEC

国家级实验教学示范中心联席会

计算机学科组规划教材

C语言程序设计

第2版

蔡小庆　邵兰洁　主　编

云彩霞　孙丽云　任文凤　李　今　副主编

清华大学出版社

北京

内 容 简 介

  C语言是目前最为流行的程序设计语言之一,是许多计算机类专业学生和计算机爱好者学习程序设计语言的首选。本书共9章,以"简易计算器"和"学生成绩管理系统"两个案例为主线,将C语言的基本概念、数据类型及其运算、选择结构及其应用、循环结构及其应用、数组、函数、预处理命令、指针、文件等章节的主要知识点有机结合,从基础语法的详细讲解逐步过渡到复杂程序设计的构建,通过丰富且层次递进的实例引导读者深入理解编程逻辑与算法思维,且融入常见编程错误分析与调试技巧,帮助读者提升解决实际问题的能力。

  每章开头都给出本章导读和学习目标;对知识点和语法格式进行详细说明;每个例题均配有问题分析、程序代码和输出结果,部分还给出讲解微视频,并为程序代码添加尽可能多的注释,方便初学者更好的理解和入门;提供精心制作的电子课件、习题答案及源程序文件。

  本书概念清楚、通俗易懂、实用性强,适合作为高等学校"C语言程序设计"课程的教材,可以满足不同专业、不同学时的教学需要,对计算机相关专业和电子信息类专业可以讲授本书的全部内容,其他专业可以讲授本书的部分内容。本书也适合作为从事计算机相关工作的科技人员、计算机爱好者及各类自学人员的参考书。

图书在版编目(CIP)数据

  C语言程序设计 / 蔡小庆,邵兰洁主编. -- 2版. -- 北京:清华大学出版社,2025.6(2025.11重印).
(国家级实验教学示范中心联席会计算机学科组规划教材). -- ISBN 978-7-302-69553-0

  Ⅰ. TP312.8

  中国国家版本馆 CIP 数据核字第 2025H4J354 号

责任编辑:龙启铭
封面设计:刘　键
责任校对:徐俊伟
责任印制:沈　露

出版发行:清华大学出版社
    网　　　址:https://www.tup.com.cn,https://www.wqxuetang.com
    地　　　址:北京清华大学学研大厦A座　　邮　　编:100084
    社　总　机:010-83470000　　　　　　　邮　　购:010-62786544
    投稿与读者服务:010-62776969,c-service@tup.tsinghua.edu.cn
    质量反馈:010-62772015,zhiliang@tup.tsinghua.edu.cn
    课件下载:https://www.tup.com.cn,010-83470236
印　装　者:三河市龙大印装有限公司
经　　　销:全国新华书店
开　　　本:185mm×260mm　　印　张:20.75　　　　字　　数:508千字
版　　　次:2021年1月第1版　2025年7月第2版　　印　　次:2025年11月第2次印刷
定　　　价:59.00元

产品编号:111873-01

前 言

C语言是国内外广泛使用的结构化程序设计语言,它既具有高级语言的优点,又具有汇编语言的功能,同时具有丰富的运算符和数据类型,其语言简单灵活,表达能力强,目标程序效率高,可移植性好,无论是操作系统的底层开发,还是嵌入式系统的核心编程,或者是高性能算法的实现,C语言都展现出了无可比拟的优势。因此,多数高等院校不仅计算机专业开设了C语言课程,而且非计算机专业也开设了此课程。同时,许多学生都选择C语言作为参加全国计算机等级考试(二级)的考试科目。

本书内容

本书第2版是对第1版的改版,保留了第1版的风格和特点,并在章节内容方面进行了一定的补充和删减,使得教材内容更为充实和专业。第2版力求做到概念准确、简洁,语言通俗易懂,注重前后内容的衔接,知识点安排循序渐进,案例的选取与学生联系紧密,易于理解,有助于初学者快速掌握C语言的基础知识,从而更好地学习C语言。

本书详细介绍了C语言程序设计中最基本的语法规则和程序设计方法,共分为9章。第1章绪论,主要介绍了C语言的概述及C语言程序的运行过程,以及对"简易计算器"和"学生成绩管理系统"两个案例的简介。第2章数据类型及其运算,主要介绍了C语言的基本数据类型、运算符和表达式、数据的输入和输出、C语句和顺序结构程序设计,以及"简易计算器"案例分析与实现。第3章选择结构及其应用,主要介绍了关系运算与逻辑运算、选择结构程序设计的思想和基本语句,以及"简易计算器"案例的进一步分析与实现。第4章循环结构及其应用,主要介绍循环结构程序设计的思想和基本语句,以及"简易计算器"案例的进一步分析与实现。第5章数组,主要介绍了一维数组、二维数组、字符数组的定义、引用和运用,结构体定义及结构体数组应用,以及"学生成绩管理系统"案例分析与实现。第6章函数,主要介绍了函数的概念、定义与调用的方法,变量的作用域与生存期,以及"学生成绩管理系统"案例的进一步分析与实现。第7章预处理命令,主要介绍了宏定义、文件包含和条件编译,以及"学生成绩管理系统"案例的进一步分析与实现。第8章指针,主要介绍了指针的概念、指针变量与指针的应用,链表的概念及链表的基本操作,以及"学生成绩管理系统"案例的进一步分析与实现。第9章文件,主要介绍了文件的概念和基本操作,以及"学生成绩管理系统"案例的进一步分析与实现。

本书特点

(1) 本书以"简易计算器"和"学生成绩管理系统"两个案例为主线来组织内容,其中"简易计算器"案例贯穿第1~4章,"学生成绩管理系统"案例贯穿第5~9章,将C语言各章节的主要知识点有机地结合起来,形成一个整体,让读者充分理解各章节知识点之间的联系,做到学有所用、融会贯通。在案例实现的过程中,介绍程序设计的基本方法及模块化程序设计的思想,读者能够清晰地看到各个知识点在实际案例中的具体应用,感受到知识之间的紧密联系,从而对C语言有全面、直观、系统的认识。

(2) 注重章节学习的意义,本章导读引出本章学习的意义和学习内容,可以帮助读者构建完整的知识体系,理解知识连贯性和递进性。本章学习目标,让读者清楚努力方向,避免盲目学习。

(3) 针对程序设计的初学者,以通俗易懂的语言,由浅入深、循序渐进,对所介绍的内容都给出典型的例题,每个例题均配有问题分析(给出解决问题的思路和算法)、程序代码(完整的程序代码,并对程序代码添加尽可能多的注释)、运行结果(在Visual C++ 2010环境下对运行结果截图,有利于程序结果的验证),以及对关键代码进行解析和总结,帮助读者更好的理解。

(4) 所有例题均按照C99标准编写,并遵循程序员所应该遵循的一般编程风格,可读性强。同时,每章后都设有精心挑选的多种类型的习题,以帮助读者通过练习进一步理解和巩固所学的内容。

(5) 每章的常见错误分析指出了初学者在学习过程中的一些常见问题,并提供了行之有效的调试方法,让读者在面对错误时不再手足无措,而是能够冷静分析、从容应对,逐步提升解决实际问题的能力。

(6) 本书配有多媒体课件、例题和习题源代码,还配备了丰富的在线资源,包括生动形象的微视频、翔实准确的代码示例等,为读者提供全方位、立体式的学习支持,让学习过程更加便捷、高效且生动有趣。

读者对象

本书适合作为高等学校"C语言程序设计"课程的教材,可以满足不同专业、不同学时的教学需要,对计算机相关专业和电子信息类专业可以讲授本书的全部内容,其他专业可以讲授本书的部分内容。本书也适合计算机水平考试培训及各类成人教育教学使用,还可作为C语言编程爱好者的自学参考书。

本书的作者均为承担程序设计、数据结构等课程教学的骨干教师,教学经验丰富,积累了不少的教学素材,其中蔡小庆负责编写第2章、第6章和"简易计算器"案例,邵兰洁负责编写第5章和"学生成绩管理系统"案例,云彩霞负责编写第3章、第7章,孙丽云负责编写

第1章、第8章,任文凤负责编写第4章,李今负责编写第9章。全书由蔡小庆和邵兰洁统稿,由李丽芬主审。

建议在教学过程中突出重点,精讲多练,举一反三。根据知识点的性质和特点,采用翻转课堂教学、案例教学和任务驱动教学等多种教学方法相结合的方式,以提高学生学习的兴趣和主动性,注重学生程序设计能力的培养。

在本书的编写过程中,作者广泛参阅和借鉴了诸多文献,并吸取了其优点,在此谨向这些文献的作者致以诚挚的谢意。本书的出版凝聚了清华大学出版社工作人员的辛勤汗水,在此感谢清华大学出版社的信任与付出。

由于作者水平有限,书中难免存在疏漏和不足之处,敬请广大读者批评指正。

作　者

2025 年 3 月

目 录

第 1 章

绪 论

☆ 本章导读

随着计算机与人工智能工具的广泛普及,人们逐渐认识到,计算机不仅能够执行大规模的数学运算,还能模拟人类思维。对于计算机技术了解有限的人来说,可能会误以为计算机的运算能力是无所不能且与生俱来的。然而,事实并非如此。计算机本质上是执行预设指令的机器,它能完成众多复杂任务,归功于其使用者的精心设计与指导。那么,人类是如何向计算机发出这些指令的呢? 答案是通过编程,即以一种计算机能够理解的方式,逐步规划出操作路径。在日常生活中,人与人之间的交流依赖于自然语言,如汉语、英语等(前提是双方共通此语言)。同样,当人们期望计算机协助完成任务时,就需要通过编写程序来传达意图。程序编写可以借助多种程序设计语言来实现,其中 C 语言作为一种经典的程序设计语言,构成了人与计算机沟通的桥梁。若你渴望计算机助你一臂之力,C 语言便是一种表达你的想法并将其转化为计算机可执行指令的有效手段。学习编程,实质上就是掌握如何利用编程语言,使计算机能够准确理解并执行我们的指令。

本章将引领你探索 C 语言的发展历程、独特优势、C 程序的基本结构以及如何动手实现一个简单的 C 程序,为你在编程世界及 AI 领域的探索之旅铺平道路。另外,本章还将对贯穿教材第 1~4 章的综合案例——简易计算器和贯穿教材第 5~9 章的综合案例——学生成绩管理系统进行简单介绍。

☆ 学习目标

• 了解 C 语言的发展与特点。

- 理解算法的概念,了解算法的表示方法。
- 熟悉 C 程序的基本结构。
- 掌握利用 Visual C++ 2010 Express 编辑、运行、调试 C 语言程序源代码的方法。

1.1 C语言的发展

C 语言是国际上广泛使用的计算机高级编程语言,其应用范围广泛,既可用于编写系统软件,也能胜任应用软件的开发任务。C 语言的起源可以追溯到 BCPL 语言。1967 年,英国剑桥大学的 Martin Richards 推出了无类型概念的 BCPL(Basic Combined Programming Language)语言。随后,1970 年,美国 AT&T 贝尔实验室的 Ken Thompson 基于 BCPL 语言,设计了一种更为简单且贴近硬件的 B 语言(其名称取自 BCPL 的首字母)。然而,B 语言因其过于简洁而功能受限。

为了满足更广泛的编程需求,1972 至 1973 年间,贝尔实验室的 D. M. Ritchie 在 B 语言的基础上,进一步设计出了 C 语言。C 语言不仅继承了 BCPL 和 B 语言精炼且贴近硬件的优势,还弥补了它们过于简单、缺乏数据类型等不足。C 语言的一大新特点是引入了多种数据类型,这极大地增强了其编程能力和灵活性。

C 语言的开发初衷是为了降低软件对硬件平台的依赖性,实现软件的可移植性。这一设计理念使得 C 语言在跨平台开发中具有显著优势。值得注意的是,C 语言与 UNIX 操作系统之间存在着深厚的联系。最初,C 语言的开发是为了更好地描述和实现 UNIX 操作系统。C 语言的诞生促进了 UNIX 操作系统的开发进程,而 UNIX 的广泛应用又反过来推动了 C 语言的迅速普及。可以说,C 语言和 UNIX 在发展历程中相互依存、相互促进,形成了一对密不可分的"孪生兄弟"。

综上所述,C 语言从 BCPL 到 B 语言,再到最终的 C 语言,经历了不断的发展和完善。如今,C 语言已成为计算机科学领域不可或缺的一部分,其强大的功能和广泛的应用领域使其成为程序员们必备的技能之一。

1.2 C语言的特点

C 语言是一种极具通用性的结构化程序设计语言,其特性丰富,包括多样的运算符号和全面的数据类型,语言设计简洁灵活,且表达能力强。以下是 C 语言的主要特点概述。

(1) 兼具高级与低级语言功能:C 语言具备独特的双重性质,它不仅能够像高级语言那样提供丰富的编程结构和功能,还能够像低级语言一样直接访问物理地址、执行位操作,并实现汇编语言的大部分功能。这种能力使得 C 语言能够直接对硬件进行操作,因此它既是成功的系统描述语言,适用于底层系统开发,同时也是一种通用的程序设计语言,广泛应用于各种应用软件的编写。

(2) 模块化和结构化的设计:C 语言采用函数作为程序的基本模块,这一特性促进了程序的模块化设计。此外,C 语言提供了结构化的控制语句,如 if 条件语句、switch 选择语句、while 循环语句、do-while 循环语句以及 for 循环语句等,这些语句使得代码更加简洁和紧凑,易于阅读和维护。

（3）良好的可移植性：C 语言的设计注重与硬件的独立性,它不包含依赖于特定硬件的输入输出机制。因此,C 语言程序能够在不同的硬件平台上进行编译和运行,具有良好的可移植性。这一特性使得 C 语言成为跨平台开发的理想选择。

（4）高效的执行性能：C 语言编译器能够生成高质量的目标代码,这使得 C 语言程序在执行时具有高效率。这一特性使得 C 语言在性能要求较高的应用场景中表现出色,如实时系统、嵌入式系统的开发等。

C 语言以其独特的双重性质、模块化和结构化的设计、良好的可移植性以及高效的执行性能,成为计算机科学领域中不可或缺的一种编程语言。

🔑 1.3　C 程序结构

C 程序结构由头文件、主函数、系统的库函数和自定义函数组成,因程序功能要求不同,C 程序的组成也有所不同。其中 main() 主函数是每个 C 语言程序都必须包含的部分。

1.3.1　C 程序的基本组成

由于读者刚开始接触 C 语言,在这里先不长篇论述 C 程序的全部组成部分,而是介绍 C 程序的基本组成部分。在读者会写简单的 C 程序的基础上,通过后面章节的学习逐步深入了解 C 程序的完整结构。

下面以一个简单的例子说明 C 程序的基本组成。

【例 1.1】　一个仅包含一条输出语句的简单 C 程序。

```
# include < stdio. h >
int main()
{
    printf("Hello,同学!\n");
    return 0;
}
```

【输出结果】

程序输出结果如图 1.1 所示。

说明：

本程序是一个符合 C 语言标准的简单 C 语言程序,由预处理指令和主函数组成。

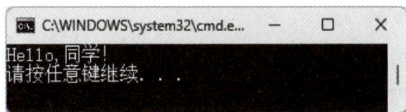

图 1.1　例 1.1 程序输出结果

（1）预处理指令 # include < stdio. h > 在编译前将标准输入输出库的头文件 stdio. h 引入程序。stdio 是"standard input and output"的缩写,. h 表示这是一个头文件。stdio. h 头文件包含了 scanf()、printf() 等涉及输入和输出的相关函数原型声明,确保编译器能正确识别这些函数。

（2）主函数由函数头和函数体组成。

函数头 int main() 是程序的唯一合法入口点,其中 int 表示函数返回值类型为整型,函数名称 main 固定,不可更改。

大括号{}内的部分是 main()函数的函数体,包含两条语句,其中"printf("Hello,同学!\n");"语句使用 printf()函数在屏幕上输出文本"Hello,同学!","\n"是换行符,确保输出后光标移至下一行起始位置。"return 0;"语句表示程序正常结束,返回 0 给操作系统。

> ⚠ **注意:**
> - 每个 C 程序都必须有一个 main()函数作为程序的起点。
> - 每条语句末尾需要加一个分号表示语句结束。
> - 在 Visual C++环境下,程序运行结束后会自动输出一行信息"请按任意键继续……",并等待用户按任意键返回程序窗口。

通过对例 1.1 的了解,可以看到 C 程序的结构特点如下。

(1) C 程序是由函数构成的,函数是 C 程序的基本单位。任何一个 C 源程序都应包含且仅包含一个主函数 main(),也可以包含一个主函数 main()和若干个其他函数。

(2) 一个函数由两部分组成:函数头和函数体。函数头即函数的第 1 行,如例 1.1 中的 int main()。函数体即函数头下面的大括号内的部分。若一个函数内有多个大括号,则最外层的一对大括号为函数体的范围(关于函数的组成部分参见第 6 章)。

(3) C 程序中 main()函数只能有一个,main()函数可以放在程序的最前头,也可以放在程序的最后头,还可以放在自定义函数之间,但不管 main()函数放在什么位置,C 程序总从 main()函数开始执行。

(4) 一个好的、有使用价值的源程序都应当加上必要的注释,以增加程序的可读性。C 语言允许用两种注释方式。

① 以"/*"开始,以"*/"结束的块式注释。这种注释形式由 C89 标准引入,可以单独占一行,也可以包含多行。编译系统在发现一个"/*"后,会开始找注释结束符"*/",并把两者之间的内容作为注释,如例 1.2 所示。

【例 1.2】 对例 1.1 的程序加上注释。

```
#include<stdio.h>          /*编译预处理命令*/
int main()                 /*主函数的函数头*/
{                          /*函数体的开始标记*/
    printf("Hello,同学!\n");  /*利用库函数中的输出函数在屏幕上输出指定的信息*/
    return 0;              /*main()函数的返回值是 0*/
}                          /*函数体的结束标记*/
```

例 1.2 与例 1.1 功能相同,但例 1.2 通过添加注释,提高了可读性。注释使用/*和*/包围,其内容不会被编译运行,仅用于解释代码。

注释形式:

```
/* 注释内容 */
```

"/*"和"*/"中间内容为注释内容,多行或单行注释均可使用此形式。

> **注意：**
> - 注释内容不应嵌套，即不能在注释内部再使用/ * 或 * /，否则会引发编译错误。
> - 错误示例：/ * / * 嵌套注释 * / * /，这种形式是不允许的。

② 以"//"开始的单行注释。这种注释形式由 C99 标准引入，可以单独占一行，也可以出现在一行中其他内容的右侧。此种注释的范围从"//"开始，到换行符结束，即这种注释不能跨行。若注释内容一行内写不下，可以用多个单行注释，或者用"/ * "和" * /"对多行注释，如例 1.3 所示。

【例 1.3】 对例 1.1 的程序加上注释。

```
# include < stdio.h >          //编译预处理命令
int main()                     //主函数的函数头
{                              //函数体的开始标记
    / * 利用库函数中的输出函数在屏幕上输出指定的信息 * /
    printf("Hello,同学!\n");
    return 0;                  //main()函数的返回值是 0
}                              //函数体的结束标记
```

> **注意：**
> - 例 1.3 与例 1.1 和例 1.2 功能相同，但例 1.3 综合利用了如下两种注释形式。
>   ① 单行注释：使用//开头，适用于简短说明。
>   ② 多行注释：使用/ * 和 * /包围，适用于详细解释或临时禁用代码块。
> - 在 Visual C++编译系统中，注释内容可用英文或汉字书写，以提高程序的可读性。合理使用注释有助于开发者和其他读者更好地理解代码意图。

1.3.2 算法

算法是为解决某一类问题而采取的一系列明确的方法和步骤。

例如，张老师讲授"C 语言程序设计"课程的某节课时，他遵循了以下步骤来完成教学：首先，他拿出《C 语言程序设计》教材仔细研读该节课程的内容；然后，根据内容的重点、难点等知识点，撰写教案并制作电子课件；最后，带着精心制作的电子课件到教室进行授课。

张老师的这一系列有序的步骤以及每一步所采取的具体方法，就可以称之为"算法"。在计算机科学中，算法是指用计算机解决一类问题的精确、清晰且有效的方法。算法与程序之间存在着密切的关系，算法是程序设计的核心，而程序则是算法在计算机上的具体实现。

算法具有以下特点。

（1）**确定性**：算法的每种运算必须有确定的意义，每种运算要执行何种动作应无二义性，目的明确。

（2）**有穷性**：一个算法总是在执行了有穷步的运算后终止，即该算法是可达的。

（3）**输入**：一个算法有 0 个或多个输入，在算法运算开始之前给出算法所需数据的初值，这些输入取自特定的对象集合。

（4）**输出**：作为算法运算的结果，一个算法产生一个或多个输出，输出是与输入有某种特定关系的量。

（5）**可行性**：要求算法中待实现的运算都是可行的，每种运算至少在原理上能由人用纸和笔在有限的时间内完成，例如，若 x＝0，则 y/x 不具有可行性。

算法的表示方法很多，通常有以下几种。

（1）**用自然语言表示**：自然语言表示算法可以用任何语言，如汉语、英语、俄语等，当然也可以用数学表达式。用自然语言表示通俗易懂，但可能文字冗长，不严格，并且复杂的算法表示很不方便，所以除了简单的问题外，一般不用自然语言描述算法。

（2）**用传统流程图表示**：传统流程图可用一些图框和流程线来表示各种类型的操作。其优点是直观形象，易于理解，其缺点是不易修改。

传统流程图常用符号如图 1.2 所示。

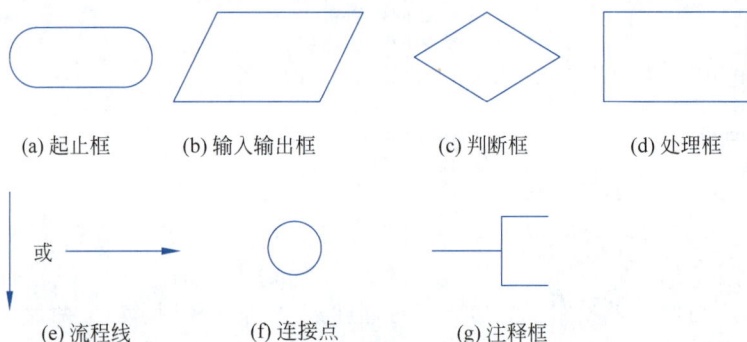

(a) 起止框   (b) 输入输出框   (c) 判断框   (d) 处理框

(e) 流程线   (f) 连接点   (g) 注释框

图 1.2　传统流程图的常用符号示例

（3）**用 N-S 流程图表示**：N-S 流程图是一种新的流程图形式。这种流程图完全去掉了带箭头的流程线，全部算法写在一个矩形框内，在该框内还可以包含其他从属于它的框。N-S 流程图适用于结构化程序设计。

（4）**用伪代码表示**：用流程图表示算法直观易懂，但不容易修改，伪代码则可以克服流程图的这个弱点。

伪代码是用介于自然语言和计算机语言之间的文字和符号来描述算法的，它不用图形符号，因此书写方便，格式紧凑，好懂，也便于向计算机程序转换。

一般在写程序之前，先列出算法，会使编程思路清晰。虽然有些简单的程序可以直接写出，但建议刚开始学习编程或编写较大程序时，最好先写出算法再编写程序，这样有助于理顺思路。

本书中的算法都用传统流程图表示。

用流程图描述算法，便于用户理解。如果要在计算机上实现算法，就需要用编程语言来编写程序代码，本书是用 C 语言来实现算法的。

1.3.3　C 程序的三种基本结构

C 语言程序包含三种基本结构：顺序结构、选择结构（也称为分支结构）和循环结构。这三种基本结构用传统流程图表示如图 1.3 所示。

顺序结构是最基本的一种程序结构，其特点是程序中的语句按顺序逐条执行。在图 1.3 的流程图中，顺序结构表现为执行完语句 1 后紧接着执行语句 2。例 1.1 展示了顺序结构

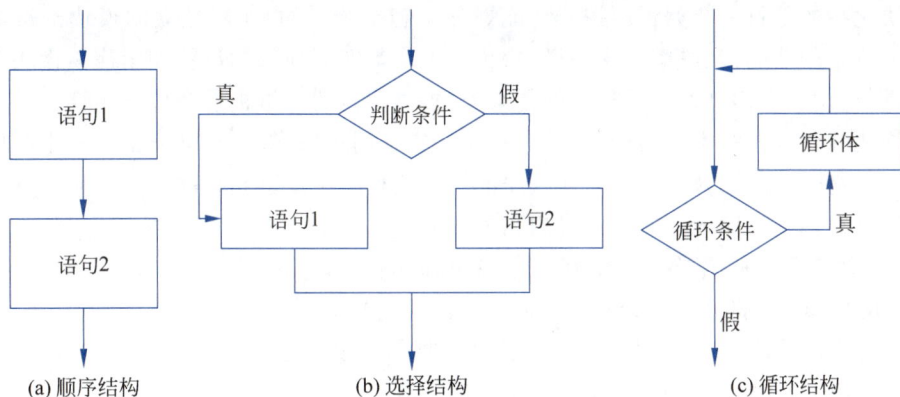

图 1.3 C 程序的三种基本结构

的程序,该程序从第 1 行开始,依次执行直至最后一行。

选择结构和循环结构将分别在第 3 章和第 4 章详细介绍。

1.4 C 程序的实现

1.4.1 C 程序的开发步骤

学习 C 语言,实质上就是掌握编程技能的过程。程序作为计算机的行动指南,确保其能够执行指定任务。编程的流程通常分为以下 4 个核心步骤。

(1) **需求分析**:首要步骤在于明确编程目标,即准确理解并界定计算机需完成的任务范围。此环节不容忽视,它如同解题前的审题,是确保后续工作正确无误的基础,尤其在大型软件开发项目中更显关键。

(2) **系统设计**:紧接着进行系统设计,这包括算法的选择和程序结构的规划,旨在构建一个既高效又易于维护的程序框架,为后续的代码编写奠定坚实基础。

(3) **代码实现**:随后进入代码编写阶段,将系统设计转化为实际的程序代码,利用编程语言精确表达算法逻辑,并输入至编辑器中。

(4) **程序调试**:最后一步是程序调试,通过编译源代码生成可执行文件,运行程序并验证输出结果是否符合预期。若存在偏差,则需细致排查错误,修正代码,并重复编译与运行过程,直至程序能够正确无误地完成任务。

在编程过程中,每一步都至关重要,共同构成完整高效的流程。编写代码只是起点,调试程序同样关键。尤其对于初学者,调试是掌握编程细节的重要途径。若代码无法运行,勿气馁,耐心调试,问题往往源于细微之处,如遗漏的分号或括号等。

C 语言程序是结构化的程序,是由顺序、选择、循环三种基本结构组成的。这种程序便于编写、阅读、修改和维护。

模块化结构化程序设计是一种重要的程序设计方法,它把大型、复杂的程序分解成多个相对独立、功能单一的模块,然后再按照一定的结构和规则将这些模块组合起来,从而构建出完整的程序。

　　模块化指的是将一个大程序按照功能划分为若干个小的、相对独立的模块。每个模块负责完成特定的功能,就像搭积木一样,每个积木块都有其独特的形状和用途。模块之间通过接口进行交互,这样可以降低程序的复杂度,提高代码的可维护性和可复用性。

　　结构化强调程序的逻辑结构要清晰、有序。它采用顺序、选择和循环三种基本结构来构建程序,避免使用大量的跳转语句,使程序的执行流程易于理解和跟踪。

　　模块化结构化程序设计的基本思想如下。

　　(1) **自顶向下**:从全局视角开始,逐步深入细节。

　　(2) **逐步细化**:将大问题分解为小问题,逐一解决。

　　(3) **模块化设计**:将程序划分为独立模块,便于管理和复用。

　　(4) **结构化编码**:遵循规范,确保代码清晰易懂。

　　在日常生活中,人们执行任务时往往不自觉地遵循算法逻辑,但由于熟悉而忽略其存在。在编程中,明确并优化这些步骤至关重要,以确保程序的高效和正确。

1.4.2　C程序的编辑

　　用 C 语言编写的源程序必须经过编译、链接,得到可执行的二进制文件,然后执行这个可执行文件,最后得到输出结果。这就需要用到 C 语言编译系统,本书着重介绍在 Windows 环境下使用的 Visual C++ 2010 Express 版本。

1. 启动 Visual C++ 2010 Express 集成开发环境

　　从 2018 年 3 月开始,全国计算机等级考试二级的 C/C++语言平台更改为 Visual C++ 2010 Express 版本。Visual C++ 2010 Express 是微软公司提供的免费的 VC++开发环境,可以用来创建 Windows 平台下的 Windows 应用程序和网络应用程序。

　　使用 Visual C++ 2010 Express 编写并运行程序需要四个步骤,分别是编辑(输入程序代码)、编译(将 C 语言程序编译成目标程序文件)、链接(链接成可执行程序文件)、运行(运行可执行程序文件)。

　　在确认所使用的计算机已经安装 Visual C++ 2010 Express 之后,执行"开始"→Microsoft Visual C++ 2010 Express 命令,启动 Visual C++ 2010 Express。Visual C++ 2010 Express 启动后,呈现在用户面前的是其集成开发环境窗口,如图 1.4 所示。

　　在图 1.4 所示 Visual C++ 2010 Express 集成开发环境中,主窗口的顶部是菜单栏,包括 7 个菜单项:文件(File)、编辑(Edit)、视图(View)、调试(Debug)、工具(Tools)、窗口(Window)、帮助(Help)。

　　以上每个菜单项后的括号中是 Visual C++ 2010 Express 英文版菜单栏中菜单项的显示,若读者使用的是英文版本,可以参照查看。

　　菜单栏的下方是工具栏,其中显示常用工具按钮,如"打开""保存"等按钮,方便用户使用。

　　主窗口的左部是工作区显示窗口,这里将显示处理过程中与项目相关的各种文件类型等信息。

　　主窗口的右部是视图区,这里是显示和编辑程序文件的操作区。

　　主窗口的底部是输出窗口区,程序调试过程中,进行编译、链接、运行时输出的相关信息将在此处显示。

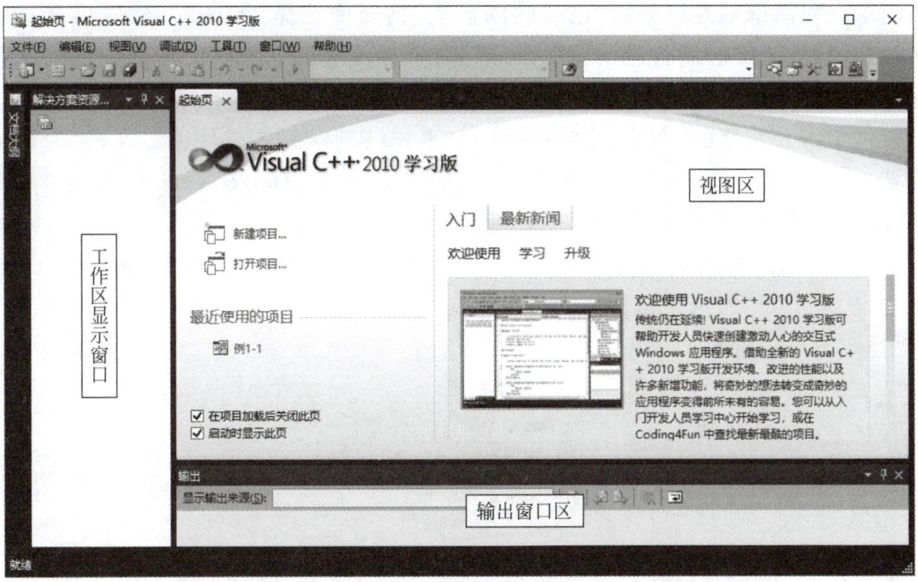

图 1.4　Visual C++ 2010 Express 简体中文学习版的集成开发环境

2. 创建项目

Visual C++ 2010 Express 不能单独编译一个 .c 文件或 .cpp 文件,这些文件必须依赖于某一个项目,因此编写程序前必须先创建一个项目。创建项目的方法较多,主要如下。

(1) 可以单击菜单栏中的"文件"→"新建"→"项目"命令创建。

(2) 可以单击工具栏中的"新建项目" ![图标] 创建。

(3) 可以单击"起始页"视图中的"新建项目" ![图标] 创建。

这里选择通过菜单创建项目:单击菜单栏中的"文件"→"新建"→"项目"命令,弹出"新建项目"对话框,如图 1.5 所示。

图 1.5　Visual C++ 2010 Express 的"新建项目"对话框

　　在图 1.5 对话框的左侧区域"已安装的模板"列表中选择"Win32",然后再在右侧区域
的列表中选择"Win32 控制台应用程序",最后在下方区域的"名称"文本框中输入项目名称
(这里是 cDemo1),在"位置"文本框中输入存储项目文件的文件夹路径(这里是 D:\YIT\C),当
然也可通过单击其右侧的"浏览"按钮选择一个事先已创建好的文件夹。勾选"为解决方案
创建目录",在"解决方案名称"文本框中输入名称(这里是 cDemo)。单击"确定"按钮启动
"Win32 应用程序向导"第 1 步,如图 1.6 所示。

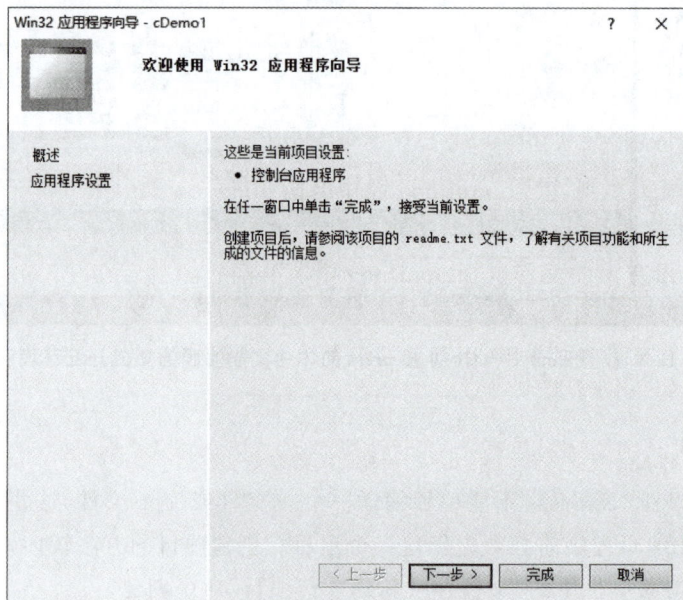

图 1.6 　"Win32 应用程序向导"第 1 步

单击图 1.6 对话框中的"下一步"按钮,进入"Win32 应用程序向导"第 2 步,如图 1.7 所示。

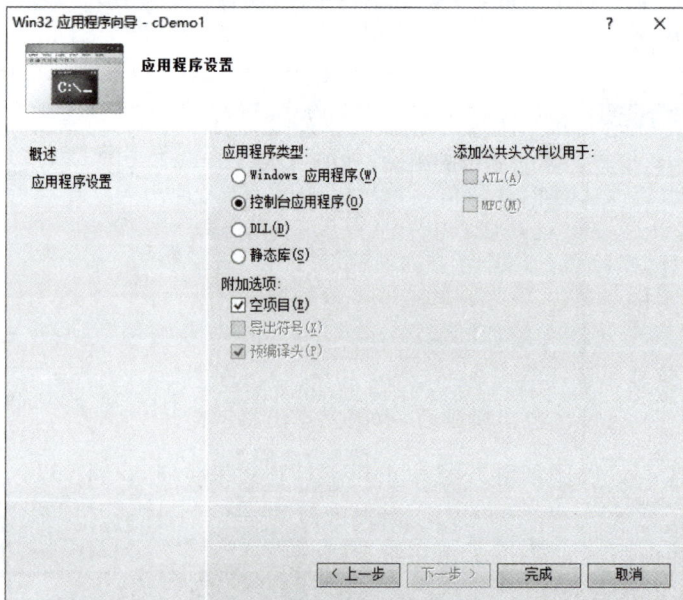

图 1.7 　"Win32 应用程序向导"第 2 步

在图 1.7 对话框中,勾选"空项目",单击"完成"按钮,至此一个空的 Win32 控制台应用程序项目就创建完成了。此时,在"D:\YIT\C\"文件夹下创建了一个解决方案文件夹cDemo,在 cDemo 文件夹下还有一个项目文件夹 cDemo1。

创建"Win32 控制台应用程序"项目后的 Visual C++ 2010 Express 系统界面如图 1.8 所示。

图 1.8　创建"Win32 控制台应用程序"项目后的 Visual C++ 2010 Express 系统界面

3. 编辑源程序

项目创建好后,下一步要做的工作就是在项目中创建一个 C 源程序文件并编辑它。在图 1.8 左侧的"解决方案资源管理器"窗口中的"源文件"上右击,在弹出的快捷菜单中选择"添加"→"新建项"选项,弹出"添加新项"对话框,如图 1.9 所示。

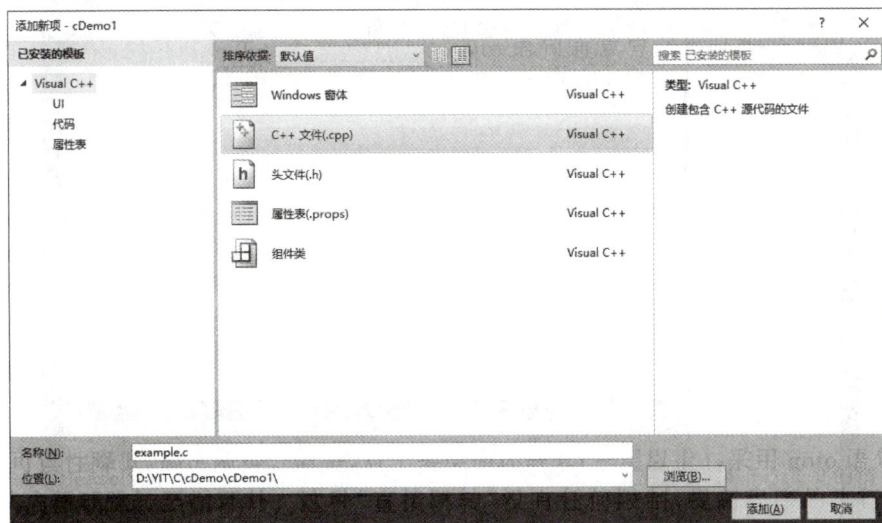

图 1.9　"添加新项"对话框

在图 1.9 的对话框中,选择"C++文件(.cpp)",在下方的"名称"文本框中输入源程序的文件名及扩展名(这里是 exapmle.c),单击"确定"按钮完成源程序的创建。

> **⚠ 注意**:系统默认生成.cpp 文件,若要生成.c 文件,则务必在"名称"文本框中输入文件名及扩展名(如 exapmle.c)。

创建好源程序文件后,该源程序文件会在 Visual C++ 2010 Express 右边的"代码"视图区自动被打开,如图 1.10 所示。在这里可以从键盘输入代码,编写源程序。

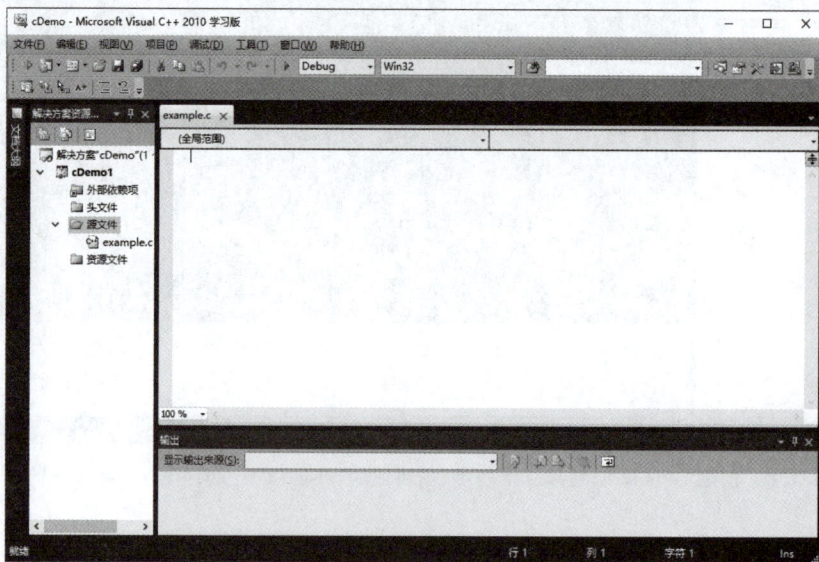

图 1.10　Visual C++ 2010 Express 源程序编辑界面

在图 1.10 的"代码"视图区输入例 1.1 的代码,如图 1.11 所示。

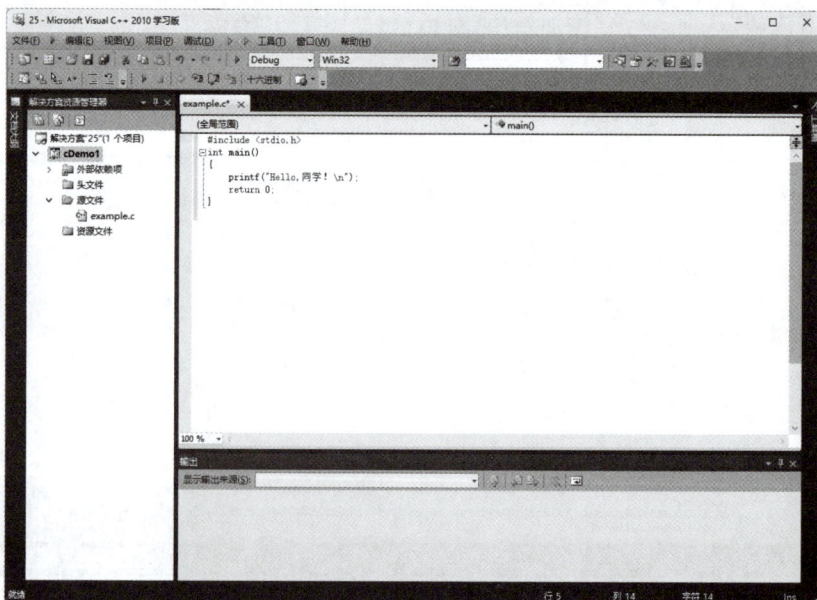

图 1.11　cDemo1 项目的 example.c 源程序

在编写源程序的过程中,可以随时单击工具栏中的"保存"按钮进行文件保存,以免在机器发生故障时,造成程序丢失。

4. 保存项目

保存项目比较简单,单击菜单栏中的"文件"→"全部保存"命令,即可保存当前项目及其全部文件。

5. 打开项目

对于一个已有的项目,可以通过以下两种方式打开。

(1) 在 Windows 环境下,可直接双击其所在的解决方案文件(.sln),打开相应的项目。

(2) 在 Visual C++ 2010 Express 集成开发环境中,单击菜单栏中的"文件"→"打开"→"项目/解决方案"命令,或者单击"起始页"视图中的"打开项目"。

1.4.3　C 程序的编译、链接及执行

在完成例 1.1 的 C 语言程序代码编写后,接下来就可以在计算机上执行该程序。C 语言作为一种高级程序设计语言,其语法结构清晰,易于人类理解和使用。然而,计算机只能直接理解和执行机器语言(即由二进制代码构成的指令集)。因此,在 C 语言程序能够被计算机执行之前,必须通过一个称为"编译"的过程,将其翻译成相应的机器语言程序。图 1.12 详细展示了 C 程序的编译、链接及执行流程。

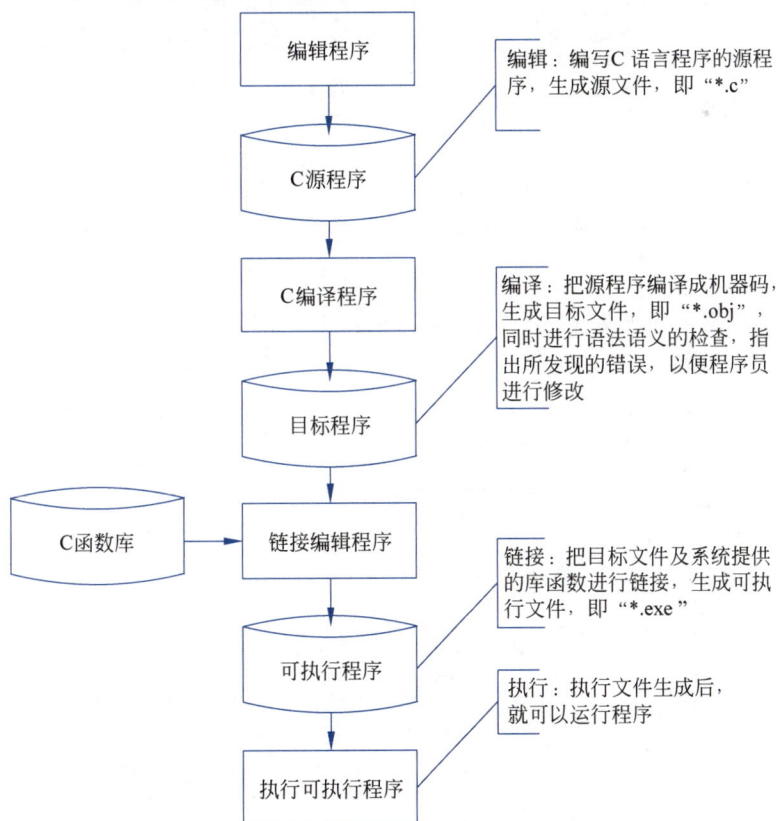

图 1.12　C 程序的编译、链接及执行过程

在 Visual C++ 2010 Express 中,源程序编辑完成后,按组合键 Ctrl+F5,开始执行(不调试)源程序。如果用户还没有进行过文件保存操作,此时,编译系统会自动进行文件保存。若编译失败会有错误提示,可以根据错误提示去修改项目配置或者代码(即程序调试)。

如不想使用快捷键,也可以通过在工具栏中添加"开始执行(不调试)"命令按钮来快速完成程序的编译、链接和执行。添加此按钮的操作步骤如下。

(1) 单击菜单栏中的"工具"→"自定义"命令,在弹出的"自定义"对话框中单击"命令"选项卡,如图 1.13 所示。

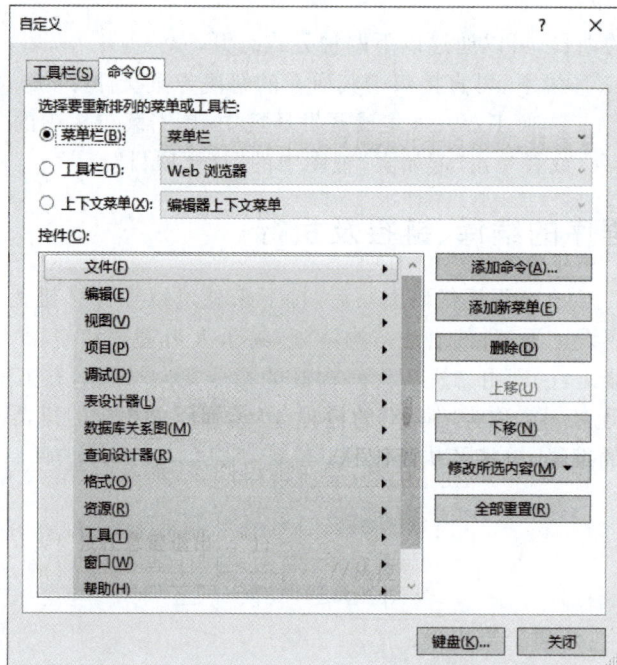

图 1.13　工具栏"自定义"对话框的"命令"选项卡

(2) 在图 1.13 中,单击"工具栏"单选钮,并在其右侧下拉列表中选择"标准",再单击"添加命令"按钮,弹出如图 1.14 所示的"添加命令"对话框。

图 1.14　在"添加命令"对话框中添加"开始执行(不调试)"

（3）在图 1.14 中，在左侧的"类别"列表中选择"调试"，在右侧的"命令"列表中选择"开始执行（不调试）"，单击"确定"按钮，在工具栏上就出现了"开始执行（不调试）" 按钮。

1.4.4 C 程序的调试

程序调试是指对程序的查错和排错，调试程序一般分以下步骤。

1. 静态检查

静态检查是对程序进行人工检查。编写程序时应养成好习惯，每一步都严格把关，利用编译系统编译程序前，先做好人工检查，即静态检查。

为了有效进行人工检查，编写程序时应注意以下几点。

（1）采用结构化程序方法编程，增加程序可读性。

（2）在关键语句或难理解的语句处增加注释，便于自己或他人理解每段程序的作用。

（3）多使用自定义函数，一个函数实现一个单独的功能，这样既便于阅读也便于调试。每个自定义函数间除用参数传递数据外，数据间尽量少出现耦合关系，以便于分别检查和处理。

2. 动态检查

动态检查是由编译系统检查程序，发现错误（见 1.4.3 节）。编译时，编译系统会给出语法错误的信息，包括哪一行有错误以及错误类型，可根据提示的信息找出程序中出错的地方并改正。

编写好 C 程序时，应进行静态检查。实际上，编写完 C 源代码后，在后续的每个步骤中都贯穿着程序调试，包括静态检查和动态检查。动态检查需要结合编译系统的编译过程进行，直到程序运行出正确结果。

1.5 案例简介

1.5.1 "简易计算器"案例

"简易计算器"案例贯穿本书第 1～4 章，涵盖了 C 语言多个核心知识点的应用。本案例的教学目标明确。首先，要能够正确运用 int、float 等基本数据类型来存储和处理数据。其次，要熟练掌握用选择结构相关语句实现不同运算功能的选择，根据用户输入的计算功能的编号准确执行相应的计算。再者，学会使用循环实现程序的多次运行，提升程序的交互性和实用性。通过对"简易计算器"案例的分析和介绍，读者能将所学的理论知识与实际编程相结合，充分理解各章节知识点之间的联系，做到融会贯通。

"简易计算器"案例要实现的主要功能如下。

（1）加法运算：进行两个整数或浮点数的加法运算。

（2）减法运算：进行两个整数或浮点数的减法运算。

（3）乘法运算：进行两个整数或浮点数的乘法运算。

（4）除法运算：进行两个整数或浮点数的除法；还可以增加报错功能，由于除数不可以为0，当用户输入的除数为0时，提醒用户输入有误重新输入。

（5）取余运算：进行两个整数的取余运算；可以增加报错功能，由于除数不可以为0，当用户输入的除数为0时，提醒用户输入有误重新输入。

（6）次幂运算：计算x^n，从键盘输入需要计算的数x和n的值，然后输出x的n次幂的结果。

（7）开平方运算：计算n的平方根，n的值从键盘输入。

（8）进制转换：任意输入一个无符号整数，将该整数分别转换为二进制、八进制和十六进制。

（9）求一元二次方程的根：$ax^2+bx+c=0$，a、b、c的值从键盘输入。

（10）累加和运算：计算$1+2+3+\cdots+n$，n的值从键盘输入。

（11）阶乘运算：计算$n!$，n的值从键盘输入。

（12）阶乘累加和运算：计算$1!+2!+3!+\cdots+n!$，n的值从键盘输入。

（13）退出功能：选择退出时，出现一个退出界面，并退出程序。

本章与案例相关的知识点是"简易计算器"案例菜单的显示和计算功能编号的输入，根据要实现的功能编写简单的菜单程序。

【例1.4】　显示"简易计算器"案例的功能菜单。

【问题分析】

首先列举出案例将要实现的所有功能，以便能清晰直观地向用户展示，然后使用printf()函数将菜单内容逐行输出。

【程序代码】

```c
# include< stdio. h)
int main()
{
    printf(" ======================================== \n");
    printf("             简  易  计  算  器           \n");
    printf(" ----------------------------------------\n");
    printf("         1.加法运算        2.减法运算        \n");
    printf("         3.乘法运算        4.除法运算        \n");
    printf("         5.取余运算        6.次幂运算        \n");
    printf("         7.开平方运算      8.进制转换        \n");
    printf("         9.求一元二次方程的根               \n");
    printf("         10:累加和运算:计算 1+2+3+ … +n    \n");
    printf("         11:阶乘运算:计算 n!                \n");
    printf("         12:阶乘累加和运算:计算 1!+ 2!+ 3!+ … . + n!    \n");
    printf("         0.退出                            \n");
    printf(" ======================================== \n");
    printf("请选择要进行的计算,输入数字 0 - 12:");
    return 0;
}
```

【输出结果】

程序输出结果如图1.15所示。

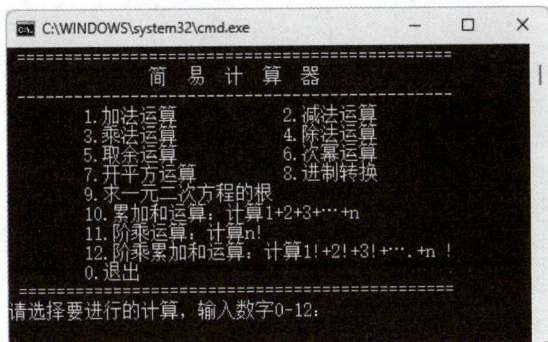

图 1.15 例 1.4 程序输出结果

1.5.2 "学生成绩管理系统"案例

"学生成绩管理系统"案例贯穿本书第 5～9 章,通过对该案例的分析和介绍,使读者能够从实际应用系统开发的角度全面、系统地掌握这些章节所学知识,理论与实践相结合,让读者在饶有兴趣的案例设计中逐步提高编程能力。

"学生成绩管理系统"案例要实现的功能主要如下。

(1) 录入学生信息:首次使用该系统时,需要从键盘输入学生信息(包括学号、姓名、三门课成绩),录入的学生信息以文本文件的形式保持在文件中。后面使用该系统时,首先从文本文件中读取学生信息。如果需要增加学生信息,可以通过执行此项功能来完成。

(2) 显示学生信息:将所有学生的信息在屏幕上显示出来。在学生人数较多时,以每次显示 10 名学生信息的形式滚动显示。

(3) 修改学生信息:从键盘输入要修改信息的学生学号,查询到该学生后,按提示信息用户可修改除学号之外的值,学号不能修改。

(4) 删除学生信息:从键盘输入要删除信息的学生学号,查询到该学生后,删除此学生的信息。

(5) 查询学生信息:从键盘输入要查找信息的学生学号,按照学号查找指定学生的信息。

(6) 学生成绩统计:对全班学生按单科成绩统计不及格的学生人数,求最高分和平均分。

(7) 学生成绩排序:将学生按总成绩降序排序。

(8) 保存学生信息:完成数据存盘工作。若用户没有专门进行此操作且在使用系统的过程中对数据有修改,在退出系统时,会提示用户存盘。

(9) 退出系统。

用 C 语言实现一个功能较复杂的软件系统,采用模块化程序设计是一种比较有效的方法。将一个大的系统按功能分解成一个个的小模块,每个模块功能单一、程序规模不大,这样有利于编程和维护。"学生成绩管理系统"案例的功能模块如图 1.16 所示。为了方便用户使用,系统功能以菜单形式提供给用户。系统启动后,首先在屏幕上显示系统功能菜单,如图 1.17 所示。用户只要输入各功能模块前的数字即可执行相应的功能。例如,如果用户输入数字"2",则显示所有学生的信息。

图 1.16 "学生成绩管理系统"案例的功能模块图

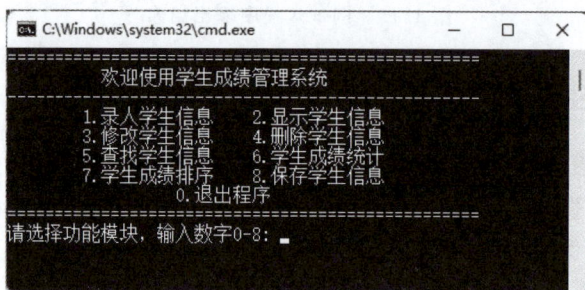

图 1.17 "学生成绩管理系统"案例的菜单

1.6 常见错误分析

1. 语句后漏加分号

分号是 C 语言程序语句不可缺少的一部分,每条语句的末尾基本都应有分号。有的初学者没有注意,就会出错,例如:

```
# include < stdio. h>
int main()
{
    int data
    data = 3;
    printf("data 的值为 % d\n",data);
    return 0;
}
```

【错误分析】

该程序错误比较明显,即 int data 后缺少分号";",即在 C 语言程序中。每条语句的末尾都需要添加分号,包括程序的最后一条语句。

但请注意 # include < stdio. h>等预处理命令的行末不要加分号。

2. 混淆了变量中字母的大小写

使用标识符时,混淆了变量中字母的大小写。例如:

```
# include < stdio.h>
int main()
{
    int Score1 = 90, score2 = 80,sum;
    sum = score1 + score2;
    printf("总成绩为: % d\n",sum);
    return 0;
}
```

【错误分析】

编译系统提示 score1 是未声明的标识符,原因在于 C 语言对标识符大小写敏感。程序中第 4 行定义了变量 Score1,而第 5 行出现的 score1 由于大小写不同,被编译系统视为未声明的另一个变量。因此,在 C 语言中定义变量时,应注意大小写的一致性。

3. 程序语句中括号不匹配

程序语句中若有多层括号时,要注意括号的匹配。例如:

```
# include < stdio.h>
int main()
{
    int s1,s2,ave;
    printf("请输入两位同学的成绩:");
    scanf(" % d % d",&s1,&s2);
    ave = (s1 + s2)/2;
    if(ave > 90
        printf("学生成绩优秀!\n");
    else
        printf("学生仍需努力!\n");
    return 0;
}
```

【错误分析】

系统提示"printf"前少了一个右括号")",因为系统检测到 if 后面的表达式 ave > 90 中括号不匹配。

另外函数体的大括号{},以及函数中成对出现的引号等也需要注意匹配。

🔑 本章小结

(1) 本章通过简单程序展示了 C 程序的基本结构,并引入了结构化程序设计方法和 C 程序的开发步骤,旨在让读者初步了解 C 语言程序设计过程。

(2) C 语言程序设计实践性强,只有通过大量实操练习和程序调试,才能积累经验并掌握要领。

(3) 编写程序时,请注重缩行和添加注释,以提高程序的可读性。

本章最后一节介绍了"简易计算器"案例和"学生成绩管理系统"案例的基本功能。

习题一

一、选择题

1. 以下说法中正确的是(　　)。
   A. C 语言程序总是从第一个定义的函数开始执行
   B. C 语言程序不一定从 main()函数开始执行
   C. C 语言程序总是从 main()函数开始执行
   D. C 语言程序中的 main()函数必须放在程序的开始部分

2. 以下说法中正确的是(　　)。
   A. C 源程序可以直接执行产生结果
   B. C 源程序经编译后才可执行产生结果
   C. C 源程序经编译和链接后才可执行产生结果
   D. C 源程序经编译、链接和执行后才可执行产生结果

3. 在 C 程序中,main()函数的位置是(　　)。
   A. 必须作为第一个函数　　　　　　　　B. 必须作为最后一个函数
   C. 可以任意　　　　　　　　　　　　　D. 必须放在它所调用的函数之后

4. 以下叙述中不正确的是(　　)。
   A. 一个 C 源程序可由一个或多个函数构成
   B. 一个 C 源程序必须包含一个 main()函数
   C. C 程序的基本组成单位是函数
   D. 在对一个 C 程序进行编译的过程中,可发现注释中的拼写错误

5. 以下叙述中正确的是(　　)。
   A. C 程序由主函数组成　　　　　　　　B. C 程序由函数组成
   C. C 程序由函数和过程组成　　　　　　D. C 程序由过程组成

6. 以下叙述中正确的是(　　)。
   A. C 语言比其他语言高级
   B. C 语言可以不用编译就能被计算机识别和执行
   C. C 语言既可用来编写系统软件,也可用来编写应用软件
   D. C 语言出现得最晚,具有其他语言的一切优点

7. C 语言中用于结构化程序设计的三种基本结构是(　　)。
   A. 顺序结构、选择结构、循环结构　　　B. if、switch、break
   C. for、while、do-while　　　　　　　　D. if、for、continue

8. 计算机能直接执行的程序是(　　)。
   A. 源程序　　　　　　B. 目标程序　　　　　C. 汇编程序　　　　　D. 可执行程序

9. C 语言程序的基本单位是(　　)。
   A. 程序行　　　　　　B. 语句　　　　　　　C. 函数　　　　　　　D. 字符

10. 以下叙述中正确的是(　　)。

A. 程序应尽可能短

B. 为了编程的方便,应当根据编程人员的意图使程序的流程随意转移

C. 虽然注释会占用较大篇幅,但程序中还是应有尽可能详细地注释

D. 用 C 语言编写的代码程序可直接执行

11. 下面程序的输出结果是(　　)。

```
# include < stdio. h>
int main()
{
    int x,y;
    x = y = 1;
    x = y + 1;
    y = x + 1;
    printf("x = % d,y = % d,",x,y);
    x = y + 1;
    y = x + 1;
    printf("x = % d,y = % d\n",x,y);
    return 0;
}
```

A. x=2,y=3,x=4,y=5　　　　　　B. x=2,y=2,x=3,y=3

C. x=2,y=3,x=2,y=3　　　　　　D. x=3,y=3,x=5,y=5

12. C 源程序文件的扩展名为(　　)。

A. .exe　　　　　B. .txt　　　　　C. .c　　　　　D. .obj

13. 算法具有 5 个特性,以下选项中不属于算法特性的是(　　)。

A. 简洁性　　　　B. 有穷性　　　　C. 确定性　　　　D. 可行性

14. 以下叙述中错误的是(　　)。(全国计算机等级考试二级 C 语言考试真题)

A. C 语言源程序经编译后生成后缀为.obj 的目标程序

B. C 程序经过编译、链接步骤之后才能形成一个真正可执行的二进制机器指令文件

C. 用 C 语言编写的程序称为源程序,它以 ASCII 代码形式存储在一个文本文件中

D. C 语言中的每条可执行语句和非执行语句最终都将被转换成二进制的机器指令

15. 以下叙述中错误的是(　　)。(全国计算机等级考试二级 C 语言考试真题)

A. 算法正确的程序最终一定会结束

B. 算法正确的程序可以有零个输出

C. 算法正确的程序可以有零个输入

D. 算法正确的程序对于相同的输入一定有相同的结果

二、填空题

1. C 语言源程序文件的后缀是_____,经过编译后生成文件的后缀是_____,经过链接后生成文件的后缀是_____。

2. C 语言程序开发的 4 个步骤是_____,_____,_____,_____。

3. 在一个 C 源程序中,多行注释以_____开始,并且以_____结束。

三、编程题

1. 参照本章例题,编写一个 C 程序,在屏幕上输出:

"这是我自己动手编写的第一个 C 语言程序!"

2. 请找出下面程序中的错误。

```
int main()
{
    int x,y,z;
    printf("请输入两个数:\n")
    scanf("%d%d",&x,&y);
    if(x>y)
        z = X;
    else
        z = y;
    printf("两个数中较大的数是:%d",z;
    return 0;
}
```

第2章

数据类型及其运算

CHAPTER 2

☆ 本章导读

学习 C 语言的最终目的是能够编写程序来解决实际问题,程序的基本构成是数据与运算。数据类型作为 C 语言的基础,定义了数据的存储方式和取值范围,合理运用这些数据类型,能让程序更精准地存储和处理数据。运算则是数据的"加工厂",广义的运算包含结构与函数的功能实现,这在后续章节会讲到;狭义的运算指基本运算,即各类运算符运算。因此,要想使用 C 语言来编写程序,首先要学好 C 语言的语法基础,熟练掌握 C 语言中的数据类型以及运算符与表达式。

本章主要介绍 C 语言的整型数据、实型数据、字符型数据的常量表示法和变量的定义形式;作用于这些数据类型的运算符及运算规则;格式输入输出函数的使用;顺序程序设计的基本方法。此外,还将介绍基本数据类型及各类基本运算在"简易计算器"案例中的运用。

☆ 学习目标

- 掌握标识符的命名规则。
- 掌握常量和变量的概念。
- 理解各种类型的数据在内存中的存储形式,熟悉数据类型转换的规则。
- 熟练掌握运算符及其运算规则和表达式,理解运算符的优先级和结合性的概念。
- 熟练掌握格式输入输出函数、字符输入输出函数。
- 学会简单顺序结构程序设计。

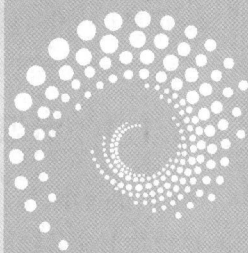

🔑 2.1　标识符和关键字

C程序由C语言的基本字符组成,这些基本字符通过不同的规则组合,构成C语言中的各种元素,如变量、表达式、函数、语句等,从而实现各种复杂的程序功能。C语言的基本字符包括以下3类。

(1)字母:包括小写字母a~z和大写字母A~Z。

(2)数字:包括0~9共10个数字。

(3)符号:包括可显示的符号(如!、?、~、&、_、%、*、(、}、]等),还包括不显示的符号(如空格符、换行符、制表符等)。

> ❗ **注意**:C语言的基本字符必须在英文输入法下进行输入。

2.1.1　标识符

在C语言中,标识符是用来标识变量、函数、数组、结构体等各种用户自定义的对象名称,标识符的命名规则如下。

(1)标识符只能由字母、下画线、数字组成,且第一个字符必须是字母或下画线,不能是数字。例如class、_class1、class_12是合法的,而2class、2_class、&123、%class、M.Jackson、-L2是不合法的。

(2)有效长度随编译系统而异,在实际编程中,为了提高代码的可读性和可维护性,应避免使用过长或过于复杂的标识符。

(3)字母区分大小写,例如age和Age是两个不同的标识符。

(4)不能是C语言的关键字。

标识符本质上代表名字,因此命名要有意义,尽量做到"见名知意"。习惯上,变量名用小写字母表示,如采用age、name、score等作为变量名,以提高程序的可读性。

> ❗ **注意**:要区分容易混淆的字符,如数字1与小写字母l、数字0与小写字母o。

2.1.2　关键字

关键字也称为保留字,是C编译系统预先规定的一些有特别意义的标识符。C语言将这些关键字定义为类型说明符、语句定义符、预处理命令符等。关键字只能按定义使用,不能作为用户标识符。在一些支持C语言的系统,如Visual C++中,关键字会自动以蓝色显示,与一般符号区分开来。在C99标准中,C语言的关键字有43个,如表2.1所示。这些关键字在C语言中都有特定的含义和用途,用于定义变量、控制程序流程、声明函数等,不能用作其他用途(如不能用于标识符命名等)。

表 2.1 C 语言的关键字

int	long	short	float	double	char
const	signed	unsigned	if	else	for
while	do	switch	case	continue	break
default	auto	register	static	extern	void
return	struct	union	enum	typedef	volatile
goto	sizeof	include	restrict	bool	_Complex
_Imaginary	inline	define	undef	ifdef	ifndef
endif					

2.2 常量和变量

在程序运行过程中,其值不能被改变的量称为常量,如 100、−1.2 等;其值可以改变的量为变量,如变量 x、sum 等。

2.2.1 常量

C 语言中的常量有两种。一种为直接常量,或称为字面常量,通常为数字与字符,例如 123、−67.8、3.141 592 6 或字符'A'、'?'、字符串"student"等。另一种为自定义常量,或称为符号常量,即用一个标识符来代表某一个常量,需要利用 C 语言的宏定义命令♯define 来实现,其定义形式为:

> ♯define 符号常量 常量

例如:

> ♯define PI 3.142

表示定义了一个符号常量 PI 来代表数据 3.142。在宏定义命令之后的程序中,凡是用到 3.142 的地方都可以用 PI 来替代。定义一个符号常量,实际上就是为一个常量值起别名,从而可以简化程序中的数据表示;另外,当需要修改某一常量时,只需要修改宏定义中的常量值即可做到一改全改。

> ⚠ 注意:
> - 用♯define 定义符号常量时,行尾不用加分号。
> - 以♯开头标志着 define 是一个预处理命令而不是一条 C 语句。
> - 符号常量最好使用大写字母来命名。

2.2.2 变量

在程序的运行过程中,经常需要保存用户输入的数据、计算的中间结果以及最终结果,因此引入了变量来存储那些值可以变化的数据。C语言中每个变量通常具备以下 4 个关键要素。

(1) 地址：变量所在存储单元的编号，其中以存储变量第一个存储单元的地址作为变量的地址。

(2) 变量名：变量所在存储单元起始地址的助记符。

(3) 变量值：存储单元中所存储的变量的值。

(4) 类型：变量所属类型，它决定了变量的存储方式和操作方式。

要注意区别变量名和变量值，它们是两个不同的概念，如图 2.1 所示。

图 2.1 中的变量名是 a，变量地址假设是 2000，变量值是 20，执行语句"a＝20;"就是往变量名所代表的、地址为 2000 的存储单元中存储整数 20。如果再执行语句"a＝50;"，则是把 50 存储到该存储单元中，覆盖原值 20，如图 2.2 所示。这体现了变量的值是可以改变的特征。

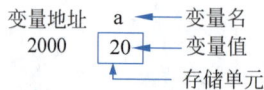

图 2.1　变量的属性

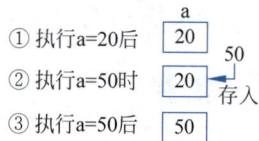

图 2.2　变量值的修改

要弄清变量名、变量值、变量地址、存储单元的相互关系。提到变量名，就马上想到它代表一个变量的地址，通过这个地址可以找到相应的存储单元，可以往该存储单元存储一个值，或者从该存储单元读取其值。

在 C 语言中，对任何变量都必须"先定义，后使用"，也就是只有在定义了变量的名字、数据类型之后，才能对变量进行各种运算。变量的定义即是确定变量名的同时，确定了变量所占据的存储空间，只有这两个条件满足后，才能对其进行操作。

> ！ 注意：
>
> - 变量和符号常量都必须先定义后使用，否则会出错。
> - 对变量进行赋值就是把数据存储到变量所对应的存储单元中。

🔑 2.3　数据类型

数据类型是指数据的内在表现形式，它决定了数据的存储形式、数据可执行的运算以及数据的取值范围，C 语言的数据类型分为 4 类：基本类型、在基本类型基础上构建的构造类型、用于地址操作的指针类型、空类型。C 语言的数据类型如图 2.3 所示。本章主要介绍 C 语言的基本数据类型，在以后的章节中将结合相关内容再介绍其他数据类型。

$$
\text{C语言数据类型}\begin{cases}
\text{基本类型}\begin{cases}
\text{整型}\begin{cases}
\text{基本整型（有符号，无符号）}\\
\text{短整型（有符号，无符号）}\\
\text{长整型（有符号，无符号）}\\
\text{双长整型（有符号，无符号）}\\
\text{布尔型}
\end{cases}\\
\text{实型（浮点型）}\begin{cases}\text{单精度}\\\text{双精度}\end{cases}\\
\text{字符型（字符串）}\\
\text{枚举型}
\end{cases}\\
\text{构造类型}\begin{cases}\text{数组类型}\\\text{结构体类型}\\\text{共用体类型}\end{cases}\\
\text{指针类型}\\
\text{空类型}
\end{cases}
$$

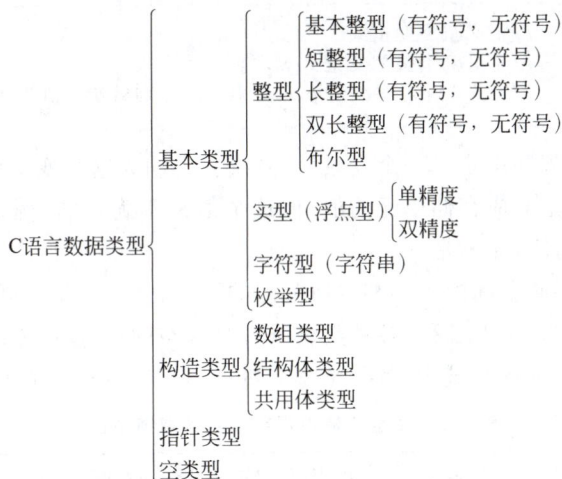

图 2.3　C 语言的数据类型

2.3.1　整型数据

1. 整型常量

整型常量即整常数，C 语言中整型常量可以有三种表示形式。

(1) 十进制整型常量：由数字 0～9 和正负号表示，如 10、−100 等。

(2) 八进制整型常量：以数字 0 开头，只能用 0～7 这 8 个数字组合来表达。例如，071 对应的十进制数为 $7\times8^1+1\times8^0=57$。

(3) 十六进制整型常量：以 0x 或 0X 开头，由 0～9 及字母 a～f 或 A～F 组合来表达。例如，0x6F 对应十进制数为 $6\times16^1+15\times16^0=111$。

有了上面三种整型常量的表示方法，任何一个整数都可以用这三种形式来表示。例如，十进制整数 10，可以分别采用 10（十进制）、012（八进制）、0xa（十六进制）来表示。

2. 整型变量

整型变量通常是用来保存整数的变量，C 语言中变量必须先定义后使用，定义变量的基本形式为：

```
数据类型标识符 变量名;
```

整型变量的基本类型符是 int，因此定义整型变量的基本形式为：

```
int 变量名 1,变量名 2,… 变量名 n;
```

形式说明如下。

(1) int 与变量名之间至少要用一个空格分开。

(2) int 后面可以一次定义多个变量，但变量名之间用逗号分隔开。

(3) 可以在变量定义的同时就对变量赋初值，在变量名后面增加"＝数值"。

例如：

```
int a;              //定义整型变量 a
int x,y,z;          //定义 3 个整型变量 x、y、z
int m = 2,n = 5;    //定义 2 个整型变量 m、n,并对 m、n 分别赋初始值为 2 和 5
```

需要说明的是,当程序中定义一个变量后,系统会自动为这个变量分配一个相应大小的存储单元,变量的值就是对应存储单元的值,但这个值是不确定的,例如执行语句"int a;",此时 a 是一个不确定的值,而不是 0。

根据变量所占用存储空间的大小和取值范围的不同,整型变量可以分为基本整型、短整型、长整型、双长整型和布尔型五种,各种类型所占存储空间的大小取决于 C 语言的编译系统,在 32 位 Visual C++编译系统中,各种整型变量占用字节数和取值范围如表 2.2 所示。

表 2.2   整型变量占用字节数和取值范围

类　　型	类型说明符	占用字节数	取　值　范　围	应　用　举　例
基本整型	int	4	$-2^{31} \sim 2^{31}-1$	int year;
短整型	short [int]	2	$-2^{15} \sim 2^{15}-1$	short int year;
长整型	long [int]	4	$-2^{31} \sim 2^{31}-1$	long int month;
双长整型	long long [int]	8	$-2^{63} \sim 2^{63}-1$	long long day;
布尔型	bool	2	0、1	bool flag;

方括号内的 int 可以省略,即 short int 与 short 的含义相同,long int 与 long 的含义相同。

另外,根据整型变量的值能否取负数,基本整型、短整型、长整型、双长整型又可以分别分为有符号和无符号两种,用关键字 signed 和 unsigned 加以区分,例如:

```
signed int year;            //定义有符号整型变量 year
signed short year;          //定义有符号短整型变量 year
signed long month;          //定义有符号长整型变量 month
signed long long day;       //定义有符号双长整型变量 day
unsigned int year;          //定义无符号整型变量 year
unsigned short int year;    //定义无符号短整型变量 year
unsigned long month;        //定义无符号长整型变量 month
unsigned long long day;     //定义无符号双长整型变量 day
```

有符号整数的关键字 signed 可以省略,有些情况需要规定变量的值必须为正(如人口、年龄等),则需定义为无符号的数,无符号关键字主要适用于整型。

> **！注意:**
> - 所有数据在计算机中都是以二进制形式存储的。
> - 对于有符号整数,二进制的最高位表示符号位(0 表示"正",1 表示"负"),因此,有符号基本整型变量虽然占用 4 字节 32 位,但只有 31 位可用来表示数值大小。
> - 无符号基本整型变量由于没有符号位,所有 32 位都可用来表示数值大小。因此,(signed int)变量的取值范围为 $-2^{31} \sim 2^{31}-1$,(unsigned int)变量的取值范围为 $0 \sim 2^{32}-1$。

【**例 2.1**】　设计一个简单的整型变量应用程序。

【**问题分析**】

(1) 先确定参与运算的数据是常量还是变量,若是变量,需要先定义,指定变量名和数据类型,再为变量赋值。

(2) 进行相应的运算后,输出运算结果。

【**程序代码**】

```
# include < stdio. h>        //将 stdio.h 头文件包含进来
# define M 655               //定义符号常量 M,其值为 655
int main()
{
    int a,b = 20;            //定义 2 个整型变量 a 和 b,并对 b 赋初始值 20
    unsigned int c = 0xff;   //定义无符号整型变量 c,并赋初始值 0xff
    long d;                  //定义有符号长整型变量 d
    a = M;                   //对 a 赋值为 M,此时 a 值为 655
    d = 056;                 //对 d 赋值为 056,是八进制整数
    printf("a = % d,",a);    //以十进制形式输出 a 的值
    printf("b = % d,",b);    //以十进制形式输出 b 的值
    printf("c = % d,",c);    //以十进制形式输出 c 的值
    printf("d = % d\n",d);   //以十进制形式输出 d 的值
    return 0;
}
```

【**输出结果**】

程序输出结果如图 2.4 所示。

用格式输出函数 printf()输出整型数时,输出格式采用%d 或%ld(长整型),标准输出函数 printf()在 2.6 节中会进一步介绍。

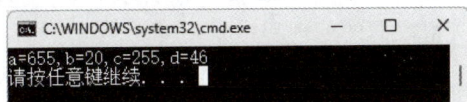

图 2.4　例 2.1 程序输出结果

2.3.2　实型数据

1. 实型常量

实型数据即是带小数的数值(实数),或称浮点数。C 语言中的实型常量只用十进制形式,其表示方式有两种:十进制小数形式和十进制指数形式。

(1) 十进制小数:由数字 0~9 和小数点组成,如 0.123、−456.78、.09 等。

(2) 十进制指数:由十进制数与阶码标志 e 或 E 组成。其格式为:实数部分+字母 E 或 e+正负号+整数部分,其中 E 或 e 表示实数的科学计数法,后面跟着一个整数,表示 10 的相应次方,正负号表示指数部分的符号。字母 E 或 e 之前必须有数字,之后的数字必须为整数。例如,1.23e−2、−4.5678e3 均为合法的实数。

2. 实型变量

实型变量的定义格式与整型变量一样,只是数据类型符不同,根据实型变量的取值范围和有效数字位数(精度)的不同,将实型变量分为单精度实型、双精度实型、长双精度实型三种。在 32 位 Visual C++编译系统中,各种实型变量的类型说明符、占用字节数和取值范围

如表 2.3 所示。

表 2.3　实型变量占用字节数和取值范围

类　　型	类型说明符	占用字节数	取　值　范　围	有 效 数 字
单精度实型	float	4	$-3.4\times10^{-38}\sim3.4\times10^{38}$	7
双精度实型	double	8	$-1.7\times10^{-308}\sim1.7\times10^{308}$	15~16
长双精度实型	long double	8	$-1.7\times10^{-308}\sim1.7\times10^{308}$	15~16

　　说明：计算机中实型数据实际上是以指数形式存储的,用二进制数来表示小数部分以及用 2 的幂次来表示指数部分的。但不同长度类型,究竟用多少位来表示小数部分,多少位来表示指数部分(包括符号),由具体的 C 语言编译系统来决定。通常,小数部分占的位数愈多,数的有效数字愈多,精度愈高;指数幂部分占的位数愈多,则能表示的数值范围愈大。由于实型变量是由有限的存储单元组成的,因此能提供的有效数字也是有限的,在有效位以外的数字将无法正确处理,由此可能会产生一些误差,这称为实型数据的舍入误差。例如,Visual C++中的单精度有效数字为 7 位,超过 7 位将无法正确显示;双精度和长双精度有效数字大约为 15~16 位,超过 16 位将无法正确显示。例如:

```
float f;
f = 2025.2025;
```

　　由于 float 型只能是 7 位有效数字,因此小数点后第四位将无法正确显示。下面介绍一个实型数据的处理程序。

　　【例 2.2】　设计一个简单的实型变量运算程序。

　　【问题分析】

　　(1) 对参与运算的变量,需要先定义,指定变量名和数据类型,再给变量赋值。

　　(2) 将运算结果输出。

　　【程序代码】

```
# include < stdio. h >
int main()
{
    float x,z;                              //定义单精度实型变量 x、z
    double y;                               //定义双精度实型变量 y
    x = 20.25;                              //给变量 x 赋初值
    y = 202520.25e5;                        //给变量 y 赋初值
    z = x + y;                              //x、y 相加的值赋给 z
    printf("x = % f\ny = % f\nz = % f\n",x,y,z);   //输出 x,y,z 的值
    return 0;
}
```

【输出结果】

程序输出结果如图 2.5 所示。

用格式输出函数 printf()输出实型时,输出格式采用%f。从图 2.5 中可以看出,由于 x、z 是 float 类型,输出值从第 7 位之后的无法正确显示。通常可用

```
x=20.250000
y=20252025000.000000
z=20252024832.000000
请按任意键继续. . .
```

图 2.5　例 2.2 程序输出结果

double 类型或 long double 类型来扩展有效数字范围,比如 y 是 double 类型,输出值可以正确显示。

> !　**注意**:格式%f、%lf 默认输出 6 位小数,不足 6 位补 0,多于 6 位只保留 6 位,多余位数四舍五入。

2.3.3　字符型数据

C 语言不仅能处理数值数据,还可以处理文本信息,文本信息通常是借助字符型数据来表示和存储的。字符型数据可用来表示英文字母、各种符号、汉字等字符。

1. 字符常量

字符常量有以下两种表示方法。

(1) 普通字符常量。

普通字符常量即是由一对单撇号括起来的一个字符,如'A'、'a'、'8'、'&'等。字符型数据在 C 语言中是以 ASCII 码形式存储的,字符常量的值就是其对应的 ASCII 码的值(见附录 A 的 ASCII 表),如字符'a'的 ASCII 值为 97,'A'的 ASCII 值为 65,'8'的 ASCII 值为 24,这可见字符'8'与数字 8 的区别。由于 ASCII 值为整型,因此可以把字符型数据当作整型数据进行算术运算,如'a'-32 相当于 97-32,即等于 65,也就是对应的字符为'A';同理,'A'+32 即是字符'a',这也是字母大小写转换的一种方法。

> !　**注意**:字符常量必须用单撇号括起来,如'a',以免与变量 a 混淆。

(2) 转义字符。

那些无法从键盘直接输入的字符及某些特殊字符,称为转义字符。转义字符以'\'开头,根据反斜杠后面的不同字符表示不同的含义。转义字符通常表示一些控制代码和功能定义。常用转义字符如下:

- \n:回车换行。
- \b:退格。
- \r:回车。
- \t:水平制表,即横向跳到下一制表位置。
- \v:垂直制表,即竖向跳到下一制表位置。
- \\:反斜线符\。
- \':单引号符'。
- \":双引号符"。
- \a:鸣铃。
- \f:走纸换页。
- \ddd:1~3 位八进制数所代表的字符。
- \xhh:1~2 位十六进制数所代表的字符。

实际上,任何一个字符都可以用转义字符\ddd 或\xhh 来表示,ddd 和 hh 分别为八进制和十六进制的 ASCII 代码,例如,转义字符'\101'中的 101 为八进制,对应的 ASCII 值为65,对应的字符是'A';'\x5f'中的 5f 为十六进制,对应的 ASCII 值为 95,对应的字符是'-'。

2. 字符变量

字符型变量定义的关键字为 char,在内存中占一个字节。字符型数据和整型数据都是以二进制形式存储的,但整型占 2 字节,字符型只占 1 字节,因此,当把整型量按字符型量处理时,通常只有低八位字节参与处理,这可能会导致数据丢失。

【例 2.3】 字符型变量的定义与输出。

【问题分析】

(1) 对参与运算的字符变量先定义,指定变量名和数据类型,然后给变量赋初值。

(2) 输出运算结果。

【程序代码】

```
# include < stdio. h >
int main()
{
    char low,upp;                          //定义字符类型变量 low、upp
    low = 'B';                             //给变量赋初值
    upp = low + 32;                        //字符型和整型混合运算
    printf("low = % c,upp = % c\n",low,upp);   //以字符型格式输出变量值
    printf("low = % d,upp = % d\n",low,upp);   //以整符型格式输出变量值
    return 0;
}
```

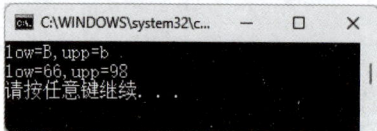

图 2.6 例 2.3 程序输出结果

【输出结果】

程序输出结果如图 2.6 所示。

用格式输出函数 printf()输出字符型数据时,如果输出格式为%c,输出显示字符;如果输出格式为%d,则输出字符对应的 ASCII 值。可见,字符型数据和整型数据在一定条件下是可以互用的。如图 2.6 所示,它们既可以用字符形式输出,也可以用整型形式输出。

除单个字符,C 语言还可以处理多个字符组成的常量或变量,这称为字符串。字符串是一对双引号括起来的一个或多个字符,如"China"、"How are you!"等。C 语言并没有字符串类型,字符串的处理需要利用字符型数组来实现。关于字符数组将在 5.3 节中介绍,这里不做详述。

⚠ 注意:

请区分字符常量与字符串常量,例如,'A'是字符常量,"A"是字符串常量,两者的含义是不同的。

2.3.4　枚举类型数据

在 C 语言中,枚举类型是一种用户自定义的数据类型,它允许为一组整数值赋予有意义的名称。定义枚举类型的形式如下:

```
enum 枚举类型名
{
    枚举常量 1,
    枚举常量 2,
    ……
    枚举常量 n
};
```

enum 是定义枚举类型的关键字。下面的代码定义了一个枚举数据类型 weekday。

```
enum weekday{sun,mon,tue,wed,thu,fri,sat};
```

定义好枚举类型后,就可以用此数据类型来定义枚举类型的变量,例如:

```
enum weekday a;
```

此时,枚举变量 a 的取值有 7 个,即 sun、mon、tue、wed、thu、fri、sat,分别对应枚举常量值 0、1、2、3、4、5、6。

在定义枚举类型时,若未明确指定枚举常量的值,第一个枚举常量的值默认为 0,后续的枚举常量的值依次递增 1。我们也可以为枚举常量指定特定的值,例如:

```
enum Color
{
    red = 1,
    green = 2,
    blue = 4
};
```

在这个例子中,red 的值为 1,green 的值为 2,blue 的值为 4。

使用枚举类型时,可以用有意义的名称来表示一组相关的整数值,使代码更易理解,提高了代码可读性。关于枚举类型的应用参见 6.8.3 节。

2.4　数据类型的转换

C 语言允许不同类型的数据混合运算,运算中可按照一定的自动规则或人为干预进行类型转换。数据类型的转换有两种方式:自动转换和强制转换。

1. 自动转换

自动转换也称为隐式类型转换,由编译系统自动进行,不需人为干预。自动转换遵循如下两个基本规则。

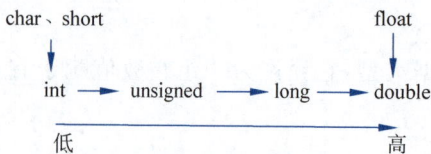

图2.7　数据类型的转换规则

（1）如果参与运算的变量类型不同，则先转换为同一类型，然后进行运算。按照"低级向高级转换"的原则，把不同类型的操作数统一转换为类型最高的数据类型，再进行运算。各种类型转换规则如图2.7所示。

图2.7中的横向箭头表示必定的转换，char型和short型必先转换成int型，float型一律先转换成double型再进行计算，以提高运算精度。因此，整型往实型转换时，不是指向float型，而是直接指向double型。

例如，10＋'a'－1.5的运算次序为：①进行10＋'a'的运算，先将'a'转换成整数97，运算结果为107；②整数107与1.5相减，先将107转换为double型（小数点后加若干个0），再减去1.5，结果为double型。

（2）赋值运算两边的数据类型不同时，赋值号右边量的类型将转换为左边量的类型。例如，上面10＋'a'－1.5的计算结果为double型。如果定义另一个整型变量h，把计算结果赋给h：

```
int h;
h = 10 + 'a' - 1.5;
```

则计算结果会再次转换为整型后赋给h，h得到的值仍为整型。因为右边量的数据类型高于左边，所以可能会丢失一部分数据，这里只保留整数部分，因此h为整数值105。

2．强制转换

强制转换也称为显式类型转换，是把表达式的结果强制转换成类型标识符所指定的数据类型，这是通过类型转换运算来实现的。其语法形式为：

(类型标识符) 表达式;

例如：

(double)a、(int)(x + y)、(int)x + y、(float)(8 % 5)

!　**注意**：强制类型转换只作用于表达式的结果，并不会改变每个变量本身的数据类型。

说明：枚举类型本质上是一种特殊的整型，它由用户定义一组命名常量，这些常量在内部被映射为整型值。当枚举类型的变量参与算术运算或赋值给整型变量时，会自动转换为对应的整型值。反之，若要将整数类型转换为枚举类型，则需要强制转换。这是因为整数的取值范围可能远超枚举类型定义的常量范围，编译器无法自动判断转换的合理性。

【例2.4】　类型转换实例。

【问题分析】

（1）先定义变量，再进行强制类型转换。

（2）输出运算结果。

【程序代码】

```
#include<stdio.h>
int main()
{
    int a = 5;
    float b = 3.1415,c = 1.17;
    a = 2 * (int)c;                          //将c表示的浮点值强制转换为整型
                                             //结果为1,再乘以2,但c仍然为实型
    b = (int)(2.78 + a);                     //将2.78 + a的结果强制转换为整型,结果为4
                                             //但b仍为实型,其值为4.000000
    printf("a = %d,b = %f,c = %f\n",a,b,c);  //将a、b、c的值分别输出
    return 0;
}
```

【输出结果】

程序输出结果如图 2.8 所示。

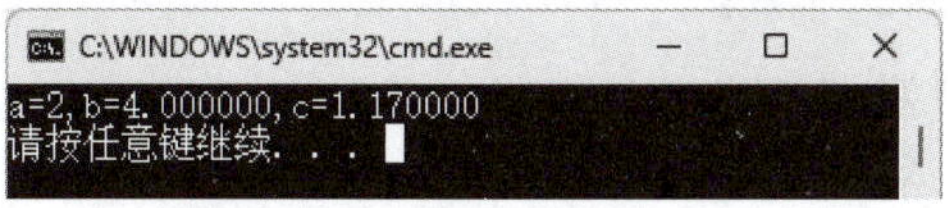

图 2.8 例 2.4 程序输出结果

2.5 运算符和表达式

运算表达式是对数据进行操作和处理的基本单位,一个运算表达式由两个元素组成:运算量与运算符。运算量包括常量与变量,C 语言提供了很多基本运算符来实现各种运算处理,这些运算符主要分为以下 15 类。

（1）算术运算符:＋(取正)、－(取负)、*、/、%(取余,或称为模运算)。

（2）自增自减运算符:＋＋、－－。

（3）关系运算符:>、<、>=、<=、==(相等)、!=(不相等)。

（4）逻辑运算符:&&(与)、||(或)、!(非)。

（5）位运算符:&(位与)、|(位或)、~(位非)、^(位异或)、<<(左移)、>>(右移)。

（6）条件运算符:?:。

（7）赋值运算符:又分为如下 3 类。

① 简单赋值运算符:＝。

② 复合算术赋值运算符:＋＝、－＝、*＝、/＝、%＝。

③ 复合位运算赋值运算符:&＝、|＝、^＝、>>＝、<<＝。

（8）逗号运算符:,。

（9）指针运算符(取值运算符):*。

（10）地址运算符(取地址运算符):&。

（11）构造类型特殊运算符:.(引用成员运算符)、->(指向成员运算符)、[ ]下标运

算符。

(12) 圆括号运算符：( )。

(13) 大括号运算符：{ }。

(14) 长度运算符：sizeof(类型标识符)，用于计算数据类型占用的字节数。

(15) 类型转换运算符：(类型标识符)(表达式)。

2.5.1　算术运算符和算术表达式

1. 算术运算符及其表达式

算术运算符包括如下。

- 取正运算符：＋,例如＋5。
- 取负运算符：－,例如－5。
- 加法运算符：＋,例如 10＋1.5。
- 减法运算符：－,例如 2.5－1。
- 乘法运算符：＊,例如 3.2＊7。
- 除法运算符：/,例如 5.3/2。
- 模运算符,即取余运算符：％,例如 7％3。

要注意以下几点。

(1) 对于除法运算符/,如果是两个整数相除,则其结果亦为整数,小数部分将被去掉,例如 5/2＝2,而并非等于 2.5。只要有一个操作数(不论是被除数还是除数)是实数,其结果才为实数。

(2) 模运算符％,只适用于两个整数取余,且两个操作数只能是整型或字符型(ASCII 码),模运算结果的符号由被除数决定,如 5％(－3)＝2,而(－5)％3＝－2。

2. 算术运算符的优先级与结合性

运算表达式的计算根据运算符的优先级从高到低依次执行。算术运算符的优先级和基本四则运算法则一致,即先乘除后加减,模运算符与乘除同级。

对于在一个运算量两侧同优先级的运算符,按结合律方向进行。算术运算符的结合律皆为"左结合性",同优先级的算术运算符按"自左向右"方向进行计算。例如,表达式 20＋3＊4－7/2 运算次序为：①进行 3＊4 运算,结果为 12；②进行 7/2 运算,结果取整为 3；③进行加法运算 20＋3＊4,结果为 32；④进行减法运算,用③的运算结果减去②运算的结果,结果为 29。

> ⚠ **注意：**
>
> 　　C 语言中任何类型的数据都有固定的取值范围,当表达式的值超出了取值范围,数据就会溢出。但 C 语言编译系统不会对溢出进行检查,因此,编写程序时要避免产生数据溢出现象,常用的解决办法是使用较长数据类型的变量来存储数据。

2.5.2 赋值运算符和赋值表达式

1. 赋值运算符及其表达式

赋值运算符的作用是把一个数据赋给一个变量,分为简单赋值与复合赋值。复合赋值是把计算与赋值联合起来,将变量计算的结果赋给该变量,既有计算的功能又有赋值的功能,复合赋值又分为复合算术赋值和复合位运算赋值。

(1) 简单赋值=,例如 a=5,其作用是执行一次赋值运算,把常量 5 赋给变量 a,a 的值为 5,表达式的值也为 5。

(2) 复合算术赋值包括如下。

- 加赋值运算符:+=,例如 a+=3,等价于 a=a+3。
- 减赋值运算符:-=,例如 a-=5,等价于 a=a-5。
- 乘赋值运算符:*=,例如 a*=8,等价于 a=a*8。
- 除赋值运算符:/=,例如 a/=3,等价于 a=a/3。
- 模赋值运算符:%=,例如 a%=2,等价于 a=a%2。

例如,表达式 a*=b+3,相当于先 a 乘以(b+3),再把乘积赋给 a。

(3) 复合位运算赋值包括如下。

- 按位与赋值运算符:&=,例如 a&=b,等价于 a=a&b,就是把 a 和 b 按位进行与运算,所得结果赋给 a。
- 按位或赋值运算符:|=,例如 a|=b,等价于 a=a|b,就是把 a 和 b 按位进行或运算,所得结果赋给 a。
- 按位异或赋值运算符:^=,例如 a^=b,等价于 a=a^b,就是把 a 和 b 按位进行异或运算,所得结果赋给 a。
- 位右移赋值运算符:>>=,例如 a>>=b,等价于 a=a>>b,就是把 a 右移 b 位后,所得结果赋给 a。
- 位左移赋值运算符:>>=,例如 a<<=b,等价于 a=a<<b,就是把 a 左移 b 位后,所得结果赋给 a。

所有赋值运算符都是把右边的值赋给左边,因此赋值运算符左边只能是变量。

2. 赋值运算符的结合性

赋值运算符都为同一优先级,遵循"右结合性",其结合方向为"自右向左"。

例如,a+=a-=a*a 是一个赋值表达式,如果 a 的初值为 12,此赋值表达式的求解过程如下。

① 进行"a-=a*a"的运算,相当于 a=a-a*a=12-144=-132(赋值表达式"="右边参与计算的 a 值 12,计算完表达式值为-132,因此 a 值为-132)。

② 再进行"a+=132"的运算,相当于 a=a+(-132)=-132+(-132)=-264。

> ⚠ **注意**:赋值表达式"="的左边一定是变量,例如,a=3 正确,而 3+=a 是错误的。

2.5.3　自增运算符和自减运算符

1. 自增运算符和自减运算符及其表达式

自增运算符(＋＋)与自减运算符(－－)的作用分别是使变量的值加 1 与减 1,常用于循环结构中。自增运算符和自减运算符都有前置与后置之分,前置与后置决定了变量的使用与计算(加 1 或减 1)的顺序:

- 自增运算符前置,如＋＋i,先把 i 值加 1,再使用加 1 后的 i 值进行运算。
- 自增运算符后置,如 i＋＋,先使用当前的 i 值进行运算,再把 i 值加 1。
- 自减运算符前置,如－－i,先把 i 值减 1,再使用减 1 后的 i 值进行运算。
- 自减运算符后置,如 i－－,先使用当前的 i 值进行运算,再把 i 值减 1。

自增运算符和自减运算符只能作用于变量,不能用于常量或表达式,例如 8＋＋、(x＊y)－－都是不合法的。

【例 2.5】　利用自增运算符和自减运算符进行运算。

【问题分析】

(1) 先定义变量,再进行自增或自减运算。

(2) 输出运算结果。

【程序代码】

```
# include < stdio. h >
int main()
{
    int i = 10,j = 10,m,n;    //定义整型变量 i、j、m、n,并为 i、j 赋值
    m = i++;                  //此处++后置,故先把当前的 i 值赋给 m,即 m = 10,然后 i 加 1,i 值变
                             //为 11
    n =-- j;                  //此处 -- 前置,故 j 先减 1 变为 9,再把它赋给 n,即 n = 9,j = 9
    printf("i = % d,j = % d,m = % d,n = % d\n",i,j,m,n);
    return 0;
}
```

【输出结果】

程序输出结果如图 2.9 所示。

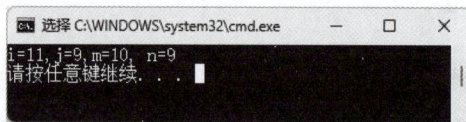

图 2.9　例 2.5 程序输出结果

2. 自增运算符和自减运算符的结合性

自增运算符和自减运算符为右结合性,即其结合方向为"自右向左"。由于自增运算符和自减运算符不能作用于表达式,因此一个运算量两侧不能同时使用自增或自减运算,例如－－i＋＋是不合法的。所谓自增运算符和自减运算符的结合性,是当与其他同优先级的运

算符(如负号运算符一、逻辑非运算符!)出现在一个运算量两侧时,按"自右向左"方向计算。

例如 a＝－b＋＋,因为负号运算符与＋＋运算符优先级相同,则表达式等价于 a＝－(b＋＋)。由于 b＋＋中的自增运算符后置,所以并非 b 值先加 1 再取负值赋给 a,而是先取 b 值,然后取负值后赋给 a,b 再加 1。

【例 2.6】 验证自增运算符和自减运算符的结合性。

【问题分析】

(1) 先定义变量,再进行自增或自减运算。

(2) 输出运算结果。

【程序代码】

```
# include < stdio. h>
int main()
{
    int i = 3,j,k;    //定义整型变量 i、j、k,并给 i 赋初值 3
    j =- i++;         //等价于 j =- (i++),先用 i 值取负后赋给 j,j 值为 - 3,i 再加 1 后值为 4
    k = !i-- ;        //等价于 k = !(i--),将 i 的值 4 取非运算为 0 后赋给 k,i 再减 1 后值为 3
    printf("i = % d,j = % d,k = % d \n",i,j,k);
    return 0;
}
```

【输出结果】

程序输出结果如图 2.10 所示。

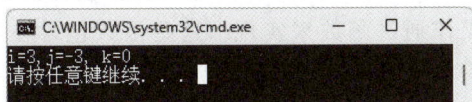

图 2.10 例 2.6 程序输出结果

2.5.4 逗号运算符和逗号表达式

1. 逗号运算符及其表达式

C 语言中的逗号可作为分隔符,例如"int a,b,c;",也可作为运算符,用于连接多个表达式,其一般形式如下:

表达式 1,表达式 2,……,表达式 n

逗号表达式运算时,将自左向右依次求取各个表达式的值(先求表达式 1,然后求表达式 2,……直至求解完表达式 n),最后一个表达式 n 的值即为逗号表达式的值。

例如,逗号表达式"a＝3 ＊ 5, a＋4",先求解 a＝3 ＊ 5,此时表达式值为 15,然后求解 a＋4,此时表达式值为 19,从而整个表达式值为 19。一个逗号表达式又可以与另一个表达式组成一个新的逗号表达式,例如,执行完表达式"(a＝3 ＊ 5,a＋4), a＋5"后,整个表达式值为 20,此时 a 值为 15。

2. 逗号运算符的优先级及结合性

逗号运算符在全部运算符中的优先级最低,因此最好把整个逗号表达式用圆括号括起来,否则意义可能会不同。例如"a=3,b=2",则执行"c=a+b,a−b"后,c值为5,这是因为把 c=a+b 作为表达式1,a−b 作为表达式2,构成逗号表达式,所以表达式1即 c=a+b 执行后,c值为5。

逗号运算符结合律为自左向右。因为逗号表达式将逗号连接的各个表达式自左向右依次计算,因此如果前后表达式用到相同的变量,则前面表达式中变量值发生的变化将会影响后面的表达式。例如 a=12,则执行表达式 x=(a * =10,a+12)后,表达式的结果为132,x 的值为132,a 的值则为120。

2.6　数据的输入和输出

在 C 语言中,输入输出是程序中最基本的操作,若要进行运算,就需要获取数据,这些数据可以通过用户输入,也可以通过文件等途径获取。而且,应该有运算结果的输出,这样有助于实现人机交互,让用户知晓程序的运行情况。讨论输入输出时,要注意以下几点。

(1) 所谓输入输出是以计算机为主体而言的。本章介绍的是往标准输出设备(如显示器)输出数据时称为输出,从标准输入设备(如键盘)往计算机中输入数据时称为输入。

(2) 在 C 语言中,输入输出函数是实现数据输入输出的重要方式。C 语言本身不提供输入输出语句,输入输出操作通过函数来实现。这些函数包含在一些头文件中,称为库函数。要使用这些函数,必须在程序开始处用文件包含命令 ♯include 来包含这些头文件。本节将介绍一些常用的标准输入输出函数,这些函数包含在 stdio. h 文件中,因此在程序头必须添加命令 ♯include < stdio. h >。

2.6.1　格式输入函数 scanf()

1. 一般形式

格式输入函数 scanf()是把数据按规定的格式从键盘上读入到指定变量中。函数使用形式如下:

```
scanf("格式控制字符串",输入项地址列表);
```

例如

```
scanf("a = % d,b = % f",&a,&b);
```

说明:

(1) 格式控制字符串:是用双撇号括起来的一个字符串,包含两种信息,即格式声明与普通字符,其中,格式声明由%和格式字符组成,如%d、%f 等,它规定了输入数据的类型、长度等;普通字符是需要按原样输入的字符,如前面的"a＝""b＝"以及中间的逗号。

（2）输入项地址列表：由需要输入数据的变量的地址组成。变量的地址需要用取地址运算符 & 获得，变量的地址是由 C 编译系统分配的，用户不必关心具体的地址是多少，多个输入项之间用逗号分隔开。

利用 scanf() 函数从键盘读入数据时，需注意如下几点。

（1）输入多个数据时，如果格式控制字符串中无普通字符和分隔符时，多个数据间需要用空格键、回车键或 Tab 键作为分隔符进行分隔，最后以回车键作为输入结束。通常来讲，因为每个字符型变量对应一个字符，不存在二义性，因此对于字符的输入，除非格式符中有空格或其他分隔符，否则不可以用分隔符。例如：

```
scanf("%c%c",&a,&b);
```

可输入：

```
AB<回车>(字符间没有空格)
```

若在两个字符之间加入分隔符就不对了，如输入：

```
A B<回车>(字符间有空格)
```

则相当于 a 读入了字符 A，而 b 读入了空格，意义完全不一样。

对于其他类型的变量，如整型、实型，多个数据之间必须用分隔符分开，否则可能存在分辨错误。例如：

```
scanf("%d%d",&a,&b);
```

如果要令 a 为 12，b 为 34，输入：

```
1234<回车>(数字间没有空格)
```

则 a 读入 1234，b 没有输入，出现错误。

正确输入方式为下面 3 种：

```
①12 34<回车>(12 和 34 间有空格)
②12<回车>
  34<回车>
③12<TAB>
  34<回车>
```

!　注意：
- 在连续输入字符时，两个字符之间不需要插入分隔符，系统能区分两个字符。
- 在连续输入数值时，两个数值之间需要插入分隔符，以使系统能区分两个数值。

（2）输入数据的个数与顺序要与 scanf() 函数规定的一致。

（3）如果格式控制字符串中有普通字符，都必须依原样输入，否则可能发生严重错误。例如：

```
scanf("a = % d,b = % f",&a,&b);
```

如果要令 a 为 3，b 为 4，则输入时必须完整输入：

```
a = 3,b = 4 <回车>
```

其中的"a＝""b＝"以及当中的逗号都必须原样输入，否则出错。

2. 格式说明

对不同的数据类型用不同的格式字符，这些格式字符不仅用于格式输入函数 scanf()，也用于 2.6.2 节将要介绍的格式输出函数 printf()。格式声明皆以％为开始标记，其形式如下：

> ％[m][l 或 h]格式字符

其中，方括号中为任选项，可以没有，但格式字符不能缺少。

（1）格式字符说明如下。

- d 或 i：十进制有符号的整数。
- o：八进制的整数。
- x 或 X：十六进制的整数。
- u：十进制无符号的整数。
- f：小数形式的实数。
- e 或 E：指数形式的实数。
- c：单个字符。
- s：字符串。

（2）l 和 h 为长度格式符。l 用于规定长整型和双精度型，h 则规定输入为短整型。例如：

- ％ld、％lo、％lx：输入数据分别为长整型十进制、长整型八进制、长整型十六进制。
- ％lf、％le：输入数据分别为双精度型小数形式、双精度型指数形式。
- ％hd、％ho、％hx：输入数据分别为短整型十进制、短整型八进制、短整型十六进制。

（3）m 为十进制整数，用于指定输入数据的宽度（即数字个数）。例如：

```
scanf("% 4d",&a);
```

输入：

```
123456 <回车>
```

则只读入前 4 位给变量 a，即 a 为 1234，后面的 5 和 6 被丢弃。若输入小于 4 位则不影响。对指定了宽度的格式输入，数据之间可以无分隔符，系统将根据各自宽度来读入。例如：

```
scanf("%3d%4d",&a,&b);
```

输入：

```
123456789 <回车>
```

则 a 为 123，b 为 4567。

> ⚠ **注意：**
> - 对于实型，数据宽度为数据的整体宽度，包括小数点在内，即数据宽度 m＝整数位数＋1(小数点)＋小数位数。
> - 格式输入函数只能指定数据的整体宽度，无法指定小数位数，这与后面 2.6.2 节介绍的格式输出函数 printf()是不同的。

例如：

```
scanf("%3f%3f",&a,&b);
```

输入：

```
1.23.45
```

则 a 为 1.200000，b 为 3.400000。

如输入：

```
1234.5
```

则 a 为 123.000000，b 为 4.500000。

如输入：

```
1.234.5
```

则 a 为 1.200000，b 为 34.000000。

2.6.2　格式输出函数 printf()

格式输出函数 printf()是把指定的数据按指定的格式输出到显示器上。其使用形式如下：

```
printf("格式控制字符串",输出项列表);
```

printf()函数中的格式控制字符串与 scanf()函数一致，包含格式声明与普通字符。格式声明用于控制输出的格式，普通字符将原样输出显示。例如：

```
printf("a = % d,b = % f",a,b);
```

其中%d、%f为格式声明,"a＝""b＝"及中间的逗号即普通字符,会原样显示在屏幕上。
"a,b"为输出项列表。

printf()函数中的格式符与scanf()函数一致,都以%为开始,但要复杂一些,其形式
如下:

%[±][0][m][.n][l或h]格式字符

(1)格式字符说明。printf()函数输出时,对不同类型的数据要指定不同的格式声明,
格式声明的主要内容是格式字符。常见的格式字符说明如表2.4所示。

表2.4 常见的格式字符

字　符	意　义	输出语句格式	输 出 结 果
d、i	十进制的整数	int a＝65;printf("%d",a);	65
x、X	十六进制的整数	int a＝65;printf("%x",a);	41
o	八进制的整数	int a＝65;printf("%o",a);	101
u	十进制无符号的整数	int a＝65;printf("%u",a);	65
c	单个字符	char a＝65;printf("%c",a);	A
s	字符串	printf("%s", "china");	china
f	小数形式的实数	float＝123.456;printf("%f",a);	123.456000
e、E	指数形式的实数	float＝123.456;printf("%e",a);	1.23456e＋02
g、G	f和e中宽度较短的一种	float＝123.456;printf("%g",a);	123.456

(2)l或h的含义与scanf()函数中相同,l表示输出长整型或双精度数据,h表示输出
短整型。

(3)m.n用于指定输出数据的宽度。

① 输出整数时:只有m,没有.n部分。m表示整数的位数(即数字的个数),如果数据
实际的位数小于m,则默认在左侧补空格;如果大于m,则按实际位数输出,例如:

```
int a = 123,b = 12345;
printf("% 4d, % 3d",a,b);
```

输出结果:

□123,12345(此处□表示空格)

② 输出实数时:m指定数据总宽度,其含义与scanf()函数的相同,且m＝整数位数＋1
(小数点)＋小数位数;n指定小数位数。例如:

```
float a = 6.1888;
printf("% 4.2f",a);
```

输出结果:

6.18

③ 输出字符时：只有 m,没有.n 部分。m 表示输出字符的总宽度,默认左侧补空格。例如：

```
char c = 'a';
printf("%4c",c);
```

输出结果：

□□□a

④ 输出字符串时：m 为输出字符的总长度,n 为输出字符的实际个数。当 n 小于 m 时,不足的部分补空格。例如：

```
printf("%4.2s","China");
```

输出结果：

□□Ch

（4）[0]指定输出数据空位置的填充方式,指定 0 则以 0 填充,不指定则默认填充空格。例如：

```
float a = 6.1888;
printf("%06.2f",a);
```

输出结果：

006.18

（5）±指定输出数据的对齐方式：指定＋时,输出右对齐；指定－时,输出左对齐；不指定时默认为＋,即右对齐。例如：

```
float a = 6.1888;
printf("%6.2f\n",a);
printf("%-6.2f",a);
```

输出结果：

□□6.18
6.18□□

printf()函数也可用于直接打印字符串,这是 printf()函数最简单的输出功能。例如：

```
printf("C Language Programming");
```

则运行后屏幕上显示：

C Language Programming

由于格式输入函数 scanf()中的格式控制字符串并不显示在执行窗中,因此一般最好在 scanf()函数之前,利用 printf()函数输出一些提示语句。

2.6.3　字符输入函数 getchar()

字符输入函数 getchar()的功能是从输入设备上读取一个字符,其返回值即为所读取的字符。getchar()函数没有参数,其一般形式如下:

```
getchar();
```

其值就是从键盘输入得到的字符,一般与赋值语句联用,将读取的字符赋给变量:

```
char c;
c = getchar();
```

!　**注意**:getchar()函数只读取单个字符,如果输入不止一个字符,则只读取第一个字符。

2.6.4　字符输出函数 putchar()

字符输出函数 putchar()的功能是往输出设备输出一个字符,其一般形式如下:

```
putchar(c);
```

c 为要输出的字符常量或变量,也可为整型常量或变量(ASCII 值)。
例如:

```
putchar('A');
```

输出字符 A。

```
char c = 'B';
purchar(c);
```

输出字符 B。

```
putchar(65);
```

输出 ASCII 值为 65 对应的字符,即字母 A。

!　**注意**:purchar()函数必须带输出项,该输出项可以是字符型常量、变量、表达式等。

【例 2.7】　字符的输入输出函数。
【程序代码】

```
# include < stdio. h >
int main()
{
```

```
    char a;                 //定义字符变量 a
    int c;                  //定义整型变量 c
    a = getchar();          //从键盘输入一个字符赋给变量 a
    c = 66;                 //给变量 c 赋初值
    putchar('A');           //输出字符 A
    putchar(a);             //输出字符变量 a,即从键盘输入的字符
    putchar(c);             //整型变量 c 以字符形式输出,即输出 66 所对应的字符 B
    putchar('\101');        //输出八进制 101 所对应的字符 A
    return 0;
}
```

【输出结果】

程序输出结果如图 2.11 所示。

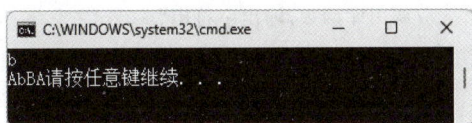

图 2.11　例 2.7 程序输出结果

🔑 2.7　C 语句和顺序结构程序设计

2.7.1　C 语句概述

在 C 语言程序中,无论是数据的描述,还是操作的控制,都是以语句的形式表现出来的。语句是 C 语言程序的最基本单元,程序的功能是由执行的语句实现的。C 语言中语句可以分为如下 5 类。

1. 表达式语句

表达式语句由一个表达式加一个分号构成。其一般形式如下:

表达式;

最典型的是由赋值表达式构成一条赋值语句。例如:
"a＝20"是一个赋值表达式,而"a＝20;"是一条赋值语句。
任何表达式都可以加上分号构成语句,例如:

```
j++;        //自增 1 语句,j 值增 1
a + b;      //加法运算语句,完成 a + b 操作,但是结果不能保留,因此无实际意义
```

2. 控制语句

控制语句用于控制程序的流程,以实现程序的各种结构方式。它们由特定的语句定义符组成。C 语言有九种控制语句,可分为如下 3 类。

（1）条件判断语句：if 语句、switch 语句。

（2）循环执行语句：while 语句、do-while 语句、for 语句。

（3）流程转向语句：break 语句、continue 语句、goto 语句、return 语句。

3. 函数调用语句

函数调用语句由一个函数调用加一个分号构成，其一般形式如下：

> 函数名 (实际参数表)；

执行函数语句就是调用函数体并把实参赋予函数定义中的形参，然后执行被调函数中的语句，求取函数值（将在 6.3 节中详细介绍）。例如：

```
printf("hello");          //调用库函数,输出字符串"hello"
```

4. 复合语句

把多条语句用一对花括号括起来组成的一个语句块，称为复合语句。在程序中应把复合语句看成单条语句，而不是多条语句。例如：

```
if(x > y)
{
    t = x;
    x = y;
    y = t;
}
```

是一条复合语句。复合语句内的每条语句都必须以分号结尾，在花括号外不要加分号。

5. 空语句

只有分号构成的语句称为空语句。空语句什么也不执行，在程序中可用来作空循环体。例如：

```
while(getchar()!= '?') ;   //只要从键盘上输入的字符不是'?',则重新输入,循环体为空语句
```

2.7.2 顺序结构程序设计

C 语言为结构化程序设计语言，分为三种基本结构：顺序结构、选择结构、循环结构。顺序结构是最基本的结构，程序从上到下逐条执行。实际上选择结构与循环结构都为局部结构，是在整体顺序结构框架中的。顺序结构的设计是最简单的程序设计，按照需实现的功能逻辑顺序进行设计。

【例 2.8】 输入三角形的三边长，求三角形面积并输出（三角形面积公式：area $=$ $\sqrt{s(s-a)(s-b)(s-c)}$，其中 $s=(a+b+c)\div 2$）。

【问题分析】

（1）先输入三个边长（保证能构成一个三角形），再根据公式求面积，最后输出结果，属

于顺序结构程序设计。

（2）三角形的三边长可以是实数也可以是整数，这种情况下一般将变量设为实型，调用 scanf()函数从键盘输入三边长的值，计算后用 printf()函数输出面积值。

（3）在三角形面积计算公式中，要用到开平方函数，此时需要在程序开头包含 math.h 头文件来引入数学函数库。

解决该问题的算法流程图如图 2.12 所示。

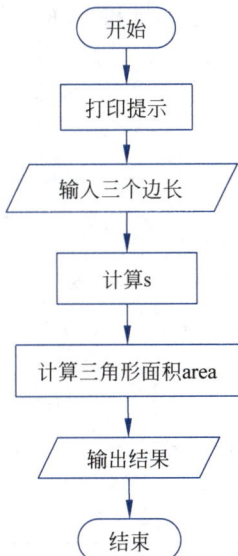

图 2.12 例 2.8 的算法流程图

【程序代码】

```
# include < stdio.h >
# include < math.h >
# define PI 3.1415926                      //定义符号常量,以 PI 替代圆周率数值
int main()
{
    float a,b,c,s,area;
    printf("Enter three length of side:\n");  //打印输入提示语
    scanf("a = % f,b = % f,c = % f",&a,&b,&c); //输入三个边长,且能构成一个三角形
    s = 1.0/2 * (a + b + c);                  //计算 s
    area = sqrt(s * (s - a) * (s - b) * (s - c)); //计算三角形面积
    printf("s = % .2f,area = % 7.3f\n",s,area); //输出结果
    return 0;
}
```

【输出结果】

程序输出结果如图 2.13 所示。

说明：数学函数包含在头文件 math.h 中,因此如果要使用数学函数,就必须先使用文件包含命令 #include < math.h >。C 语言提供了丰富的数学函数方便用户使用,一些常用的数学函数的功能及使用见附录 C。

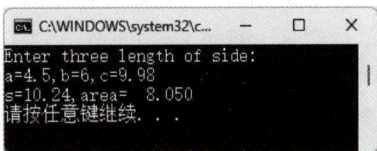

图 2.13 例 2.8 程序输出结果

【例 2.9】 编写一个程序,计算存款利息。若有 10 000 元想存一年,有 3 种方法可选:

① 活期,年利率 r1 为 0.36%。

② 存一年期定期,年利率 r2 为 2.25%。

③ 存两次半年定期,年利率 r3 为 1.98%。

请分别计算出一年后按 3 种方法所得到的本息和。

【问题分析】 解题的关键是确定计算本息和的公式。若存款额为 p,则方案①本息和 p1 的计算公式为 p1＝p(1＋r1);方案②本息和 p2 的计算公式为 p2＝p(1＋r2);方案③本息和 p3 的计算公式为 p3＝p(1＋r3/2) * (1＋r3/2)。采用顺序结构依次分别计算这 3 种方法所得到的本息和。

【程序代码】

```
#include <stdio.h>
int main()
{
    //定义变量并赋初值
    float p0 = 10000,r1 = 0.0036,r2 = 0.0225,r3 = 0.0198,p1,p2,p3;
    p1 = p0 * (1 + r1);                          //计算活期本息和
    p2 = p0 * (1 + r2);                          //计算一年定期本息和
    p3 = p0 * (1 + r3/2) * (1 + r3/2);           //计算存两次半年定期的本息和
    printf("p1 = % f\np2 = % f\np3 = % f\n",p1,p2,p3);   //输出结果
    return 0;
}
```

【输出结果】

程序输出结果如图 2.14 所示。

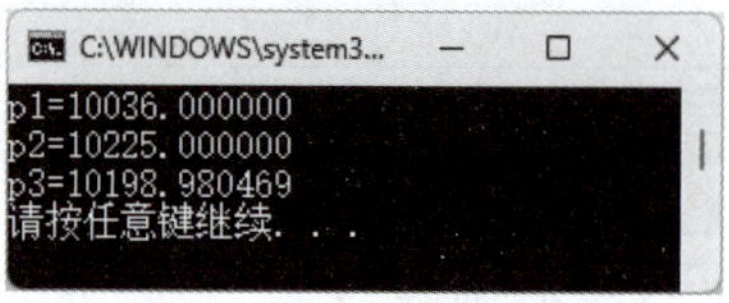

图 2.14　例 2.9 程序输出结果

2.8 "简易计算器"案例分析与实现

学习完本章数据类型及其运算后,可以编写程序来实现"简易计算器"案例中的(1)~(8)(即加、减、乘、除、取余、次幂运算、开平方、进制转换)这 8 个运算。若把这些程序代码都写在一个主函数中,会使得程序的维护和实现变得困难,这里采用模块化程序设计的方法,也就是把每一种运算编写成一个自定义函数,通过函数的调用来实现每一个功能。由于函数的内容将在第 6 章中介绍,本案例中读者重点关注各种运算如何实现,即自定义函数内部的实现方法,现对部分功能的自定义函数举例如下。

【例 2.10】 设计一个简单程序,实现两个实数的加法运算,并在主函数中被调用。

【问题分析】

(1)编写加法运算的自定义函数,函数名为 add,从键盘输入 2 个值,进行相加运算后,

将运算结果输出,不需要返回值则将函数类型定义为 void。

　　(2) 通常情况下 C 程序总是从 main() 函数开始执行,到 main() 函数结束,要想执行 add() 函数,需要在 main() 函数中调用 add() 函数。

【程序代码】

```
# include < stdio. h >
void add()                                  //定义加法运算函数
{
    double x,y;                              //定义参与运算的 2 个变量
    printf("加法运算:\n");
    printf("请输入两个数(空格隔开)\n:");
    scanf("%lf%lf",&x,&y);                   //键盘输入变量值
    printf("%lf + %lf = %lf\n",x,y,x+y);    //输出计算结果
}
int main()
{
    add();                                   //调用加法运算函数
    return 0;
}
```

【输出结果】

程序输出结果如图 2.15 所示。

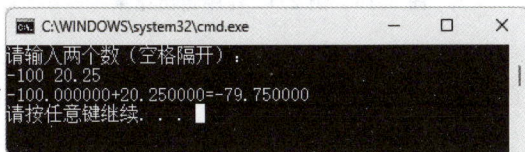

图 2.15　例 2.10 程序输出结果

【例 2.11】　在例 2.10 基础上,增加除法运算功能。

【问题分析】

　　(1) 编写除法运算的自定义函数,函数名为 divide,从键盘输入 2 个值,进行除法运算后,将运算结果输出,不需要返回值则将函数类型定义为 void。

　　(2) 同样,若想执行 divide() 函数,需要在 main() 函数中调用 divide() 函数。

【程序代码】

```
# include < stdio. h >
void add()                                  //实现加法运算函数
{
    double x,y;
    printf("加法运算:\n");
    printf("请输入两个数(空格隔开)\n:");
    scanf("%lf%lf",&x,&y);
    printf("%lf + %lf = %lf\n",x,y,x+y);
}
void divide()                               //实现除法运算函数
{
    double a,b;
    printf("除法运算:\n");
```

```
        printf("请输入两个数(空格隔开):\n");
        scanf(" %lf %lf",&a,&b);
        printf(" %.2lf/ %.2lf = %.2lf\n",a,b,a/b);
    }
    int main()
    {
        add();                        //调用加法运算函数
        divide();                     //调用除法运算函数
        return 0;
    }
```

【输出结果】

程序输出结果如图 2.16 所示。

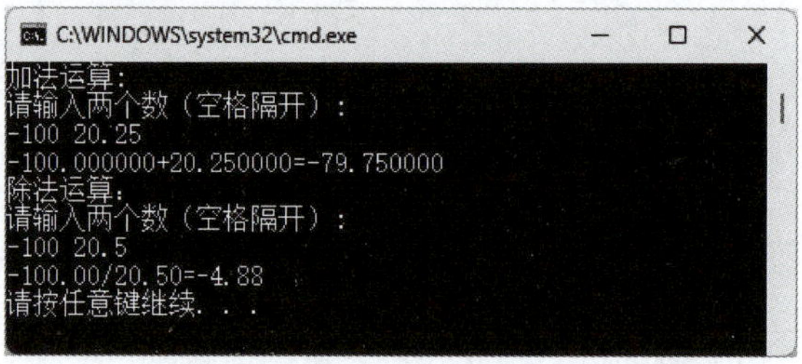

图 2.16　例 2.11 程序输出结果

说明:

(1) 上述代码实现了简单的加法和除法运算,并没有对输入数据的有效性进行验证。比如由于除数不可以为 0,当用户输入的除数为 0 时,应该提醒用户输入有误并重新输入,即增加报错功能。

(2) 此代码中,若用户要实现除法运算,必须先完成加法运算再才能进行除法运算,能否只选择实现其中某项功能呢?

上面两个问题的解决放到第 3 章的案例分析与实现中介绍。

(3) 实际案例中应包含以上 8 个基本运算的所有子函数,在此只对部分功能的实现做了介绍,给出了主函数的代码,读者可以自己完成其他功能函数,然后在主函数中调用。本节案例完整代码请参见本书配套教学资源。

2.9　常见错误分析

C 语言编程需遵循其语法规则,下面对初学者常见的错误做一些分析,写程序时要避免这些错误,并养成良好编程习惯。

1. 遗漏分号、引号、逗号等

```
#include<stdio.h>
int main()
{
```

```
    int a = 1
    printf("a = % d\n",a);
    return 0;
}
```

【编译报错】

syntax error : missing ';' before identifier 'printf'

【错误分析】

提示出现语法错误，缺少分号，a＝1 语句后面加上分号后，错误就会消失。

```
# include < stdio. h >
int main()
{
    int a;
    a = 10;
    printf("a = % d\n,a);
    return 0;
}
```

【编译报错】

error C2001: newline in constant
error C2143: syntax error : missing ')' before '}'
error C2143: syntax error : missing ';' before '}'

【错误分析】

实际上是因为 printf()函数中缺失了一个双引号("),使得系统无法正确判断，提示缺少函数及语句结束标志。正确语句为

```
printf("a = % d\n",a)
```

2. 变量必须"先定义，后使用"，否则编译报错

```
# include < stdio. h >
int main()
{
    int a = 1,b = 2;
    int c;
    c = a + d;
    printf(" % d\n",c);
    return 0;
}
```

【编译报错】

error C2065: 'd' : undeclared identifier

【错误分析】

提示变量 d 未被定义,因此编写程序时要注意不要漏定义或写错变量名。

3. C语言标识符有其命名原则,错误的命名编译无法通过

```
# include < stdio. h>
int main( )
{
    int num1 = 1,2num = 2;
    int A;
    A = num1 + 2num;
    printf(" % d\n",A);
    return 0;
}
```

【编译报错】

error C2059: syntax error : 'bad suffix on number'

【错误分析】

提示出现语法错误,存在错误的变量命名。标识符只能由字母、下画线、数字组成,且第一个字符必须是字母或下画线,不能是数字,因此报错。编译时因为这个错误还会提示一系列错误,但这个错误更正后,则所有错误消失,编译通过。这里 2num 改成 num2 即可通过。

4. 数据类型取值范围受限错误

数据类型存在取值范围及有效位限制,如整数取值范围为$-32\,768 \sim 32\,767$,单精度有效位为 7 位,在变量赋值时不能超限,一些 C 系统对超限数据无法正确处理,但超限编译并不报错,是编程者需要小心的地方。同时,数据类型还有所能参与的运算的限制,如取余运算只能用于整数,而两个整数相除与同值浮点数相除结果又不同。

```
# include < stdio. h>
int main( )
{
    char a,b;
    a = 1270;
    printf(" % d\n",a);
    return 0;
}
```

执行结果:

-10

字符型数据占 1 字节,其取值范围为$-128 \sim 127$,ASCII 码一般取正数部分(即 $0 \sim 127$),超出其取值范围,以整数形式显示时无法正确显示。

```
# include < stdio.h >
int main()
{
    float a = 5.0, b = 2.0;
    int c;
    c = a % b;
    printf("%d\n", c);
    return 0;
}
```

【编译报错】

```
error C2296: '%': illegal, left operand has type 'float'
error C2297: '%': illegal, right operand has type 'float'
```

【错误分析】

提示取余运算符%左右的数据类型非法。

5. 运算符的错误运用。如自增自减运算只适用于变量，不能用于常量和表达式

```
# include < stdio.h >
int main()
{
    int a;
    a = ++5;
    printf("a = %d\n", a);
    return 0;
}
```

【编译报错】

```
error C2105: '++' needs l - value
```

【错误分析】

提示自增运算符需作用于变量。

6. 变量初始化错误

```
# include < stdio.h >
int main()
{
    int a = b = c = 2;
    printf("a = %d, b = %d, c = %d\n", a, b, c);
    return 0;
}
```

【编译报错】

```
error C2065: 'b': undeclared identifier
error C2065: 'c': undeclared identifier
```

【错误分析】

提示 b、c 未定义，变量初始化同时起到声明变量的作用，不可连等，但赋值语句中可实现连等。

本章小结

在 C 语言中，数据都是属于某种类型的。C 语言的数据类型非常丰富，不同类型的数据在计算机中所占的大小和存储形式是不同的。本章介绍了 C 语言的基本数据类型及其用法，主要内容如下。

（1）标识符用来标识一个对象（包括变量、符号常量、函数、数组、文件、类型等）。变量名必须符合标识符的命名规则，不要使用系统已有的关键字定义标识符。

（2）在程序中，数据的表现形式有常量和变量，常量有字面常量和符号常量两种形式。每个变量都有 3 个属性：变量名、存储空间、变量值。

（3）C 语言的数据类型分为 4 类：基本类型、构造类型、指针类型、空类型。其中整型、实型、字符型是 3 种应用最广泛的数据类型，被称为基本数据类型。

（4）C 语言提供了 15 种类型的基本运算符来实现各种运算处理。本章主要介绍算术运算符及表达式、赋值运算符及表达式、自增自减运算符、逗号运算符及表达式。其中在算术表达式中，允许不同的数值数据和字符数据进行混合运算，系统会按照"由低到高"的原则自动进行转换，用户也可以进行强制类型转换。

（5）调用格式化输入输出函数时，格式说明符必须与输入输出数据的类型相匹配。

（6）语句是 C 语言程序的最基本单元，C 语言中语句可以分为表达式语句、控制语句、函数调用语句、复合语句、空语句共 5 类。

（7）顺序结构是最基本的结构，程序从上到下依次执行，顺序结构程序按照需实现的功能逻辑顺序进行设计。

（8）对"简易计算器"案例中部分功能模块进行顺序结构程序的设计，每一种运算编写成一个自定义函数，并在 main()函数中进行函数调用，完成相应的功能。

习题二

一、选择题

1. 在 C 语言中，用户能使用的正确标识符是（　　）。
   A. 5f　　　　　　　　B. _for　　　　　　　C. int　　　　　　　D. _f. 5

2. 以下为正确的 C 语言常量的是（　　）。
   A. 0678　　　　　　　B. '\0101'　　　　　　C. 1.2E3.5　　　　　D. 123

3. 若有语句"char x='a';"，则"printf("x=%d,y=%c\n",x,97);"的输出是（　　）。
   A. x=a,y=97　　　　　B. x=97,y=a　　　　　C. x=97,y=97　　　D. x=a,y=a

4. 在以下运算符中，优先级最高的运算符是（　　）。

　　A. <=　　　　　　　　B. /　　　　　　　　C. !=　　　　　　　　D. &&

5. 以下选项中可以作为 C 语言中合法整数的是(　　　)。

　　A. 10110B　　　　　　B. 0386　　　　　　　C. 0xffa　　　　　　D. x2a2

6. 若有 x 为 int 类型,其值为 11,则表达式(x++ * 1/3)的值是(　　　)。

　　A. 3　　　　　　　　　B. 4　　　　　　　　　C. 11　　　　　　　　D. 12

7. 下面程序运行的结果为(　　　)。

```
# include < stdio. h>
int main()
{
int sum,pad;
sum = pad = 5;
pad = sum++;
pad++; ++pad;
printf(" % d",pad);
return 0;
}
```

　　A. 8　　　　　　　　　B. 7　　　　　　　　　C. 6　　　　　　　　D. 5

8. 若已定义 x 和 y 为 double 型,x=1,则表达式 y=x+3/2 的值是(　　　)。

　　A. 1　　　　　　　　　B. 2　　　　　　　　　C. 2.0　　　　　　　D. 2.5

9. 若有以下程序段

```
int c1 = 1,c2 = 2,c3;
c3 = 1.0/c2 * c1;
```

则执行后,c3 的值是(　　　)。

　　A. 0　　　　　　　　　B. 0.5　　　　　　　　C. 1　　　　　　　　D. 2

10. 若变量 a、i 已正确定义,且 i 已正确赋值,以下语句合法的是(　　　)。

　　A. a==1　　　　　　B. ++(a+i);　　　　C. a=a++=5;　　　D. a=int(i);

11. 若有如下程序段

```
int main()
{
    int y = 3,x = 3,z = 1;
    printf(" % d % d\n",(++x,z + 1,y++),z + 2);
    return 0;
}
```

运行该程序的输出结果是(　　　)。

　　A. 3 4　　　　　　　B. 4 2　　　　　　　C. 4 3　　　　　　　D. 3 3

12. 若有声明语句"char a='\72';",则变量 a(　　　)。

　　A. 包含 1 个字符　　　　　　　　　　　　B. 包含 2 个字符

　　C. 包含 3 个字符　　　　　　　　　　　　D. 说明不合法

13. 若有语句"int a,b,c;",执行表达式 a=b=1,a++,b+1,c=a+b--后,a、b 和 c

的值分别是(   )。

  A. 2,1,2   B. 2,0,3   C. 2,2,3   D. 2,1,3

14. 若有定义语句"float a=2,b=4,h=3;",以下 C 语言表达式与代数式计算结果不相符的是(   )。

  A. (a+b)＊h/2   B. (1/2)＊(a+b)＊h

  C. (a+b)＊h＊1/2   D. h/2＊(a+b)

15. 以下赋值语句不合法的是(   )。

  A. n=(i=2,++i);   B. j++;   C. ++(i+1);   D. x=j>0;

16. 阅读下面程序,当输入数据的形式为 25,13,10<CR>,正确的输出结果为(   )。

```
int x,y,z;
scanf("%d%d%d",&x,&y,&z);
printf("x+y+z=%d\n",x+y+z);
```

  A. x+y+z=48   B. x+y+z=35   C. x+z=35   D. 不确定值

17. 若a是int型变量,且其值为3,则执行完表达式 a+=a-=a＊=a 后,a 的值为(   )。

  A. -3   B. 9   C. -12   D. 0

18. 若有以下定义和语句:

```
int u=010,v=0x10,w=10;
printf("%d,%d,%d\n",u,v,w);
```

则输出结果是(   )。

  A. 8,16,10   B. 10,10,10   C. 8,8,10   D. 8,10,10

19. 若有整型变量 x,单精度变量 y=5.5,执行表达式 x=(float)(y＊3+((int)y)%4)后,x 的值为(   )。

  A. 17   B. 17.500000   C. 17.5   D. 16

20. 若有以下定义和语句:

```
char c1='b',c2='e',c3='1';
printf("%d,%c,%d\n",c2-c1,c2+'A'-'a',c3-'0');
```

则输出结果是(   )。

  A. 2, e, 1

  B. 3, E, 1

  C. 3, 'E', 1

  D. 输出项与对应的格式控制不一致,输出结果不确定

二、填空题

1. 把双精度变量 a 初始化值为 0.205 的定义形式为_____。

2. 表达式 a=1、a+=1、a+1、a++ 的值是_____。

3. 执行语句"a=25+(c=16);"后,变量 a、c 的值依次为_____。

4. 若整型变量 x 的值为 90，则语句"printf("%o\\n",b);"的输出结果为_____。

5. 若 a 为整型变量，请写出判断"a 是 5 的整数倍"的表达式为_____。

6. 下面程序的输出结果是_____。

```
# include < stdio. h>
int main()
{
    int a = 10;
    a % = 3;
    a += a * 2;
    printf("% d\n",a);
    return 0;
}
```

7. 下面程序的输出结果是_____。

```
int main()
{
    int x,y,m,n;
    x = 2;y = 8;
    m = x++ * 5;
    n = ++y * 5;
    printf("% d, % d, % d, % d",x,y,m,n);
    return 0;
}
```

8. 有下面程序

```
# include < stdio. h>
int main()
{
    char ch1,ch2;
    int n1,n2;
    ch1 = getchar();
    ch2 = getchar();
    n1 = ch1 - '0';
    n2 = n1 * 10 + (ch2 - '0');
    printf("% d\n",n2);
    return 0;
}
```

程序运行时输入：35 <回车>，则输出结果是_____。

三、编程题

1. 编写一个程序，用 * 组成大写字母 A 并输出。

2. 编写一个程序，输入 a、b 两个整型变量，交换两数后输出。

3. 编写一个程序，从键盘输入一个三位整数，将它们逆序输出。例如输入 369，则输出 963。

4. 编写一个程序，从键盘输入球半径，分别计算球的截面面积及体积，并输出结果。

5. 编写一个程序，从键盘输入一个小写字母，将其变成大写字母并输出。

6. 编写一个程序实现收银功能：输入货品 A～F 的数量及顾客付的钱数，计算应付钱款及找零。货品 A 单价 5 元，货品 B 单价 6.8 元，货品 C 单价 13.6 元，货品 D 单价 7.2 元，货品 E 单价 8.5 元，货品 F 单价 2.3 元。

7. 编写一个程序，求圆柱的体积。要求：从键盘输入圆半径和圆柱高，输出计算结果，保留小数点后 2 位数字。

8. 已知华氏温度 f 和摄氏温度 c 的关系为 $c = \dfrac{5}{9}(f-32)$，从键盘输入一个华氏温度，编写程序计算并输出相应的摄氏温度。

第3章

选择结构及其应用

CHAPTER 3

☆ 本章导读

在现实生活中,人们经常需要根据不同的条件做出选择,而在计算机程序设计过程中,也可通过某一个或若干条件的判断,有选择地执行特定语句,这就是选择结构。选择结构是一种使程序具有判断能力的程序结构。

本章主要介绍在 C 语言中实现选择结构的程序设计方法,选择结构主要通过 if 语句或 switch 语句来实现。本章最后介绍选择结构在"简易计算器"案例中的应用。

☆ 学习目标

- 了解关系运算符和关系表达式。
- 了解逻辑运算符和逻辑表达式。
- 掌握 if 单分支语句、if-else 双分支语句和嵌套的 if 语句的使用。
- 掌握 switch 语句的使用。
- 区分 if 语句与 switch 语句。
- 学会利用选择结构解决一般应用问题。

🔍 3.1 关系运算符和关系表达式

3.1.1 关系运算符

在程序中经常需要比较两个量的大小关系,以决定程序下一步的工作。比较两个量的运算符称为关系运算符。所谓关系运算,实际上就是比较运算,即将两个操作数进行比较并产生运算结果0(假)或1(真)。C语言提供的关系运算符有6种,如表3.1所示。

表 3.1 关系运算符

运 算 符	功 能
<	小于
<=	小于或等于
>	大于
>=	大于或等于
==	等于
!=	不等于

说明:

(1) C语言中的小于或等于、大于或等于、等于、不等于运算符(<=、>=、==、!=)的表示与数学中的表示(≤、≥、=、≠)不同。

(2) 在以上6种关系运算符中,前4种(<、<=、>、>=)的优先级相同,后两种(==、!=)的优先级相同,且前4种的优先级高于后两种。例如,a>=b!=b<=3等价于(a>=b)!=(b<=3)。

(3) 关系运算符的结合性为从左到右。

(4) C语言中"=="是关系运算符,用来判断两个数是否相等。请读者注意与赋值运算符"="的区别,例如,x==3是判断x的值是否等于3,x=3是将x的值赋值为3。

3.1.2 关系表达式

关系表达式是指用关系运算符将两个数(或表达式)连接起来进行关系运算的式子。例如,3<2、a>b、a<b+c、c>b==a、a=b>c均是合法的关系表达式。

关系表达式的结果是逻辑值,即真值或假值,其中真值为1,假值为0,真值表示指定的关系成立,假值则表示指定的关系不成立。例如,若a=1,b=2,c=3,则:

- 关系表达式"3<2"的结果为假值,表达式值为0。
- 关系表达式"a>b"的结果为假值,表达式值为0。
- 关系表达式"a<b+c"的结果为真值,因为a=1,b+c=5,1小于5,所以该关系式成立,表达式值为1。
- 关系表达式"c>b==a"的结果为真值,因为b=2,c=3,3大于2,所以关系式c>b成立,结果为真值,真值为1,等于a的值,所以表达式c>b==a的值为1。
- 关系表达式"a=b>c"的结果为假值,因为b=2,c=3,2小于3,所以关系式b>c不成立,结果为假值,假值为 0,所以赋值后 a 的值为 0。注意,">"运算符比赋值运算符"＝"的优先级要高。

3.2　逻辑运算符和逻辑表达式

在 C 语言中,对参与逻辑运算的所有数值,都转换为逻辑"真"或逻辑"假"后才参与逻辑运算。如果参与逻辑运算的数值为 0,则把它作为逻辑"假"处理,所有非 0 的数值都作为逻辑"真"处理。

3.2.1　逻辑运算符

有的时候,要求一些关系同时成立,而有的时候,可能只要求其中的某一个关系成立就可以,这时,就需要用到逻辑运算符。C 语言中有 3 种逻辑运算符:逻辑与(&&)、逻辑或(||)、逻辑非(!)。

逻辑运算符及其对应的功能说明如表 3.2 所示。

表 3.2　逻辑运算符

运　算　符	功　　能
&&	逻辑与,双目运算符,左右两个数都为真时才为真,否则为假
||	逻辑或,双目运算符,左右两个数都为假时才为假,否则为真
!	逻辑非,单目运算符,改变当前数的值,真变假,假变真

逻辑运算的真值表如表 3.3 所示。

表 3.3　逻辑运算真值表

a	b	a&&b	a||b	!a	!b
真	真	真	真	假	假
真	假	假	真	假	真
假	真	假	真	真	假
假	假	假	假	真	真

说明:

(1) 三种运算符的优先级由高到低依次为:!> && >||。

(2) 逻辑运算符中的"&&"和"||"的结合性为从左到右,"!"的结合性为从右到左。

(3) 关系运算符的优先级低于算术运算符,逻辑运算符中的"&&"和"||"的优先级低于关系运算符,"!"的优先级高于算术运算符。

3.2.2　逻辑表达式

逻辑表达式是由逻辑运算符将逻辑量连接起来构成的式子。逻辑运算符两侧的运算对象可以是任何类型的数据,但运算结果一定是整型值,并且只有两个值:1 和 0,分别表示真和假。例如:

(1) 若 a＝2,则逻辑表达式!a 的值为 0。因为 a 的值为非 0,逻辑值为真,对它进行逻辑非运算,结果为假,假以 0 代表。

(2) 若 a＝2,b＝3,则逻辑表达式 a&&b 的值为 1,因为 a 和 b 均非 0,逻辑值为真,所以进行逻辑与运算的值也为真,真以 1 代表。

(3) 若 a＝2,b＝3,则逻辑表达式 a‖b 的值为 1。因为 a 和 b 均非 0,逻辑值为真,所以进行逻辑或运算的值也为真,真以 1 代表。

(4) 若 a＝2,b＝3,则逻辑表达式 !a‖b 的值为 1。因为虽然 !a 的值为 0,但是 b 非 0,逻辑值为真,所以进行逻辑或运算的值也为真,真以 1 代表。

> **! 注意：**
> - 对于 a&&b,只有 a 为真(非 0)时,才需要判断 b 的值,如果 a 为假,就不必判断 b 的值。即对于 && 运算符,只有 a≠0,才继续进行其右面的运算。
> - 对于 a‖b,只要 a 为真(非 0),就不必判断 b 的值,只有 a 为假时,才判断 b 的值。即对于‖运算符,只有 a＝0,才继续进行其右面的运算。
> - 2＜a＜3 在 C 语言中的表示为(2＜a)&&(a＜3)。

3.3　if 语句

if 语句是条件选择语句,它先对给定条件进行判断,根据判定的结果(真或假)决定要执行的语句。if 语句有 if 分支、if-else 分支和嵌套的 if 语句 3 种形式,下面介绍每种 if 语句的具体使用方式。

3.3.1　if 分支

if 分支是最简单的条件语句,if 分支语句的一般形式如下:

```
if(表达式)
    语句 1;
```

其中,表达式一般为逻辑表达式或关系表达式。语句 1 可以是一条简单的语句或多条语句,当为多条语句时,需要用"{}"将这些语句括起来,构成复合语句。if 分支语句的执行过程是:当表达式的值为真(非 0)时,执行语句 1;否则直接执行 if 语句后面的语句。其执行流程图如图 3.1 所示。

【例 3.1】　从键盘输入一个整数,若输入的整数是 3 的倍数,则输出"OK!",否则什么也不显示。

【问题分析】

根据题意,需要使用 if 语句对输入的整数进行判断,解题的关键是创建 3 的倍数的表达式"num%3＝＝0",如果是 3 的倍数,则输出"OK!",不是 3 的倍数,程序无输出。

解决该问题的算法流程图如图 3.2 所示。

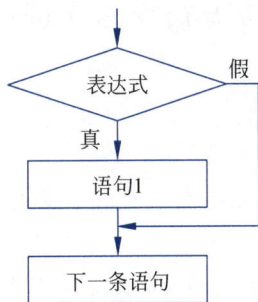

图 3.1　if 分支的执行流程图

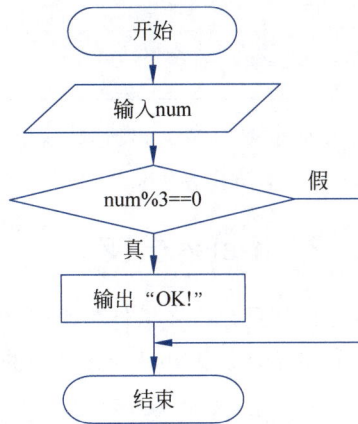

图 3.2　例 3.1 的算法流程图

【程序代码】

```
# include < stdio.h >
int main()
{
    int num;                          //定义整型变量 num
    printf("Please enter num:");      //输出屏幕提示语
    scanf(" % d",&num);               //从键盘输入 num 的值
    if(num % 3 == 0)                  //判断 num 是否为 3 的整数倍
        printf("OK!\n");              //输出提示信息 OK!
    return 0;
}
```

【输出结果】

程序输出结果如图 3.3 所示。

说明：在使用 if 语句时,应注意如下几点。

（1）if 后面的表达式必须用小括号括起来。

（2）if 后面的表达式可以是关系表达式、逻辑表达式、算术表达式等。例如：

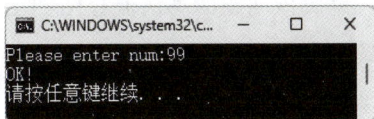

图 3.3　例 3.1 程序输出结果

```
if(a > = 1&&a < = 10) printf("x = % d,y = % d",x,3 * x - 1);
if(1) printf("OK!");                        //条件永远为真
if(!a) printf("input error!");
```

（3）在表达式中一定要注意区分赋值运算符“=”与关系运算符“= =”。例如：

```
y = 10;
if(x == 3) y = 2 * x;
```

当 x 值为 3,表达式 x = = 3 的值为真,执行语句 y = 2 * x 后,y = 6；当 x 取其他值时,表达式 x = = 3 的值为假,不执行语句 y = 2 * x 后,y = 10。再如：

```
y = 10;
if(x = 3) y = 2 * x;
```

不管 x 原来取值多少,表达式 x＝3 的值总为 3,即为非 0,从而条件永远为真,因此将执行语句 y＝2 * x,所以 y＝6。

3.3.2　if-else 分支

if 分支语句只允许在条件为真时指定要执行的语句,而 if-else 分支还可在条件为假时指定要执行的语句。if-else 分支语句的一般形式如下:

```
if(表达式)
    语句 1;
else
    语句 2;
```

if-else 分支语句的执行过程是:当表达式为真(非 0)时,执行语句 1;否则执行语句 2。其执行流程图如图 3.4 所示。

【例 3.2】　编程计算下列分段函数的值并输出。

$$y = \begin{cases} 2x-1 & x<0 \\ x & x \geqslant 0 \end{cases}$$

【问题分析】

本例使用 if-else 语句判断用户输入的数值,若输入 x 的值小于 0 表示条件为真,所以 $y＝2x-1$;若输入 x 的值大于或等于 0 表示条件为假,所以 $y＝x$;最后输出 y 的值。

解决该问题的算法流程图如图 3.5 所示。

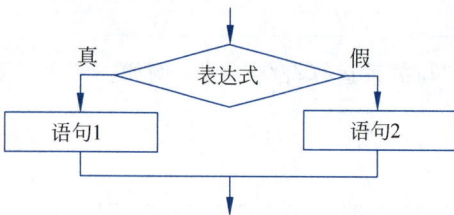

图 3.4　if-else 分支的流程图

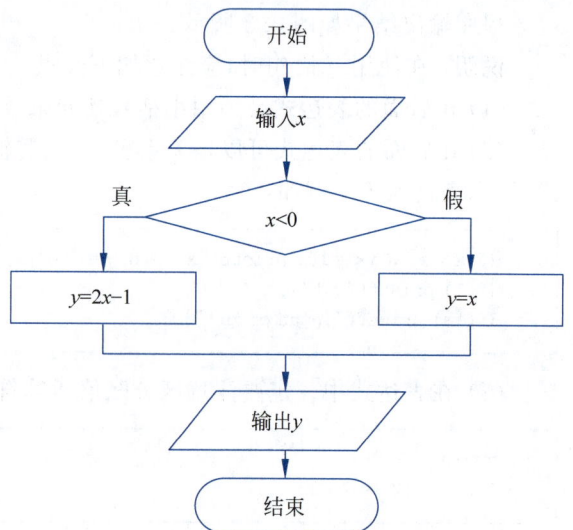

图 3.5　例 3.2 的算法流程图

【程序代码】

```
# include < stdio.h >
int main()
{
    int x,y;                        //定义整型变量 x、y
    printf("Please enter x:");      //输出屏幕提示语
    scanf(" % d",&x);               //输入 x 的值
    if(x < 0)                       //使用 if 语句进行判断
        y = 2 * x - 1;             //如果 x < 0 的值为真,则 y = 2x - 1
    else
        y = x;                      //如果 x < 0 的值为假,则 y = x
    printf("y = % d\n",y);          //输出 y 的值
    return 0;
}
```

【输出结果】

程序输出结果如图 3.6 所示。

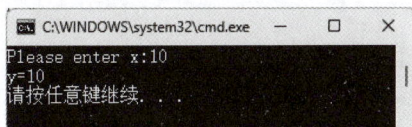

图 3.6 例 3.2 程序输出结果

3.3.3 嵌套的 if 语句

简单的 if 语句只能通过给定条件的判断决定执行给出的两种操作之一,不能从多种操作中进行选择。通过 if 语句的嵌套可以解决多分支选择问题。if 语句中又包含一条或多条 if 语句时称为 if 语句的嵌套。常用的 if 语句嵌套有如下两种形式。

(1) 形式一:

```
if(表达式 1)
    if(表达式 2)
        语句 1;
    else
        语句 2;
else
    if(表达式 3)
        语句 3;
    else
        语句 4;
```

这种结构的流程图如图 3.7 所示。

在上述格式中,if 与 else 既可成对出现,也可不成对出现,且 else 总是与最近未配对的 if 相配对。在书写这种语句时,每个 else 应与对应的 if 对齐,形成锯齿形状,这样能够清晰地表示 if 语句的逻辑关系。

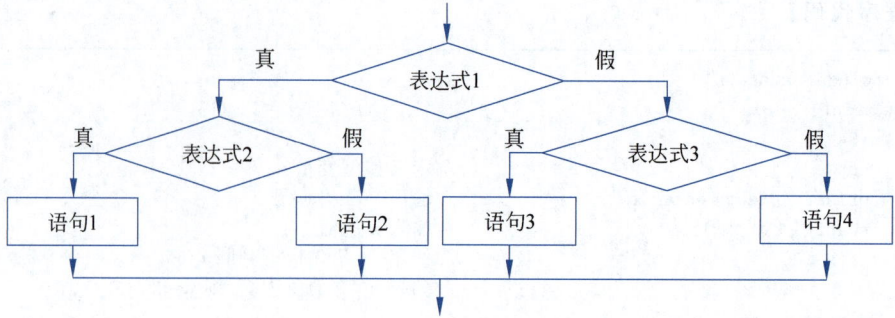

图 3.7 嵌套的 if 语句的流程图

（2）形式二：

```
if(表达式 1)
    语句 1;
else if(表达式 2)
    语句 2;
else if(表达式 3)
    语句 3;
    ⋮
else if(表达式 n)
    语句 n;
else
    语句 n+1;
```

此结构的程序流程是在多个分支中,仅执行表达式为真的那个 else if 后面的语句。若所有表达式的值都为 0,则执行最后一个 else 后的语句。这种结构的流程图如图 3.8 所示。

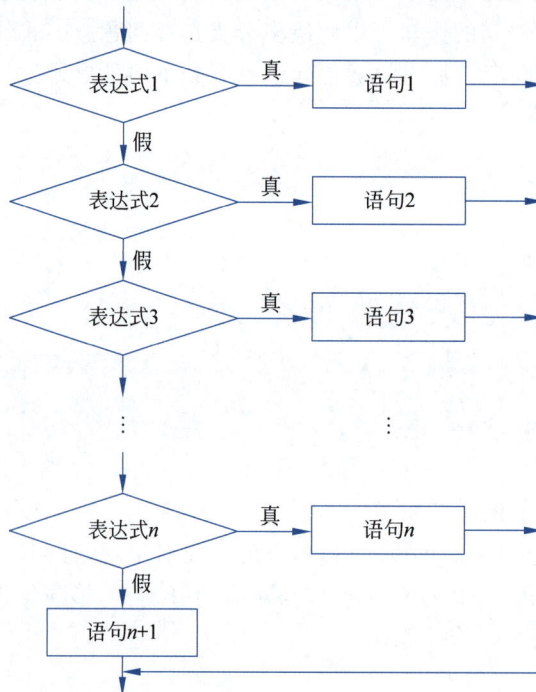

图 3.8 if-else if-else 多分支的流程图

【例 3.3】 学生成绩可分为百分制和五级制,根据输入的百分制成绩 score,转换成相应的五级制输出,百分制与五级制的对应关系如表 3.4 所示。

表 3.4 百分制与五级制的对应关系

百 分 制	五 级 制
90≤score≤100	A
80≤score<90	B
70≤score<80	C
60≤score<70	D
0≤score<60	E

【问题分析】

本示例中,使用第二种形式的 if 嵌套语句对输入的数据逐步进行判断,并选择执行相应的操作。

解决该问题的算法流程图如图 3.9 所示。

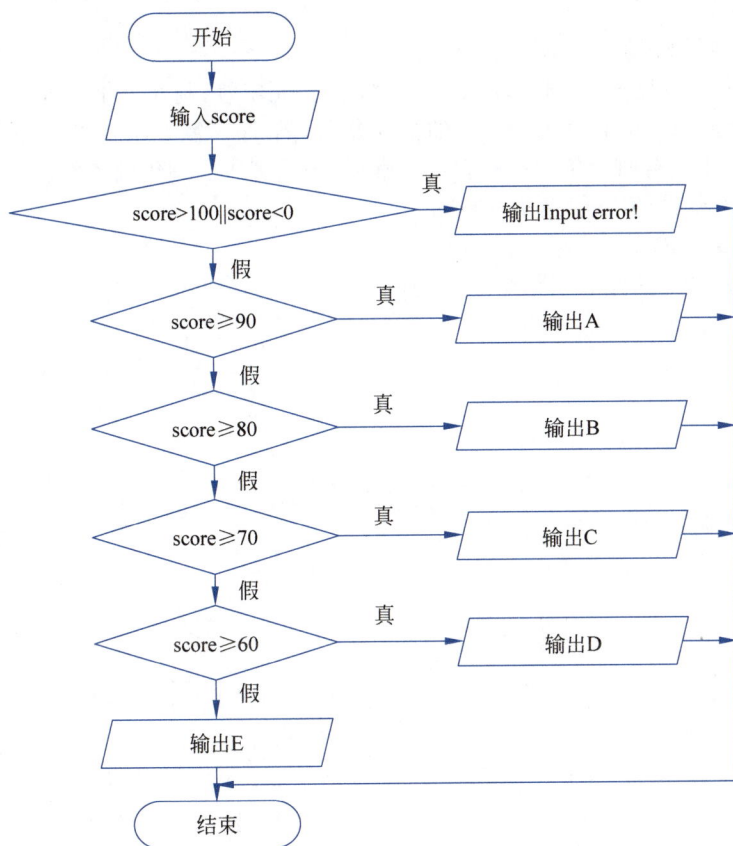

图 3.9 例 3.3 的算法流程图

【程序代码】

```
# include < stdio.h>
int main()
{
    int score;                      //定义变量表示分数
    printf("Please enter score:");  //输出屏幕提示语
    scanf("%d",&score);             //输入百分制的分数
```

```
        if(score>100||score<0)              //分值不合理时显示出错信息
            printf("Input error!\n");
        else if(score>=90)                  //分数在 90～100 的情况
            printf("A\n");
        else if(score>=80)                  //分数在 80～89 的情况
            printf("B\n");
        else if(score>=70)                  //分数在 70～79 的情况
            printf("C\n");
        else if(score>=60)                  //分数在 60～69 的情况
            printf("D\n");
        else                                //分数低于 60 的情况
            printf("E\n");
        return 0;
    }
```

【输出结果】

程序输出结果如图 3.10 所示。

【例 3.4】 编写程序,从键盘输入任一年份的公元年号,判断该年是否是闰年。

【问题分析】 设 year 为任意一年的公元年号,若 year 满足下面两个条件中的任意一个,则该年为闰年。若两个条件都不满足,则该年不是闰年。闰年的条件是:

(1) 能被 4 整除,但不能被 100 整除。

(2) 能被 400 整除。

解决该问题的算法流程图如图 3.11 所示。

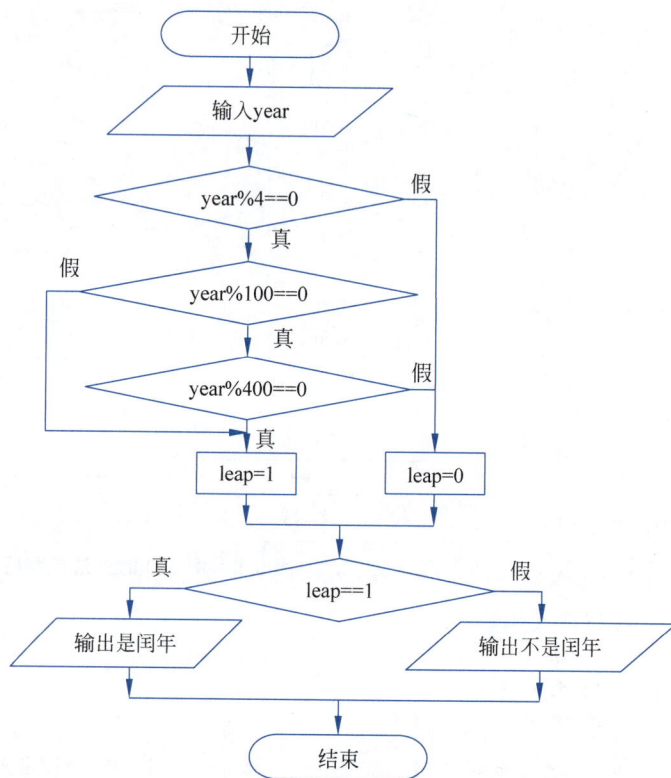

图 3.10　例 3.3 程序输出结果

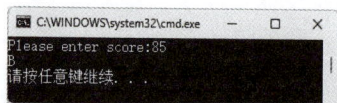

图 3.11　例 3.4 的算法流程图

【程序代码】

```c
# include < stdio.h >
int main()
{
    int year,leap;                              //定义整型变量 year,闰年标志为 leap
    printf("Please enter year:");               //输出屏幕提示语
    scanf("%d",&year);                          //从键盘输入表示年份的整数
    if(year%4==0)                               //能被 4 整除
    {
        if(year%100==0)
        {
            if(year%400==0)                     //能被 400 整除
                leap=1;                         //闰年标志为 1
            else
                leap=0;
        }
        else
            leap=1;                             //不能被 100 整除,闰年标志 1
    }
    else
        leap=0;                                 //不能被 4 整除,闰年标志 0
    if(leap)
        printf("%d is a leap year\n",year);     //满足条件输出是闰年
    else
        printf("%d is not a leap year\n",year); //不满足条件输出不是闰年
    return 0;
}
```

【输出结果】

程序输出结果如图 3.12 所示。

说明：本程序中用变量 leap 作为闰年的标志，若 year 是闰年，则令 leap=1；否则 leap=0。最后根据 leap 的值输出"闰年"或"非闰年"的信息。

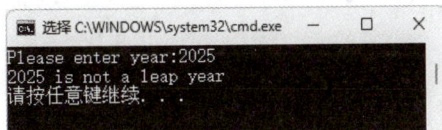

图 3.12　例 3.4 程序输出结果

也可以将程序中的第 7~20 行改为如下的 if 语句：

```c
if(year%4!=0)
    leap=0;
else if(year%100!=0)
    leap=1;
else if(year%400!=0)
    leap=0;
else
    leap=1;
```

还可以用一个逻辑表达式包含所有闰年条件，将上述 if 语句用下面的 if 语句代替：

```c
if((year%4==0&&year%100!=0)||(year%400==0))
    leap=1;
```

```
else
    leap = 0;
```

🔑 3.4 switch 语句

3.3 节介绍的 if 语句,常用于两种情况的选择结构,如果要表示两种以上的条件选择,可以采用嵌套的 if 语句或多级嵌套的 if-else 语句,还可以用更简洁的多分支选择 switch 语句。

switch 语句的一般形式如下:

```
switch(表达式)
{
    case 常量表达式 1:[语句系列 1;]
    case 常量表达式 2:[语句系列 2;]
        ⋮
    case 常量表达式 n:[语句系列 n;]
    [default:语句系列 n+1;]
}
```

其中,方括号括起来的内容是可选项。

switch 语句一般形式的流程图如图 3.13 所示。

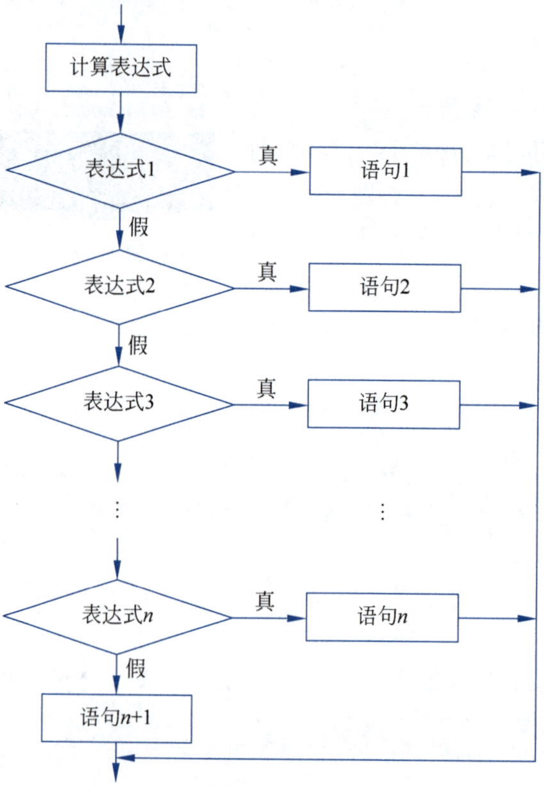

图 3.13 switch 语句一般形式的流程图

switch 语句的执行过程是：首先计算 switch 后的表达式值，然后将其结果值与 case 后的常量表达式值依次进行比较，若此值与 case 后某个常量表达式值一致，即转去执行该 case 后的语句系列；若没有找到与之匹配的常量表达式，则执行 default 后的语句系列。

【例 3.5】 从键盘上输入 1～7 的数字，显示对应的星期几的英文单词，当输入数字不在 1～7 的范围内时，输出"Error!"。

【问题分析】

本示例中，要求根据输入的数字，输出星期几的英文单词，可以使用 switch 语句来判断输入的数字。

解决该问题的算法流程图如图 3.14 所示。

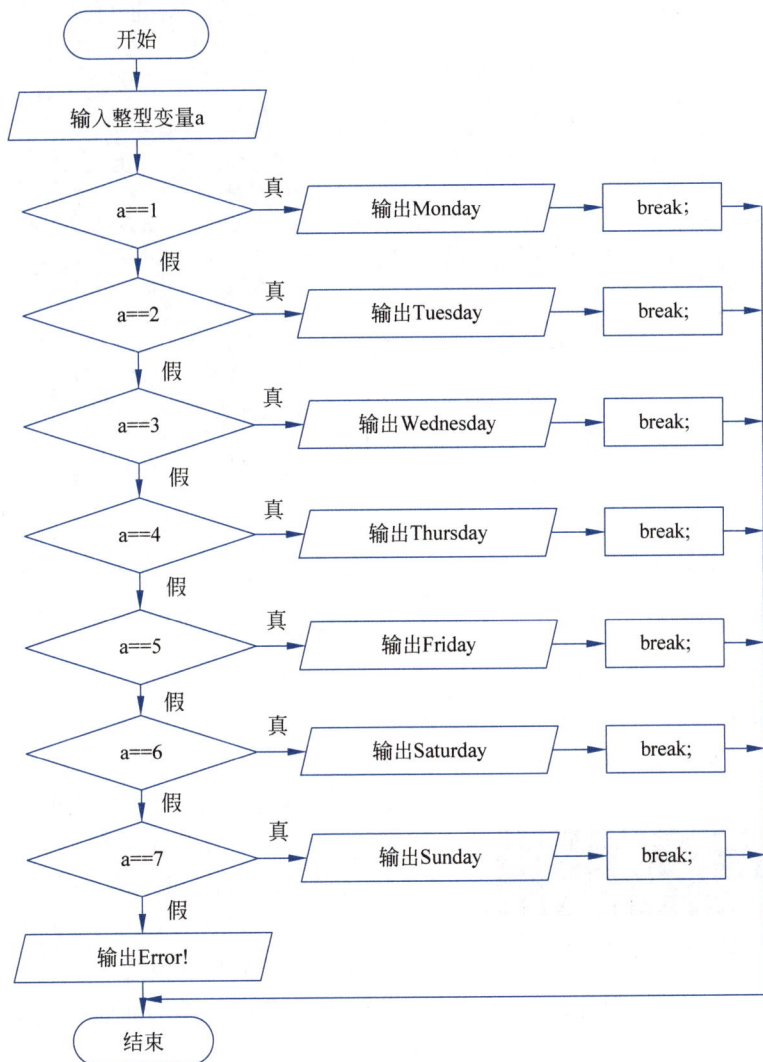

图 3.14 例 3.5 的算法流程图

【程序代码】

```
# include < stdio.h >
int main()
```

```
{
    int a;                              //定义整型变量 a 表示输入的数字
    printf("Please enter an integer:");  //输出屏幕提示语
    scanf(" % d",&a);                   //输入 1～7 的数字
    switch(a)                           //switch 语句判断
    {
        case 1:                         //a 的值为 1 的情况
            printf("Monday\n");         //输出"Monday"
            break;                      //跳出 switch 语句
        case 2:                         //a 的值为 2 的情况
            printf("Tuesday\n");        //输出"Tuesday"
            break;                      //跳出 switch 语句
        case 3:                         //a 的值为 3 的情况
            printf("Wednesday\n");      //输出"Wednesday"
            break;                      //跳出 switch 语句
        case 4:                         //a 的值为 4 的情况
            printf("Thursday\n");       //输出"Thursday"
            break;                      //跳出 switch 语句
        case 5:                         //a 的值为 5 的情况
            printf("Friday\n");         //输出"Friday"
            break;                      //跳出 switch 语句
        case 6:                         //a 的值为 6 的情况
            printf("Saturday\n");       //输出"Saturday"
            break;                      //跳出 switch 语句
        case 7:                         //a 的值为 7 的情况
            printf("Sunday\n");         //输出"Sunday"
            break;                      //跳出 switch 语句
        default:                        //默认情况
            printf("Error!\n");         //提示错误
            break;                      //跳出
    }
    return 0;
}
```

【输出结果】

程序输出结果如图 3.15 所示。

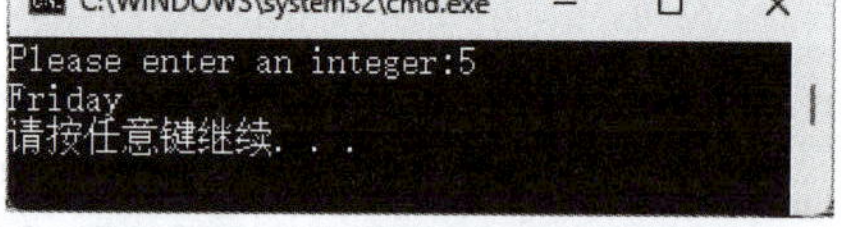

图 3.15　例 3.5 程序输出结果

在使用 switch 语句时,应注意如下几点。

(1) switch 后的表达式和 case 后的常量表达式可以是整型、字符型、枚举型,但不能是实型。

(2) 同一个 switch 语句中,各个 case 后的常量表达式的值必须互不相等。

(3) case 后的语句系列可以是一条语句,也可以是多条语句,此时多条语句不必用大括号括起来。

(4) default 可以省略,此时如果没有与 switch 表达式相匹配的 case 常量,则不执行任何语句,程序转到 switch 语句后的下一条语句执行。

(5) break 语句和 switch 最外层的右大括号是退出 switch 选择结构的出口,遇到第一个 break 即终止执行 switch 语句;如果程序没有 break 语句,则在执行完某个 case 后的语句系列后,将继续执行下一个 case 中的语句系列,直到遇到 switch 语句的右大括号为止,因

此，通常在每个 case 语句执行完后，增加一条
break 语句来达到终止 switch 语句执行的目的。
在例 3.5 中，若每条 case 语句中没有 break 语句，
则输入"5"，输出结果如图 3.16 所示。

（6）每个 case 及 default 的次序是任意的，
default 可以位于 case 之前。

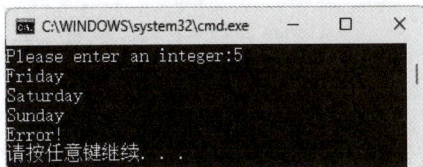

图 3.16 例 3.5 程序修改后的输出结果

```
int a = 4;
switch(a)
{
    case 1:a++;
    default:a++;
    case 2:a++;
}
printf("a = % d",a);
```

此程序段的输出结果为：

```
a = 6
```

由此可以看出，在上述情况下，执行完 default 后的语句系列后，程序将自动转移到下一
个 case 继续执行。

（7）如果多种情况都执行相同的程序块，则对应的多个 case 可以执行同一语句系列。

【例 3.6】 例 3.3 可以用 if 嵌套语句实现，也可以用 switch 语句实现，实现代码如下。

```
# include < stdio. h >
int main()
{
    int score;                      //定义变量表示分数
    printf("Please enter score:");  //输出屏幕提示语
    scanf(" % d",&score);           //输入百分制的分数
    switch(score/10)                //使用 switch 语句判断分数的十位数
    {
        case 10:
        case 9:                     //分数为 100 或分数的十位数为 9 的情况
            printf("A\n");          //输出 A
            break;                  //跳出
        case 8:                     //分数的十位数为 8 的情况
            printf("B\n");          //输出 B
            break;                  //跳出
        case 7:                     //分数的十位数为 7 的情况
            printf("C\n");          //输出 C
            break;                  //跳出
        case 6:                     //分数的十位数为 6 的情况
            printf("D\n");          //输出 D
            break;                  //跳出
        case 5:                     //分数的十位数为 5、4、3、2、1、0 的情况
        case 4:
        case 3:
```

```
        case 2:
        case 1:
        case 0:
            printf("E\n");                      //输出 E
            break;                              //跳出
        default:                                //默认情况
            printf("Input error!\n");           //提示错误
            break;                              //跳出
    }
    return 0;
}
```

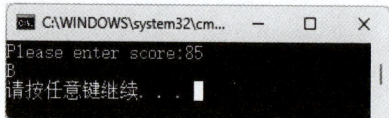

图 3.17   例 3.6 程序输出结果

【输出结果】

程序输出结果如图 3.17 所示。

说明：if 嵌套语句与 switch 语句都能解决多分支的选择问题，编程时可根据实际需要选择使用。switch 语句简洁清晰，但是对表达式类型有要求，实型表达式不能直接使用，if 嵌套语句方式灵活，数据类型上无严格要求，适用范围更广。

3.5   条件运算符和条件表达式

条件运算符是 C 语言中唯一的一个三目运算符，它要求有三个运算对象。条件表达式的一般形式如下：

表达式 1?表达式 2:表达式 3

条件表达式的执行过程是：先求解表达式 1，若表达式 1 为真，则条件表达式的值等于表达式 2 的值，否则等于表达式 3 的值。例如：

```
c = a > b?a:b
```

若 a 大于 b，则条件表达式的值为 a，a 的值赋给 c，否则，条件表达式的值为 b，b 的值赋给 c，即找出 a 和 b 两个数中的较大数。

说明：

（1）条件运算符的优先级低于算术运算符、关系运算符及逻辑运算符，仅高于赋值运算符和逗号运算符。

（2）条件运算符的结合性为从右到左，当有条件运算符嵌套时，按照从右到左的顺序依次运算。例如：

```
int a = 1,b = 2,c;
```

则条件表达式：a < b?(c=3):a > b?(c=4):(c=5)的值为 3，变量 c 的值也为 3。这里，首先计算表达式 a > b?(c=4):(c=5)，因为 a > b 的值为 0，所以这一条件表达式的结果为 5，此时 c=5；接着计算 a < b?(c=3):5，因为 a < b 的值为 1，所以这一条件表达式的结果为 3，此

时 c=3。

（3）条件表达式中 3 个表达式的类型可以不同，但表达式 1 表示条件，只能是 0 与非 0 的结果；当表达式 2 与表达式 3 类型不同时，条件表达式值的类型为二者中较高的类型。

例如：

```
int a = 1,b = 2;
```

则条件表达式 a < b?3:4.0 的值为 3.0，而非整型数 3。

🔑 3.6　"简易计算器"案例分析与实现

2.8 节通过自定义函数的方式实现了"简易计算器"案例的部分计算功能。学习完本章选择结构后，可以完成如下功能。

（1）对 2.8 节中已实现的除法运算、取余运算这两个功能增加报错功能，当输入的数据有误时，提醒用户输入有误，请重新输入。

（2）实现第 9 个功能：求一元二次方程的根。

（3）提供"简易计算器"案例功能菜单，利用选择结构，使用户可以选择执行某项功能。

【例 3.7】　求一元二次方程的根：$ax^2 + bx + c = 0$，a、b、c 的值从键盘输入。

【问题分析】

（1）编写自定义函数，函数名为 root，从键盘输入方程的 3 个系数值，进行相应运算后，将运算结果输出。函数类型为 void 即不需要返回值。

（2）若要执行 root()函数，需要在 main()函数中调用 root()函数。

（3）根据表达式 $b^2 - 4*a*c$ 的值是否大于 0、等于 0、小于 0，分三种情况判定一元二次方程的根，可以用 if-else-if 的嵌套来实现不同情况下根的输出。

【程序代码】

```c
# include < stdio. h>
# include < math. h>
void root()                              //定义函数求一元二次方程的根
{
    int a,b,c,d;
    float p,q,x1,x2;
    printf("求方程 ax2 + bx + c = 0 的根\n");
    printf("请输入方程的 3 个系数 a、b、c(空格隔开):\n");
    scanf(" % d % d % d",&a,&b,&c);
    if(a!= 0)
    {
        d = b * b - 4 * a * c;            //计算 d 的值
        p = - b/(2 * a);
        q = sqrt(fabs((float)d))/(2 * a);
        if(d == 0)
            //d = 0 方程有两个相等的实根
            printf("方程有两个相等的根:x1 = x2 = % .2f\n",p);
        else if(d > 0)
```

```
                //d > 0 方程有两个不相等的实根
                printf("方程有两个不等的根:x1 = %.2f,x2 = %.2f\n",p + q,p - q);
            else
                //d < 0 方程有两个虚根
                printf("方程有两个虚根:x1 = %.2f + %.2fi,x2 = %.2f - %.2fi\n", p, q, p, q);
        }
    }
    int main()
    {
        root();                  //调用求一元二次方程的根的函数
        return 0;
    }
```

【输出结果】

程序输出结果如图 3.18 所示。

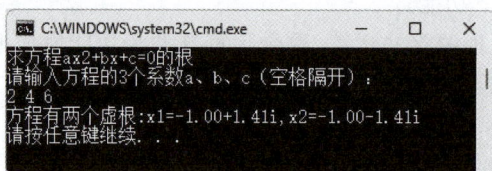

图 3.18　例 3.7 程序输出结果

【例 3.8】　提供"简易计算器"案例功能菜单,利用选择结构,使用户可以选择执行某项功能。

【问题分析】

(1) 使用 switch 语句来实现不同运算功能的选择。当用户输入数字后,先用 if 语句判断输入数字的有效性,当用户输入的数字不在 0~9 时,给出错误提示;当输入数字有效时,再根据数值选择相应的运算分支进行计算。switch 语句能够清晰地处理多分支的选择问题,提高代码的可读性和可维护性。

(2) 同样,若要执行某项运算,需要在 main() 函数中调用相应的功能函数。

这里只给出本程序中的主函数代码。需要说明的是,需要在 main() 函数前,编写出主函数中调用的 9 个功能的自定义函数,程序才能运行并输出结果。

【程序代码】

```
# include < stdio. h >
int main()
{
    int choice;
    menu();                         //显示菜单
    scanf("%d",&choice);            //输入数字
    if(choice > = 0&&choice < = 9)  //判断输入的数字是否有效
        switch(choice)
        {
            case 1:add();           //调用加法运算函数
                    break;          //跳出 switch 语句
            case 2:sub();           //调用减法运算函数
```

```
                    break;                  //跳出 switch 语句
            case 3:multi();                 //调用乘法运算函数
                    break;
            case 4:divide();                //调用除法运算函数
                    break;
            case 5:mod();                   //调用取余运算函数
                    break;
            case 6:power();                 //调用次幂运算函数
                    break;
            case 7:square();                //调用开平方运算函数
                    break;
            case 8:radixTrans();            //调用进制转换函数
                    break;
            case 9:root();                  //调用求一元二次方程根的函数
                    break;
            case 0:
                    break;                  //输入 0 则退出
            default:printf("选择错误!请重新选择\n");
            return 0;
        }
    else
        //输入的数字无效,提示重新输入
        printf("输入数字不正确,请重新输入 0~9 的数字\n");
}
```

【输出结果】

程序输出结果如图 3.19 所示。

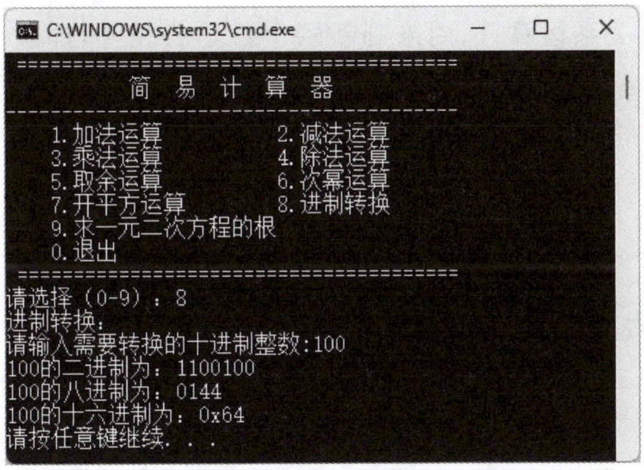

图 3.19　例 3.8 程序输出结果

程序启动后,首先在屏幕上显示程序菜单,如图 3.19 所示。用户只要输入各功能模块前的数字即可执行相应的功能。例如,如果用户输入数字"8",将执行进制转换运算,当输入有效的十进制整数后,依次显示十进制转成二进制、八进制、十六进制的结果。

说明:实际案例中包含以上 9 个功能的所有子函数,在此只对部分功能的实现做了介绍,并给出了主函数的代码,读者可以自己完成其他功能函数,然后在主函数中调用。本节案例完整代码请参见本书配套教学资源。

🔑 3.7　常见错误分析

1. 遗漏了必要的逻辑运算符

```
if(2 < x < 3)
```

这种写法在程序编译过程中,没有任何报错信息,但是无法实现对 x 数值的判断功能。

【错误分析】

本意为 x>2 并且 x<3,而在 C 语言中,关系运算符的结合性为从左至右,2<x<3 的求值是先求 x>2,得到一个逻辑值 0 或 1,再拿这个数与 3 作比较,结果恒为真,失去了比较的意义。对于这种情况,应使用逻辑表达式,应写成:

```
if((x > 2)&&(x < 3))
```

2. 误把"＝"作为等于运算符

```
if(x = 1)
```

这种写法在程序编译过程中,没有任何报错信息,但是无法实现对 x 数值的判断功能。

【错误分析】

C 语言中"＝＝"是关系运算符,用来判断两个数是否相等,即 x==1 是判断 x 的值是否为 1;而"＝"是赋值运算符,x=1 是使 x 的值为 1,这时不管 x 原来是什么值,表达式的值永远为真(非 0)。上面的式子应写成:

```
if(x == 1)
```

3. 该用复合语句时,遗漏了大括号

```
if(a > b)
    temp = a;
    a = b;
    b = temp;
```

这种写法在程序编译过程中,没有任何报错信息,但是无法实现交换变量 a 和 b 值的功能。

【错误分析】

由于没有大括号,if 的影响只限于"temp＝a;"这一条语句,而不管(a>b)是否为真,都将执行后面两条语句,正确的写法应为:

```
if(a > b)
{
    temp = a;
    a = b;
    b = temp;
}
```

4. 在不该加分号的地方加了分号

```
if(a == b);
    c = a + b;
```

这种写法在程序编译过程中,没有任何报错信息,但是 if 的条件判断没有起到任何作用。

【错误分析】

本意是如果 a 等于 b,则执行 c=a+b,但由于 if(a==b)后跟有分号,c=a+b 在任何情况下都执行,因为 if 后加分号相当于后跟一个空语句,正确的写法应是:

```
if(a == b)
    c = a + b;
```

再如:

```
switch(a);
{
    case 1:printf("one\n");
    case 2:printf("two\n");
}
return 0;
```

正确的写法应是:

```
switch(a)
{
    case 1:printf("one\n");
    case 2:printf("two\n");
}
```

5. switch 语句中遗漏了必要的 break 语句

```
switch(a)
{
    case 1:printf("Monday\n");
    case 2:printf("Tuesday\n");
    case 3:printf("Wednesday\n");
    case 4:printf("Thursday\n");
}
```

```
        case 5:printf("Friday\n");
        case 6:printf("Saturday\n");
        case 7:printf("Sunday\n");
        default:printf("Error!\n");
    }
```

这种写法在程序编译过程中,没有任何报错信息,当 a 是 1 时,会连续输出 Monday、Tuesday…Error!,原因是遗漏了 break 语句。正确的写法应是:

```
switch(a)
{
    case 1:printf("Monday\n");break;
    case 2:printf("Tuesday\n");break;
    case 3:printf("Wednesday\n");break;
    case 4:printf("Thursday\n");break;
    case 5:printf("Friday\n");break;
    case 6:printf("Saturday\n");break;
    case 7:printf("Sunday\n");break;
    default:printf("Error!\n");
}
```

6. switch 语句中把多个常量表达式写在了同一个 case 后面

```
#define_CRT_SECURE_NO_WARNINGS      //去除不安全警告
#include <stdio.h>
int main()
{
    int x;
    printf("Please enter an integer:");
    scanf("%d",&x);
    switch(x)
    {
        case 1,2:printf("*\n");
        case 3:printf("**\n");
    }
    return 0;
}
```

【错误分析】

运行会出现错误提示,因为 case 表达式不正确,如果多个分支执行同样的处理时,只需要在最后一个分支后写上处理语句。正确的写法是:

```
switch(x)
{
    case 1:
    case 2:printf("*\n");
    case 3:printf("**\n");
}
```

本章小结

本章主要介绍了 C 语言三种基本结构中的选择结构。选择结构主要有两种语句：if 语句和 switch 语句。if 语句用来实现两个分支的选择结构，switch 语句用来实现多分支的选择结构。在 C 语言中，主要运用关系表达式、逻辑表达式等强调数值结果的表达式来构成选择结构中的条件。正确表达问题的条件设置是程序设计的基础。

本章介绍的主要内容如下。

（1）关系运算符、逻辑运算符及其对应的表达式。

（2）简单的 if 语句和 if 语句嵌套的应用。

（3）switch 语句的应用。

（4）条件运算符的应用。

（5）if 语句和 switch 语句在"简易计算器"案例中的应用。

习题三

一、选择题

1. 逻辑运算符两侧运算对象的数据类型是（　　）。

　　A. 只能是 0 或 1　　　　　　　　　　B. 只能是 0 或非 0 正数

　　C. 只能是整型或字符型数据　　　　　D. 可以是任何类型的数据

2. 能正确表示"当 x 的取值在[1,10]或[200,300]范围内时为真，否则为假"的表达式是（　　）。

　　A. (x>=1) && (x<=10) && (x>=200) && (x<=300)

　　B. (x>=1) || (x<=10) || (x>=200) || (x<=300)

　　C. (x>=1) && (x<=10) || (x>=200) && (x<=300)

　　D. (x>=1) || (x<=10) && (x>=200) || (x<=300)

3. 设 x,y 和 z 是 int 型变量，且 x=3,y=4,z=5,则下面表达式其值为 0 的是（　　）。

　　A. x && y　　　　　　　　　　　　　B. x <= y

　　C. x || y+z && y−z　　　　　　　　D. !((x<y) && !z || 1)

4. 以下不正确的 if 语句是（　　）。

　　A. if(x>y && x!=y);

　　B. if(x==y) x=x+y;

　　C. if(x!=y) scanf("%d",&x) else scanf("%d",&y);

　　D. if(x<y) {x=x+1;y=y+1;}

5. 下列运算符中优先级最高的是（　　）。

　　A. >　　　　　　　B. +　　　　　　　C. &&　　　　　　　D. !=

6. 在 C 语言中，逻辑真等价于（　　）。

A. 大于零的数　　　　B. 大于零的整数　　C. 非零的数　　　　D. 非零的整数

7. 为了避免在嵌套的条件语句 if-else 中产生二义性,C 语言规定:else 字句总是与(　　)配对。

A. 缩排位置相同的 if

B. 其之前最近的还没有配对的 if

C. 其之后最近的 if

D. 同一行上的 if

8. 若有定义语句"float x;int a,b;",则以下 switch 语句正确的是(　　)。

A.
```
switch(x){
    case 1.0:printf(" * \n");
    case 2.0:printf(" ** \n");
}
```

B.
```
switch(x){
    case 1,2:printf(" * \n");
    case 3:printf(" ** \n");
}
```

C.
```
switch(a + b){
    case 1:printf(" * \n");
    case 1 + 2:printf(" ** \n");
}
```

D.
```
switch(a + b);{
    case 1:printf(" * \n");
    case 2:printf(" ** \n");
}
```

9. 下面程序的输出结果是(　　)。

```
# include < stdio. h >
int main(){
    int k = 1;
    switch(k) {
        case 1:printf(" % d",k++);
        case 2:printf(" % d",k++);
        case 3:printf(" % d",k++);
        case 4:printf(" % d",k++);break;
        default:printf("full!\n");
    }
    return 0;
}
```

A. 2　　　　　　　　B. 3　　　　　　　　C. 4　　　　　　　　D. 1234

10. 下面程序段所描述的数学关系是(　　)。

```
y = - 1;
if(x!= 0)
    if(x > 0)
        y = 1;
    else
        y = 0;
```

A. $y=\begin{cases}0 & x<0 \\ 1 & x=0 \\ -1 & x>0\end{cases}$

B. $y=\begin{cases}0 & x<0 \\ -1 & x=0 \\ 1 & x>0\end{cases}$

C. $y=\begin{cases}0 & x\leqslant 0 \\ 1 & x>0\end{cases}$

D. $y=\begin{cases}0 & x<0 \\ 1 & x\geqslant 0\end{cases}$

二、填空题

1. 下面程序的输出结果是_____。

```c
# include < stdio. h >
int main( )
{
    int a = 1, b = 3, c = 5;
    if(c = a + b) printf("yes\n");
    else printf("no\n");
    return 0;
}
```

并与下面程序的输出结果进行比较：

```c
# include < stdio. h >
int main( )
{
    int a = 1, b = 3, c = 5;
    if(c == a + b) printf("yes\n");
    else printf("no\n");
    return 0;
}
```

2. 下面程序的输出结果是_____。

```c
# include < stdio. h >
int main( )
{
    int a, b, d = 241;
    a = d/100 % 9;
    b = ( - 1)&&( - 1);
    printf(" % d, % d", a, b);
    return 0;
}
```

3. 下面程序的输出结果是_____。

```c
# include < stdio. h >
int main( )
{
    int a = 0, b = 1, c = 0, d = 20;
    if(a)
        d = d - 10;
    else if(!b)
        if(!c) d = 15;
        else d = 25;
    printf("d = % d\n", d);
    return 0;
}
```

4. 下面程序的输出结果是_____。

```
# include < stdio. h>
int main()
{
    int x = 1, y = 1;
    int m, n;
    m = n = 1;
    switch(m)
    {
        case 0:x = x * 2;
        case 1:{
            switch (n) {
                case 1 : x = x * 2;
                case 2 : y = y * 2;break;
                case 3 : x++;
            }
        }
        case 2 : x++;y++;
        case 3 : x * = 2;y * = 2;break;
        default:x++;y++;
    }
    printf("x = % d,y = % d",x,y);
    return 0;
}
```

5. 将下列数学式改写成 C 语言的关系表达式或逻辑表达式。

(1) $a \neq b$ 或 $a \leqslant c$。

(2) $|x| \geqslant 4$。

(3) $-1 < x < 3$。

三、编程题

1. 编程判断输入的正整数是否既是 5 又是 7 的整数倍,若是输出 yes,否则输出 no。

2. 输入一个字符,判别它是否为大写字母,如果是,将它转换成小写字母;如果不是,不转换,然后输出最后得到的字符。

3. 从键盘输入两个整数,输出这两个数中的较大数。

4. 输入 x,计算并输出 y 的值:

$$y = \begin{cases} x+100 & x<20 \\ x & 20 \leqslant x \leqslant 100 \\ x-100 & x>100 \end{cases}$$

5. 要求按照考试成绩的等级输出百分制分数段,A 等为 85 分以上,B 等为 70～84 分,C 等为 60～69 分,D 等为 60 分以下。成绩的等级由键盘输入。

6. 从键盘输入年号和月号,试计算该年该月共有几天。

7. 运输公司计算运费,距离(s)越远,每千米运费越低,其标准如下表所示。

运输费用计算表

里程 s（单位：km）	折　扣　率
$s < 250$	0
$250 \leqslant s < 500$	2％
$500 \leqslant s < 1000$	5％
$1000 \leqslant s < 2000$	8％
$2000 \leqslant s < 3000$	10％
$s \geqslant 3000$	15％

设每公里每吨货物的基本运费为 p，货物重为 w，距离为 s，折扣为 d，则总运费计算公式为：

$$f = p \times w \times s \times (1-d)$$

编程实现总运费的计算。

8. 假设银行整存整取存款不同期限的月利息率分别为：0.315％（期限一年）、0.330％（期限二年）、0.345％（期限三年或四年）、0.375％（期限五年或六年或七年）、0.420％（期限八年及以上）。要求：输入存款的本金和期限，计算到期时能从银行得到的利息与本金之和。

第 4 章

循环结构及其应用

CHAPTER 4

☆ 本章导读

循环结构是程序设计的一种基本结构,广泛应用于解决具有重复性或规律性的问题。在实际编程中,许多任务需要反复执行相同的操作,例如计算 1～100 的累加和、生成一组随机数等。这些任务的核心特征是重复性,循环结构正是为高效实现这种重复操作而设计的。掌握循环结构不仅有助于编写高效、优雅的代码,还能为后续学习更复杂的算法和程序设计奠定坚实的基础。

本章将系统讲解 C 语言中循环结构的设计与应用,重点介绍三种常见的循环语句:while 循环、do-while 循环和 for 循环,以及它们在实际问题中的使用方法。本章还将介绍循环嵌套的应用场景及注意事项,以及循环结构在"简易计算器"案例中的功能运用,帮助读者深入理解循环结构的强大功能。

☆ 学习目标

* 掌握 while、do-while 和 for 三种循环语句的使用。
* 掌握 break 语句及 continue 语句在循环中的使用方法,区分其不同。
* 掌握使用 while 循环、do-while 循环和 for 循环实现循环嵌套的方法。
* 学会利用循环语句求解一般应用问题。

4.1　while 循环语句

while 循环的语法形式如下：

```
while(表达式)
    语句;    //循环体
```

while 循环语句流程如图 4.1 所示。

其执行过程为：首先检查表达式的值是否为真（非 0），如果为真，则执行循环体内的语句。在循环体中通常包括改变表达式值的语句。每次执行循环体后，再次检查表达式的值是否为真，如果仍为真，继续执行循环体，如此循环往复，直到表达式的值为假（0），循环结束，执行 while 循环后的下一条语句。循环体可以是一条单独的语句，也可以是一条复合语句。

注意，while 循环是"先判断，后执行"。如果刚进入循环时条件就不满足，则循环体一次也不执行。再有，循环条件一定要有不满足的时候，否则将出现"死循环"。

通常情况下，程序中会利用一个变量来控制 while 循环的表达式的值，这个变量称为循环控制变量，在执行 while 循环之前，需要对循环控制变量进行初始化。对与循环相关的状态的修改则是在循环体中完成，因此除了少数特殊情况下，while 循环的循环体一般都是复合语句。

【例 4.1】　用 while 循环计算 1～100 的累加和。

【问题分析】

定义变量 sum 来保存累加和，则 sum＝1＋2＋3＋…＋100，这是 100 个数累加的问题，累加问题的算法可以归纳为：

$$sum＝0$$
$$sum＝sum＋i(i＝1,2,3,4…100)$$

其中 i 是循环控制变量，i 从 1 变化到 100，因此 sum＝sum＋i 重复执行 100 次。

解决该问题的算法流程图如图 4.2 所示。

【程序代码】

```c
# include < stdio.h>
int main()
{
    int i,sum;            //定义整型变量 i、sum
    i = 1;
    sum = 0;
    while(i < = 100)      //循环,当 i > 100 时结束循环
```

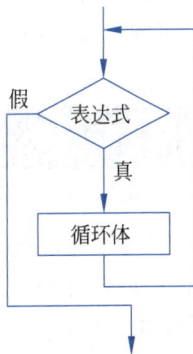

图 4.1　while 循环的流程图

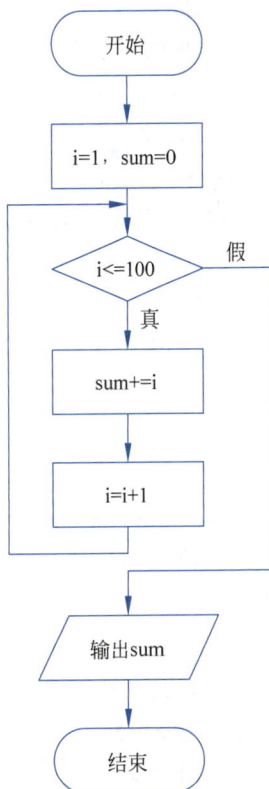

图 4.2　例 4.1 的算法流程图

```
    {
        sum += i;                 //求和,将结果放入 sum 中
        i++;                      //循环控制变量 i 加 1
    }
    printf("sum = %d\n",sum);     //输出结果
    return 0;
}
```

【输出结果】

程序输出结果如图 4.3 所示。

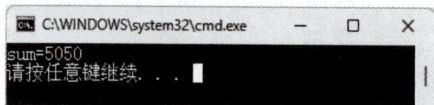

图 4.3　例 4.1 程序输出结果

在例 4.1 的程序代码中,循环开始时初始状态的设置是由变量 i 和 sum 的初始化操作来完成的。循环的执行条件是 i<=100。在满足这一条件的情况下,i 的值被累加到变量 sum 中,然后由语句 i++修改循环控制变量 i 的值。当 while 语句执行完毕后,变量 sum 中就保存了 1~100 的 100 个自然数的累加和。

在使用 while 循环时有两点需要注意。

(1) 对循环初始状态的描述需要完整、准确。在例 4.1 中,不仅要正确地设置循环控制变量 i 的初始值,而且要正确地设置累加变量 sum 的初始值,即初始化为 0,否则计算结果将是错误的。

(2) 对循环条件表达式的循环求值应能最终使循环结束。如果在表达式中不包括读取输入数据等对外部条件的判断,则在循环体中必须有影响表达式求值的操作,而且对表达式的影响要能导致循环结束。在例 4.1 中,循环执行的条件是 i<=100,因此在循环体中不仅必须要有对变量 i 的修改,而且 i 的值必须是递增的,以便使得循环条件执行了一定的次数之后不再被满足,从而使循环得以结束。忘记对与循环条件相关的变量进行修改,或者修改的方向与循环判断条件不一致,都会造成执行结果的错误或者死循环,使得程序一直执行循环语句而不会停止。

循环体中语句顺序也很重要。在例 4.1 中如果把循环体中的两条语句的位置颠倒:

```
    i++;
    sum += i;
```

最后输出 sum=5150,这显然是错误的结果。这是因为 i 的初值为 1,循环体中先执行 i++,后执行 sum+=i,所以第一次累加的是 2,而不是 1。执行最后一次循环(i=100)时,先执行 i++,得 i=101,再执行 sum+=i,所以最后一次累加的是 101,即实际计算的是 2+3+4+5+…+101=5150。

【例 4.2】　从键盘输入 10 个学生的成绩,求平均分。

【问题分析】

要想求平均分,首先要求总分,设一个变量 n,用来累计已处理的学生成绩个数。当处理完 10 个成绩后,程序结束。每个学生成绩的处理流程都是一样的。10 个学生成绩的处理无非是对一个学生成绩处理流程进行了 10 次的重复,而每次只需输入不同的学生成绩,

进行累加求和,循环结束后,总分除以人数即求得平均分。

【程序代码】

```
# include < stdio.h>
int main()
{
    float score,sum = 0,ave;                 //定义单精度变量 score、sum 和 ave
    int n = 1;                               //定义循环控制变量 n,并赋初值 1
    while(n < = 10)                          //循环,当 n>10 时结束循环
    {
        scanf(" % f",&score);                //输入 score 的值
        sum += score;                        //求和,将结果放入 sum 中
        n++;                                 //循环控制变量 n 加 1
    }
    ave = sum/10;                            //求平均分,将结果放入 ave 中
    printf("10 个学生的平均成绩为:%.2f\n",ave); //输出结果
    return 0;
}
```

【输出结果】

程序输出结果如图 4.4 所示。

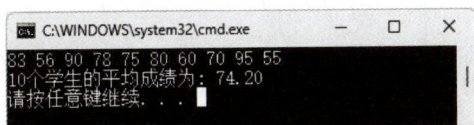

图 4.4　例 4.2 程序输出结果

4.2　do-while 循环语句

在 while 循环中,循环条件的判断是在执行循环体之前进行的,因此,如果在初始条件下循环就不满足,那么循环体中的语句就一次也不执行。在有些计算中,我们需要首先执行循环体中的语句,然后再判断循环条件是否成立。也就是说,循环体中的语句无论在什么条件下都需要执行至少一次。为了便于描述这种情况,C 语言中提供了 do-while 循环,其语法形式如下:

```
do
    语句;          //循环体
while(表达式);
```

该循环的流程图如图 4.5 所示。

其执行过程为:首先执行循环体中的语句一次,然后判断表达式的值是否为真(非 0),若为真,则继续执行循环体,如此循环往复,直到表达式的值为假(0),则终止循环,执行 do-while 循环后的下一语句。

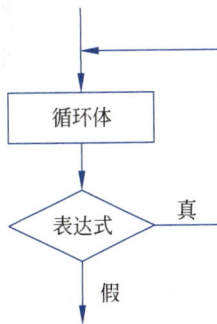

图 4.5　do-while 循环的流程图

> **!** **注意：**
>
> do-while 循环和 while 循环的区别在于：while 循环是先判断后执行，如果在初始条件下循环就不满足，那么循环体中的语句就一次也不执行；do-while 循环是先执行后判断，无论在什么条件下都至少执行一次循环体。

【例 4.3】 若要募集慈善资金 10 000 元，有若干人捐款，每输入一个人的捐款数后，计算机就计算出当时的捐款总和。当某一次输入捐款数后，总和达到或超过 10 000 元时，即宣告结束，输出最后的累加值。

【问题分析】

解此题的思路是设计一个循环结构，在其中输入捐款数，求出累加值，然后检查此时的累加值是否达到或超过预定值，如果达到了，就结束循环。

解决该问题的算法流程图如图 4.6 所示。

【程序代码】

```c
# include < stdio. h>
int main()
{
    float amount, sum = 0;          //变量 sum 用来存储累加和
    do
    {
        scanf("% f",&amount);  //输入一个捐款金额
        sum = sum + amount;        //求出当前的累加和
    }while(sum < 10000);           //如未达到 10000 元继续循环
    printf("sum = % 9.2f\n",sum);   //输出结果
    return 0;
}
```

图 4.6 例 4.3 的算法流程图

【输出结果】

程序输出结果如图 4.7 所示。

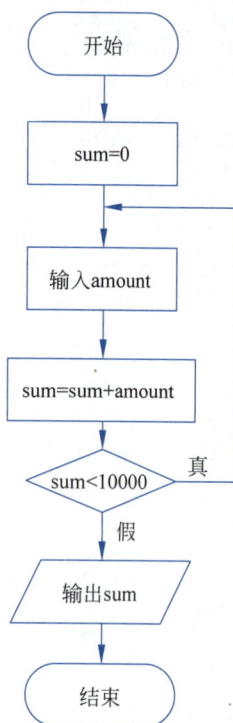

图 4.7 例 4.3 程序输出结果

4.3 for 循环语句

for 循环是循环控制结构中使用最广泛的一种循环控制语句。其功能是将某段程序代码反复执行若干次，特别适合已知循环次数的情况。for 循环的语法形式如下：

```
for(表达式 1;表达式 2;表达式 3)
    语句;          //循环体
```

其中:
- 表达式 1:通常为赋值表达式,用来给循环控制变量赋初值。
- 表达式 2:通常为关系表达式或逻辑表达式,作为循环是否继续进行的条件,将循环控制变量与某一值进行比较,以决定是否退出循环。
- 表达式 3:通常为表达式语句,用来描述循环控制变量的变化,多数情况下为自增或自减表达式(复合加或减语句),实现对循环控制变量的修改。这 3 个表达式之间用分号分开。
- 循环体(语句):当循环条件满足时应该执行的语句序列,可以是简单语句或复合语句。若为复合语句,则须用大括号括起来。

for 循环语句流程如图 4.8 所示。

其执行过程为:

① 首先求解表达式 1,为循环控制变量赋初值。

② 计算表达式 2 的值,如果其值为真(非 0)则执行循环体语句;否则退出循环,执行 for 循环后的下一条语句。

③ 执行循环体语句。

④ 求表达式 3 的值,调整循环控制变量的值。

⑤ 返回执行第②步,重新计算表达式 2 的值。依次重复过程,直到表达式 2 的值为假(0),退出循环,执行 for 循环后的下一条语句。

for 循环把循环的初始化操作、条件判断和循环控制状态的修改都一并放在了关键字 for 后面的括号中,可以很好地体现正确表达循环结构应注意的三个问题:循环控制变量的初始化、循环控制的条件和循环控制变量的更新。

例如:

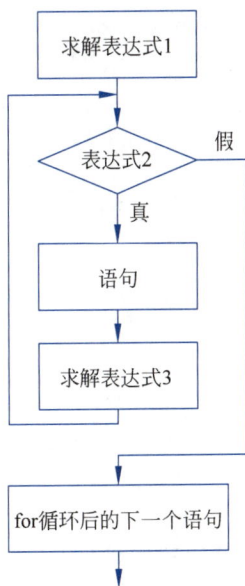

图 4.8　for 循环的流程图

```
for(i = 1;i < = 10;i++)
    语句;
```

先给 i 赋初值 1,然后判断 i 是否小于或等于 10,若是,则执行语句,之后 i 值增加 1;再重新判断,直到条件为假,即 i > 10 时,结束循环。

【例 4.4】　输入 10 个整数,求这 10 个整数的和。

【问题分析】

(1) 定义整型变量 x,用于临时存储从键盘输入的整数。定义存储累加和的整型变量 sum,初始值为 0。

(2) 编写一个循环,让它循环 10 次,每次循环,都从键盘读取一个新的整数存入 x 中,并把 x 加到 sum 中。

(3) 循环结束,输出求和结果。

解决该问题的算法流程图如图 4.9 所示。

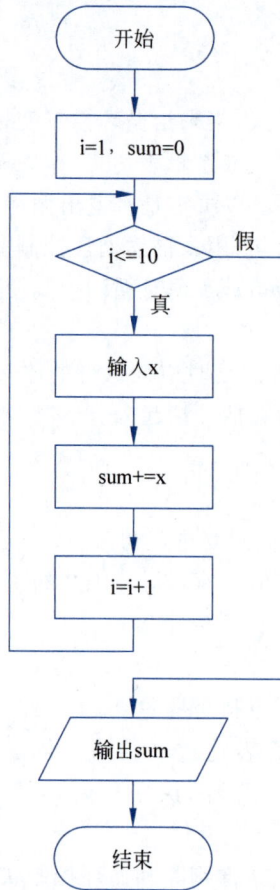

图 4.9　例 4.4 的算法流程图

【程序代码】

```
# include < stdio. h >
int main()
{
    int i,x,sum;                     //定义整型变量 i、x、sum
    sum = 0;
    printf("Please enter x:");       //输出屏幕提示语
    for(i = 1;i < = 10;i++)          //循环,当 i 大于 10 时结束循环
    {
        scanf(" % d",&x);            //输入 x 值
        sum += x;                    //求和,将结果放入 sum 中
    }
    printf("sum = % d\n",sum);       //输出结果
    return 0;
}
```

【输出结果】

程序输出结果如图 4.10 所示。

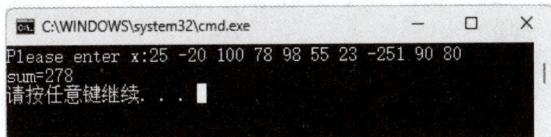

图 4.10　例 4.4 程序输出结果

【例 4.5】　用递推法求斐波那契数列的前 20 项。

【问题分析】

斐波那契数列的发明者,是意大利数学家列昂纳多·斐波那契。斐波那契数列又因是斐波那契以兔子繁殖为例子而引入的,故又称为"兔子数列"。问题是这样给出的:假设兔子在出生两个月后,就有繁殖能力,每对兔子每个月能生出一对小兔子来。如果所有兔子都不死,第一个月兔子没有繁殖能力,所以还是一对兔子,同样第二个月还是一对兔子,第三个月生下一对小兔,共有两对兔子,第四个月,老兔子又生下一对小兔子,因为小兔子还没有繁殖能力,所以一共是三对小兔子,以此类推,斐波那契数列为 1、1、2、3、5、8、13、21、34、…。

不难发现:

$$f_1 = 1$$
$$f_2 = 1$$
$$f_3 = f_1 + f_2$$
$$f_4 = f_2 + f_3$$
$$\vdots$$
$$f_n = f_{n-2} + f_{n-1}$$

可以用如下递推公式求它的第 n 项:

$$\begin{cases} f_1 = 1 & n = 1 \\ f_2 = 1 & n = 2 \\ f_n = f_{n-2} + f_{n-1} & n \geqslant 3 \end{cases}$$

为了程序设计方便,我们只使用 3 个变量 f_n、f_1、f_2,且均说明为长整型。

开始让 $f_1 = 1$,$f_2 = 1$,根据 f_1 和 f_2 可以计算出 f_3($f_3 = f_1 + f_2$,即 $f_n = f_1 + f_2$)。此后 f_1 的值不再需要,将 f_2 的值复制到 f_1 中,将 f_n 的值复制到 f_2 中,仍旧执行语句 $f_n = f_1 + f_2$,这时计算出的 f_n 值实际上是 f_4 的值。如此反复,可以计算出斐波那契数列的每项值。

【程序代码】

```c
# include < stdio.h >
int main()
{
    long fn,f1,f2;                          //定义长整型变量 fn、f1、f2
    int i;                                  //定义整型变量 i
    f1 = f2 = 1;
    printf(" % - 6ld % - 6ld",f1,f2);
    for(i = 3;i < = 20;i++)                 //产生第 3~20 项(共 18 项)
    {
        fn = f1 + f2;                       //递推出第 i 项
```

```
        printf(" % - 6ld",fn);              //输出 fn
        if(i % 4 == 0)
            printf("\n");                    //每行输出 4 个数
        f1 = f2;
        f2 = fn;                             //为下一步递推做准备
    }
    return 0;
}
```

【输出结果】

程序输出结果如图 4.11 所示。

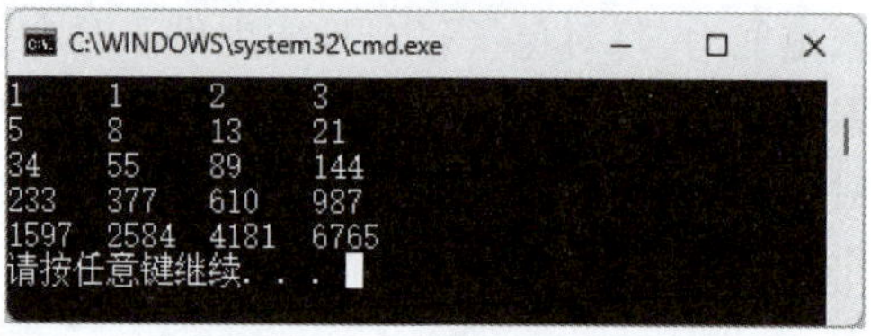

图 4.11　例 4.5 程序输出结果

> ⚠ **注意：**
>
> (1) for 循环中的语句可以为复合语句,但要用大括号将参加循环的语句括起来。
>
> (2) for 循环中的表达式 1、表达式 2 和表达式 3 都是选择项,即可以缺省,但分号绝对不能缺省。
>
> (3) 省略表达式 1,表示不对循环控制变量赋初值。其语句形式如下：
>
> for(;表达式 2;表达式 3)
>
> 实际上可以把表达式 1 写在 for 循环结构的外面。
>
> 例如：
>
> ```
> n = 20;
> for(;n < k;n++) 语句;
> ```
>
> 它等价于
>
> ```
> for(n = 20;n < k;n++) 语句;
> ```
>
> 一般使用这种形式的原因是：循环控制变量的初值不是已知常量,而是需要通过前面语句的执行计算得到。
>
> (4) 省略表达式 2,表示不用判断循环条件是否成立,循环条件总是满足的,但不做其他处理时便成为死循环。语句形式如下：
>
> for(表达式 1;;表达式 3)
>
> 等价于 while(1)循环的形式。
>
> 例如：

```
for(i=1;;i+=2)语句;
```

（5）省略表达式 3,则不对循环控制变量进行操作,这时可在循环体中加入修改循环控制变量的语句。其语句形式如下:

for(表达式 1;表达式 2;)

C 语言允许在循环体内改变循环控制变量的值,这在某些程序设计中很有用。一般当循环控制变量呈非规则变化,并且在循环体中有更新循环控制变量的语句时使用。

例如:

```
for(n=1;n<=100;)
{
    ...
    n=3*n-1;
    ...
}
```

循环控制变量的变化为:1、2、5、8、…。

（6）省略 3 个表达式,语句形式如下:

for(;;)

这是一个无限循环语句,与 while(1)循环的功能相同,一般处理方法是:在循环体内的适当位置,利用条件表达式与 break 语句的配合来中断循环,即当满足条件时,用 break 语句跳出 for 循环。

例如:

```
for(;;)
{
    ...
    if(x==0) break;
    ...
}
```

表示当 x 等于 0 时,使用 break 语句跳出循环。

（7）for 循环的循环体可以是空语句,表示当循环条件满足时空操作。一般用于延时处理。语句形式如下:

for(表达式 1;表达式 2;表达式 3) ;

例如:

```
for(n=1;n<=10000;n++) ;
```

表示循环空运行了 10 000 次,占用一定的时间,起到延长时间的效果。

（8）在 for 循环中,表达式 1 和表达式 3 都可以是一项或多项。当多于一项时,各项之间用逗号(,)分隔,形成一个逗号表达式,其语句形式如下:

```
for(逗号表达式1;表达式2;逗号表达式3)
```

例如:

```
for(n=1,m=100;n<m;n++,m--)
{……}
```

其中,表达式1同时为n和m赋初值,表达式3同时改变n和m的值。这表示循环可以有多个控制变量,但是,逗号表达式可以与循环有关,也可以与循环无关。

(9) 循环的条件一开始就是为"假",即表达式2一开始就为0,不执行循环体,而是执行for循环后的语句。这一点与while循环一致,都是先判断条件后执行循环体语句。while循环和for循环具有相似性,多数情况下,for循环可以用等价的while循环表示。

```
for(表达式1;表达式2;表达式3)
    语句;
```

等价于

```
表达式1;
while(表达式2)
{
    语句;
    表达式3;
}
```

(10) 表达式3不仅可以自增,也可以自减,还可以是加或减一个整数。

例如:

```
for(i=100;i>=1;i--)      //循环控制变量从100递减到1
for(i=0;i<=10;i+=2)      //循环控制变量从1变化到10,每次增加2
for(i=10;i>=0;i-=2)      //循环控制变量从10变化到0,每次减少2
```

for循环不是狭义上的计数式循环,是广义上的循环结构,它不仅能实现已知循环次数的循环,也能够处理循环次数未知的情况。

4.4　三种循环语句的比较

C语言中构成循环结构的有while循环、do-while循环和for循环,也可以通过if循环和goto循环的结合构造循环结构。从结构化程序设计角度考虑,不提倡使用if循环和goto循环构造循环。一般采用while循环、do-while循环和for循环。下面对它们进行比较。

(1) 在一般情况下,这三种循环均可处理同一个问题,它们可以相互替代,下面通过一个实例来进行说明。

【例4.6】　从键盘输入10个整数,求其中的最大值并输出。

【问题分析】

从键盘上输入第一个数,并假定它是最大值存储在变量max中。以后每输入一个数便与 max 进行比较,若输入的数较大,则最大值是新输入的数,并把它存储到 max。当全部 10 个数输入完毕,最大值也确定了,即 max 中的值。其流程图如图 4.12 所示。

使用 for 循环来完成这个程序。

【程序代码】

```
# include < stdio.h>
int main()
{
    int i,k,max;              //定义整型变量 i、k、max
    printf("Please input k:"); //输出屏幕提示语
    scanf(" % d",&max);        //输入 max 值
    for(i = 2;i < 11;i++)      //循环,当 i 大于或等于 11 时结束
    {
        scanf(" % d",&k);      //输入 k 值
        if(max < k)            //若 max 小于 k,则将 k 的值赋给 max
            max = k;
    }
    printf("max = % d\n",max); //输出结果
    return 0;
}
```

用 while 循环来完成这个程序。

【程序代码】

```
# include < stdio.h>
int main()
{
    int i,k,max;              //定义整型变量 i、k、max
    printf("Please input k:"); //输出屏幕提示语
    scanf(" % d",&max);        //输入 max 值
    i = 2;                     //for 循环中的表达式 1
    while(i < 11)             //for 循环中的表达式 2
    {
        scanf(" % d",&k);      //输入 k 值
        if(max < k)            //若 max 小于 k,则将 k 的值赋给 max
            max = k;
        i++;                   //for 循环中的表达式 3
    }
    printf("max = % d\n",max); //输出结果
    return 0;
}
```

图 4.12　例 4.6 的流程图

用 do-while 循环改写如下。

【程序代码】

```
# include < stdio.h>
int main()
{
    int i,k,max;                               //定义整型变量 i、k、max
    printf("Please input k:");                 //输出屏幕提示语
    scanf(" % d",&max);                        //输入 max 值
```

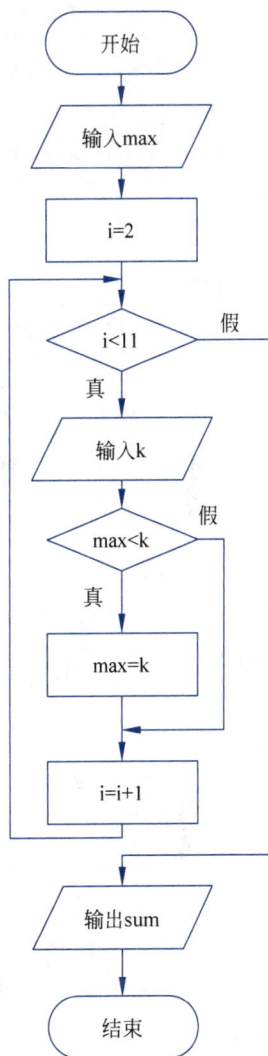

```
    i = 2;                          //for 循环中的表达式 1
    do
    {
        scanf("%d",&k);             //输入 k 值
        if(max < k)                 //若 max 小于 k,则将 k 的值赋给 max
            max = k;
        i++;                        //for 循环中的表达式 3
    }while(i < 11);                 //for 循环中的表达式 2
    printf("max = %d\n",max);       //输出结果
    return 0;
}
```

【输出结果】

程序输出结果如图 4.13 所示。

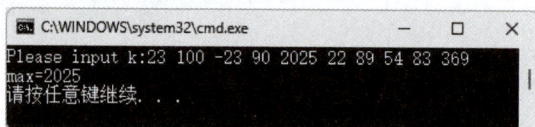

图 4.13   例 4.6 程序输出结果

(2) for 循环和 while 循环是先判断循环控制条件,后执行循环体;而 do-while 循环是先执行循环体,后进行循环控制条件的判断。for 循环和 while 循环可能一次也不执行循环体;而 do-while 循环至少执行一次循环体。

(3) 用 while 循环和 do-while 循环时,循环变量初始化的操作应在 while 循环和 do-while 循环之前完成。而 for 循环可以在表达式 1 中实现循环变量的初始化。

(4) while 循环和 do-while 循环,只在 while 后面指定循环条件,在循环体中应包含使循环趋于结束的语句(如 i++或 i=i+1)。for 循环可以在表达式 3 中包含使循环趋于结束的操作,甚至可以将循环体中的操作全部放到表达式 3 中。因此 for 循环的功能更强,凡是用 while 循环能完成的,都能用 for 循环实现。

(5) do-while 循环更适合于第一次循环肯定执行的场合。

例如,输入学生成绩,为了保证输入的成绩均在合理范围内,可以用 do-while 循环进行控制。

```
do
    scanf("%d",&n);
while(n > 100 || n < 0);
```

只要输入的成绩 n 不在[0,100]中(即 n > 100 || n < 0),就在 do-while 循环的控制下重新输入,直到输入合法成绩为止。这里肯定要先输入成绩,所以采用 do-while 循环较合适。

🔑 4.5   循环嵌套

一个循环语句的循环体内包含另一个完整的循环结构,称为循环的嵌套。嵌在循环体内的循环称为内循环,嵌有内循环的循环则称为外循环。循环嵌套的层次可以有很多重,一

个循环外面仅包围一层循环的称为双重循环;一个循环外面包围二层循环的称为三重循环;一个循环的外面包围三层或三层以上循环的称为多重循环。这种嵌套理论上可以是无限的。

　　设计多重循环程序的关键是,首先要明确每一重循环完成的任务,通常外循环用来对内循环进行控制,内循环用来实现具体的操作。对于双重循环,外层循环控制变量每变化一次,内层的循环从头到尾执行一遍。对于双重循环,内层循环体被执行的次数应为:内层次数×外层次数。

　　三种循环 while、do-while、for 可以互相嵌套,也可以自由组合。外层循环体中可以包含一个或多个内层循环结构。

　　(1) while 循环嵌套形式如下:

```
while()
{    …
    while()
    { … }
}
```

　　(2) for、do-while 循环可以互相嵌套,形式如下:

```
for(;;)
{
    do
    {
        …
    }while();
}
```

　　当然还有其他的组合形式,在此不一一列举。

!　**注意:**

- 在使用循环嵌套时,各循环必须完整包含,外循环和内循环在结构上不能出现交叉。
- 在同一个循环体中,允许出现多个并列的内循环结构,各个循环的嵌套重数没有限制。
- C 语言的三种循环语句可以互相嵌套,任何一种循环语句都可以用在其他循环语句的循环体中。

　　下面通过例子说明多重循环的执行流程。

```
for(i=1;i<3;i++)                //外层 i 循环
{
    printf("i=%d→",i);
    for(j=1;j<3;j++)            //内层 j 循环
        printf("j=%d   ",j);
    printf("*j=%d\n",j);        //内层 j 循环结束时的 j 值
```

```
    }
    printf(" * i= % d\n",i);              //外层 i 循环结束时的 i 值
```

运行该程序段输出：

```
i=1→j=1   j=2   *j=3
i=2→j=1   j=2   *j=3
*i=3
```

从输出结果可以看出，当外层循环控制变量 i=1 时，内层循环控制变量 j 从 1 变化到 2，j=3 时退出内循环；然后外层循环控制变量 i 增加 1(i=2)，当 i=2 时，内层循环控制变量 j 仍然从 1 变化到 2,j=3 时退出内循环。外层循环控制变量 i 又增加 1(i=3)，退出外层循环。所以，执行多重循环时，对外层循环变量的每一个值，内层循环的循环变量从初值变化到终值。对外层循环的每一次循环，内层循环要执行完整的循环语句。

【例 4.7】 输出由符号♯组成的如下三角图形，共 10 行，符号♯的数目逐行加 1。

```
#
# #
# # #
# # # #
⋮
# # # # # # # # # #
```

【问题分析】

我们先来看输出第 i 行的情况：第 i 行有 i 个符号♯，可以用 for 循环实现，语句如下：

```
for(j = 1;j < = i;j++)
    printf("♯");
```

若在上述 for 循环之外再加一个外循环，使 i 由 1 到 10 依次取值，每次取值后执行上述 for 循环，将很容易实现所要求图案的输出。由分析可知，使用一个两重循环的控制结构，即可实现图案输出。其流程图如图 4.14 所示。

【程序代码】

```
# include < stdio.h >
int main()
{
    int i,j;                    //定义整型变量 i、j
    for(i = 1;i < = 10;i++)     //循环，当 i>10 结束循环
    {
        for(j = 1;j < = i;j++)  //循环，当 j>i 结束循环
            printf("♯");
```

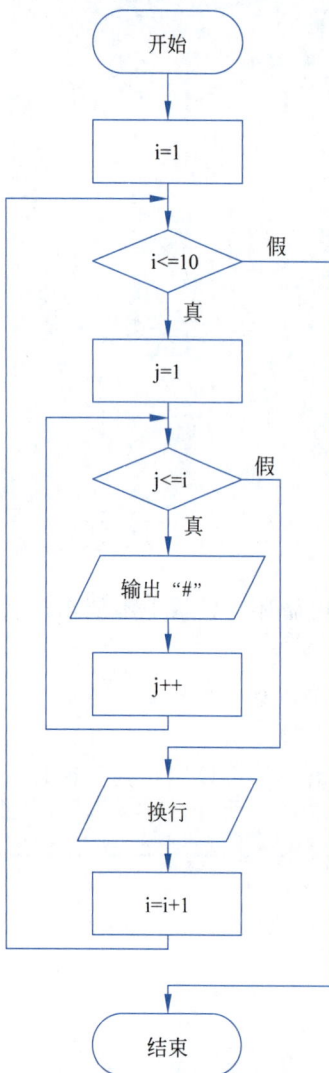

图 4.14 例 4.7 的流程图

```
        printf("\n");                //换行
    }
    return 0;
}
```

【输出结果】

程序输出结果如图 4.15 所示。

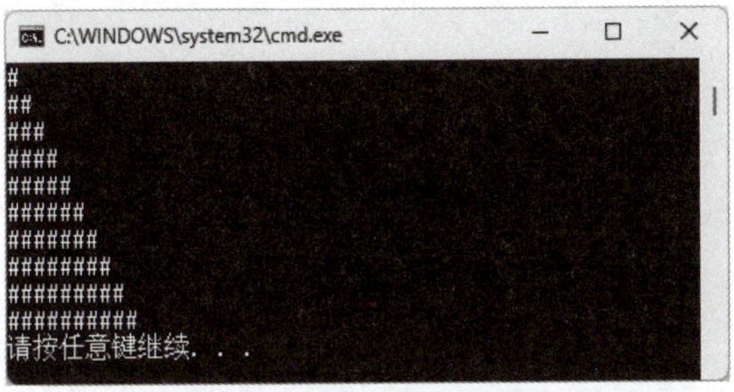

图 4.15　例 4.7 程序输出结果

【例 4.8】　求 3～100 的所有素数。

【问题分析】

一个自然数,若除了 1 和它本身外不能被其他整数整除,则称为素数。例如 2、3、5、7…。根据定义,测试自然数 k 能否被 2、3、…、k−1 整除,只要能被其中一个整除,则 k 不是素数,否则是素数。

本示例要求 3～100 的所有素数,可以在外层加一层循环,用于提供要考察的整数:k＝3、4、…、99、100,即外层循环提供要考察的整数 k,内层循环则判别 k 是否是素数。

为了提高效率,可对素数的判定做下面的改进。

(1) 在 3～100 的素数,应均为奇数,因此,外层循环可以改为:

```
for(k = 3;k <= 100;k += 2)
```

这样减少一半数的判断,节省了时间。

(2) 若自然数 k 是素数,则 k 不能被 2、3、…、$\sqrt{k}$ 整除,所以内层循环可以改为:

```
for(i = 2;i <= sqrt(k);i++)
```

这样当 k 较大时,用这种办法,除的次数大大减少,提高了运行效率。

这里注意,在程序开头增加预处理命令 #include < math.h >,因为 sqrt()函数在 math.h 文件中定义。

【程序代码】

```
# include < math.h >
# include < stdio.h >
int main()
{
```

```
    int tag,i,k;                              //定义整型变量 tag、i、k
    for(k = 3;k <= 100;k += 2)                //循环,当 k > 100 结束循环
    {
        tag = 1;                              //初始化 tag = 1
        //循环中分别检测 k 能否被 i 整除
        for(i = 2;i <= sqrt(k);i++)
            if(k % i == 0)                    //k 能被 i 整除,k 不是素数,令 tag = 0
            {
                tag = 0;
                break;
            }
        if(tag == 1)                          //若 tag = 1,则 k 为素数,否则为非素数
            printf(" % 4d",k);
    }
    printf("\n");                             //换行
    return 0;
}
```

【输出结果】
程序输出结果如图 4.16 所示。

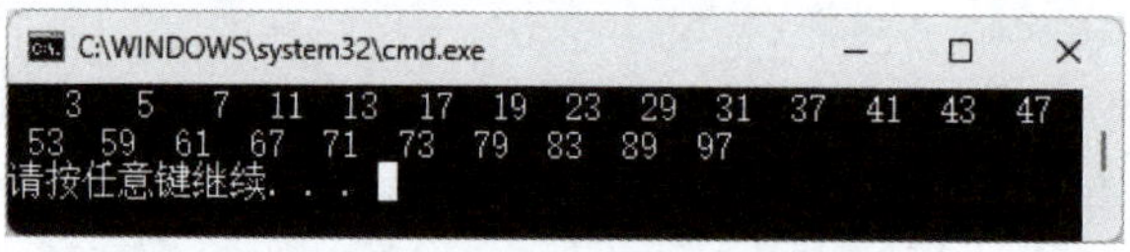

图 4.16　例 4.8 程序输出结果

🔑 4.6　break 语句和 continue 语句

在循环结构的循环体中,可以使用 break 语句和 continue 语句来控制循环的执行流程。其中,break 语句用于终止循环的执行;continue 语句用于结束本次循环,即跳过循环体中余下尚未执行的语句,转向下一次循环是否执行的循环条件判断。

4.6.1　break 语句

在介绍 switch 语句时已经接触到 break 语句,其实 break 语句还可以出现在循环语句中。

break 语句的形式如下:

```
break;
```

其功能描述如下。

(1) 在 switch 循环中,用 break 语句终止正在执行的 switch 循环流程,跳出 switch 结构,继续执行 switch 循环后的下一条语句。

(2) while 循环、do-while 循环和 for 循环的循环体中使用 break 语句,强制终止当前循环,即从 break 语句所在的循环体内跳出来,接着执行循环后的下一条语句。

在循环结构中,break 语句通常与 if 循环一起使用,以便在满足条件时中途跳出循环。例如:

```
while(表达式 1)
{
    语句组 1;
    if(表达式 2)
        break;
    语句组 2;
}
```

在执行循环体的过程中,当 break 被执行后,不管循环条件表达式 1 是否成立,当前循环将被立即终止。其流程图如图 4.17 所示。

【例 4.9】 找到第一个满足这样条件的三位正整数 n：其各位数字的立方和恰好等于它本身。例如,$153 = 1^3 + 5^3 + 3^3$。

【问题分析】

用 for 循环在 3 位数中寻找满足条件的数 n。对于每个数字,必须将它的各位数字拆开,然后判断是否满足条件。由于只要求找一个数,所以在循环中一旦找到一个满足条件的数,就输出该数,并用 break 语句退出循环。

图 4.17　含有 break 语句的
循环流程图

【程序代码】

```c
# include < stdio.h >
int main()
{   int n,i,j,k;
    for(n = 100;n < 1000;n++)      //对所有的 3 位数循环
    {
        i = n/100;              //提取百位数字
        j = n/10 % 10;          //提取十位数字
        k = n % 10;             //提取个位数字
        if(n == i * i * i + j * j * j + k * k * k)
        {
            printf("%d= %d* %d* %d+ %d* %d* %d+ %d* %d* %d\n",n,i,i,i,j,j,j,k,k,k);
            break;              //只要求找第一个满足条件的数,所以找到后立即退出循环
        }
    }
    return 0;
}
```

【输出结果】

程序输出结果如图 4.18 所示。

```
C:\WINDOWS\system32\cmd.exe        —    □    ×
153=1*1*1+5*5*5+3*3*3
请按任意键继续. . .
```

图 4.18　例 4.9 程序输出结果

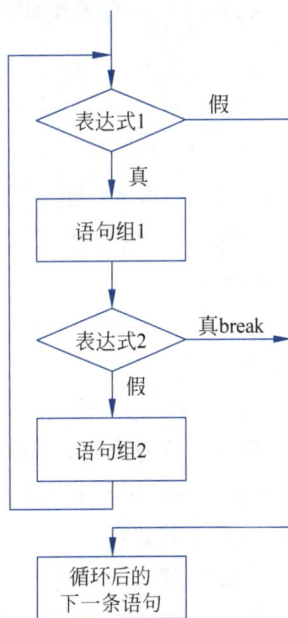

4.6.2　continue 语句

continue 语句的形式如下：

```
continue;
```

功能：结束本次循环(不是终止整个循环)，即跳过循环体中 continue 语句后面的所有语句，开始下一次循环。

说明：

(1) continue 语句只能出现在 while 循环语句、do-while 循环语句和 for 循环语句的循环体中。

(2) 若执行 while 循环或 do-while 循环中的 continue 语句，则跳过循环体中 continue 语句后面的所有语句，直接转去判别下次循环控制条件；若 continue 语句出现在 for 循环中，则执行 continue 语句后，就跳过循环体中 continue 语句后面的所有语句，转而执行 for 循环的表达式 3。

在循环结构中，continue 语句通常与 if 循环一起使用，用来加速循环。例如：

```
while(表达式 1)
{
    语句组 1;
    if(表达式 2)
        continue;
    语句组 2;
}
```

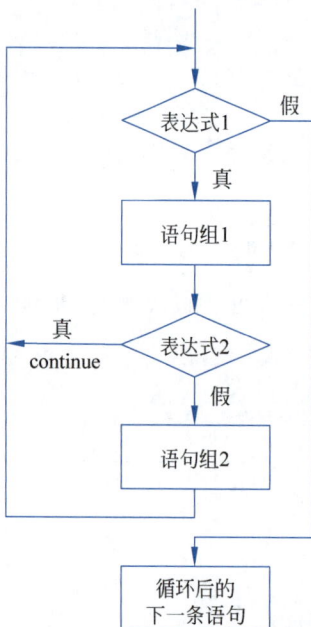

图 4.19　含有 continue 语句的循环流程图

在执行上述 while 循环体的过程中，当 continue 语句被执行后，立即转回到循环体开始位置去判断循环条件，其后的语句组 2 在这次循环中不被执行，即在 continue 被执行的这次循环中，凡是循环体中处于 continue 之后的所有语句都将被忽略。其循环流程图如图 4.19 所示。

【例 4.10】　输出 100～200(含 100,200)中所有能同时被 3 和 5 整除的数。

【问题分析】

能同时被 3 和 5 整除的数 n 满足的条件是：$n\%3==0\&\&n\%5==0$。不能同时被 3 和 5 整除的数 n 满足的条件是 $n\%3!=0||n\%5!=0$。若不满足要求，则使用 continue 语句跳出本次循环，否则输出这个数。

【程序代码】

```
# include < stdio.h>
int main()
{
    int n;
```

```
        for(n = 100;n < = 200;n++)
        {
            if(n % 3!= 0||n % 5!= 0)
                continue;              //n 不满足要求,结束本次循环
            printf(" % 5d",n);
        }
        return 0;
    }
```

【输出结果】

程序输出结果如图 4.20 所示。

图 4.20　例 4.10 程序输出结果

4.7　goto 语句和标号

goto 语句是无条件转移语句。其功能是改变程序控制的流程,无条件地将控制跳转至语句标号所在处。其语句形式如下:

```
goto 语句标号;
```

其中,语句标号用标识符来命名,当它放在某个语句行的前面作为该语句行的标识时,它的后面需要有冒号(:)。

例如:

```
error: 语句;
```

在 C 语言中,语句标号通常与 goto 语句配合使用。在程序中,标号必须与 goto 语句同处于一个函数中,但可以不在一个循环层中。goto 语句通常与 if 循环配合使用,实现条件转移、循环以及中断循环处理等功能。

例如:

```
goto error:
…
error: if(x == 0)
printf("error information");
```

> ⚠ 注意:
> goto 语句不常用,主要是因为大量使用它会破坏程序的结构化,使程序的流程控制混乱,可读性降低,调试困难。但是,对于多层循环嵌套(三层以上),采用 goto 语句可以直接从内循环跳转至循环外。这种"直接跳转"没有任何限制,提高程序的执行效率。通常情况下不允许使用 goto 语句从循环体外跳转至循环体内。

【例4.11】 输出1~100的自然数之和。

【问题分析】

在本示例中,每次求和后需要判断是否进行下次循环,因此,在if循环前加上语句标号,并在每次求和后,用goto语句跳转至语句标号处。

【程序代码】

```c
#include <stdio.h>
int main()
{
    int i,sum = 0;                      //定义整型变量i、sum
    i = 1;                              //赋初值
    loop:if(i <= 100)                   //若i小于或等于100,则求和
    {
        sum = sum + i;                  //求和,将结果放入sum中
        i = i + 1;                      //变量i的值增加1
        goto loop;                      //跳转至loop
    }
    printf("sum = %d\n",sum);           //输出结果
    return 0;
}
```

【输出结果】

程序输出结果如图4.21所示。

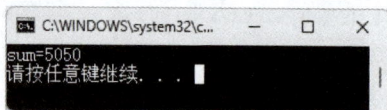

图4.21　例4.11程序输出结果

4.8　"简易计算器"案例分析与实现

学习完本章循环结构后,"简易计算器"案例还可以实现如下3个运算功能。

(1) 累加和运算:计算1+2+3+…+n,n的值从键盘输入。

(2) 阶乘运算:计算n!,n的值从键盘输入。

(3) 阶乘累加和运算:计算1!+2!+3!+…+n!,n的值从键盘输入。

还可以对第3章例3.8中菜单选择和功能调用做如下改进:能实现用户选择执行某项功能,此功能完成后,程序不结束,而是可以继续操作,再次显示功能菜单,直到用户选择退出功能,程序才结束运行。

【例4.12】 计算1!+2!+3!+…+n!。

【问题分析】

(1) 这是一个阶乘累加和的问题,利用一个循环实现累加求和,求和变量sum的初始值为0。

(2) 在累加运算中,每次参与运算的值是一个连乘的结果,用变量t来记录,这里t的初始值为1,当循环n次后,n!可以表示为n!=n×(n-1)!,即t=t×n。

【程序代码】

```
void factAdd()                    //定义累加求和函数
{
    int n,i = 1;                  //定义变量并赋初值
    double t = 1,sum = 0;         //定义变量并赋初值,累加初值赋 0,累乘初值赋 1
    printf("阶乘累加和运算:计算 1!+ 2!+ 3!+ … + n!\n");
    printf("请输入 n 的值:");
    scanf(" % d",&n);
    for(i = 1;i < = n;i++)
    {
        t = t * i;                //变量 t 保留累乘结果
        sum = sum + t;            //变量 sum 保留累加结果
    }
    printf("1!+ 2!+ ... + % d!= % .0lf\n",n,sum);
}
```

【输出结果】

程序输出结果如图 4.22 所示。

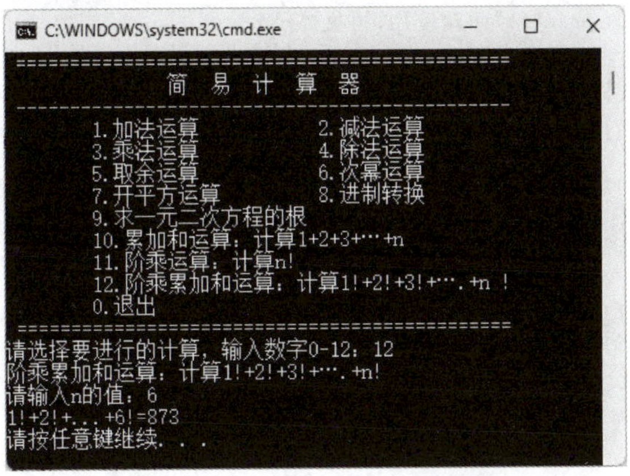

图 4.22　例 4.12 程序输出结果

【例 4.13】　当用户执行完一次功能调用后,不是退出系统,而是继续执行,直至输入 0 时才退出系统。

【问题分析】

（1）主函数菜单选择中采用 while(1)循环,确保用户执行完一次操作后,不会退出系统。

（2）在功能模块调用后加入 break 语句,跳出当前选择结构。

主函数的程序代码如下。

【程序代码】

```
# include < stdio. h >
# include < math. h >
# include < stdlib. h >
# include < conio. h >
int main()
{
    int choice;
```

```
        int flag = 1;                        //标志变量,用于退出下面的 while(1)循环
        while(1)
        {
            system("cls");                   //清除屏幕
            menu();                          //显示菜单
            scanf(" % d",&choice);
            switch(choice)
            {
                case 1:add();break;          //调用加法运算函数,执行完跳出 switch 循环
                case 2:sub();break;          //调用减法运算函数,执行完跳出 switch 循环
                case 3:multi();break;        //调用乘法运算函数,执行完跳出 switch 循环
                case 4:divide();break;       //调用除法运算函数,执行完跳出 switch 循环
                case 5:mod();break;          //调用取余运算函数,执行完跳出 switch 循环
                case 6:power();break;        //调用次幂运算函数,执行完跳出 switch 循环
                case 7:squareRoot();break;   //调用开平方函数,执行完跳出 switch 循环
                case 8:radixTrans();break;   //调用进制转换函数,执行完跳出 switch 循环
                case 9:root();break;         //调用求解方程函数,执行完跳出 switch 循环
                case 10:sum(); break;        //调用求累加和函数,执行完跳出 switch 循环
                case 11:fact();break;        //调用求阶乘函数,执行完跳出 switch 循环
                case 12:factAdd(); break;    //调用阶乘累加函数,执行完跳出 switch 循环
                case 0: printf("谢谢使用,再见!\n");
                        flag = 0;    break;  //输入 0 则退出系统
                default: printf("选择错误!请重新选择\n");
            }
            if(flag)
                system("pause");             //程序暂停,然后按任意键继续
            else
            {
                printf("按任意键退出...");
                getch();                     //从控制台读取一个字符
                break;                       //跳出 while 循环
            }
        }
        return 0;
    }
```

（1）system()函数是一个用于调用操作系统的命令,通常定义在< stdlib. h >头文件中。

（2）getch()函数的主要功能是从控制台读取一个字符,并且不会在屏幕上显示该字符的输入过程(即无回显),同时该函数会阻塞程序的执行,直到用户按下一个键,通常定义在< conio. h >头文件中。

说明：实际案例中包含以上 12 个功能的所有子函数,在此只对部分功能的实现做了介绍,给出了主函数的代码,读者可以自己完成其他功能函数,然后在主函数中调用。本节案例完整代码请参见本书配套教学资源。

4.9　常见错误分析

在进行循环程序设计时,一定要搞清楚在循环前、循环中、循环后做什么事？在编写多重循环时,要确定它是几重循环,在每一重循环前、循环中、循环后应做什么事,如果把该做的事情忘了,或把它们放错了位置,就可能得不到正确和满意的结果。

下面列举了一些在循环结构程序设计中常见的错误。

1. 误把 = 作为等于使用

这与条件语句中的情况一样,例如:

```
while(x = 1)
{
    ...
}
```

这是一个条件恒真的循环,正确的写法为:

```
while(x == 1)
{
    ...
}
```

2. 忘记用大括号括起循环体中的多条语句

这也与条件语句类似,例如:

```
while(x <= 10)
    printf(" % d",x);
    x++;
```

由于没有用大括号,循环体就只剩下"printf("%d",x);"一条语句。正确的写法应为:

```
while(x <= 10)
{
    printf(" % d",x);
    x++;
}
```

3. 在不该加分号的地方加了分号

例如:

```
for(i = 1;i <= 10;i++);
    s += i;
```

由于在 for 循环后加了一个分号,表示循环体为空,此时"s+=i;"与循环无关。正确的写法应为:

```
for(i = 1;i <= 10;i++)
    s += i;
```

4. 大括号不匹配

由于各种控制结构的嵌套,有些左右大括号相距可能较远,这就可能会忘掉右侧的大括号而造成大括号不匹配,这种情况在编译时可能产生许多莫名其妙的错误,而且错误提示与实际错误无关。解决的办法可以是在括号后加上表示层次的注释,例如:

```
while()                              //1
{   ...
    while()                          //2
    {   ...
        if()                         //3
        {   ...
            for()                    //4
            { ... }                  //4
             ...
        }                            //3
        ...
        for()                        //3
        { ... }                      //3
        ...
    }                                //2
    ...
}                                    //1
```

每次遇到嵌套左括号时就把层次加 1,每次遇到右括号时就把层次减 1,当括号不匹配时最后的右括号的层次号就不是 1,可以肯定有括号丢失。

5. 由于循环控制变量的值没有改变而造成死循环

例如:

```
i = 1;
while(i < = 10)
    s += i;
```

由于循环控制变量 i 没有改变,所以 i<=10 永远为真,循环将一直延续下去。正确的写法是:

```
i = 1;
while(i < = 10)
    s += i++;
```

6. 由于循环控制变量的值改变的方向不对而造成死循环

例如:

```
i = 1;
while(i > = 0)
```

```
    {
        s += i;
        i++;
    }
```

i 开始就大于 0,而以后每次都增加 i 的值,使条件 i>=0 总是成立,直到 i 值为 32 767 后再加 1,超出正数的表示范围而得到负值时才结束,这时的结果肯定与希望的不同。

7. 循环条件被跳过而造成死循环

例如:

```
for(i = 1;i!= 10;i += 2)
{
    ...
}
```

由于 i 值每次增加 2,所以取值为 1、3、5、7、9、11、…,把 10 跳过去了,正确的写法应为:

```
for(i = 1;i <= 10;i += 2)
{
    ...
}
```

当 i 值超过 10 时循环就结束了。

本章小结

循环控制结构是 C 语言程序的三种控制结构之一,它由循环语句实现。本章主要内容如下。

(1) 循环语句涉及三个要素:循环的初始状态、循环执行的条件,以及在每次循环中需要执行的操作,即循环体。对一个循环过程的描述需要首先声明循环开始前的初始状态,然后判断当前状态是否满足循环执行的条件,并在满足循环执行的条件下执行循环体中的操作。在每次执行完循环体中的操作后,需要修改与循环条件相关的状态,然后再判断是否满足继续执行循环的条件。

(2) 构成循环结构的三种循环:while 循环、do-while 循环和 for 循环。一般,用某种循环语句编写的程序段,也能用另外两种循环语句实现。while 循环和 for 循环属于"当型"循环,即"先判断,后执行";而 do-while 循环属于"直到型"循环,即"先执行,后判断"。在实际应用中,for 循环多用于循环次数明确的问题,而无法确定循环次数的问题采用 while 循环或 do-while 循环比较自然。for 循环的三个表达式有多种变化,例如省略部分表达式或全部表达式,甚至把循环体也写进表达式 3 中,循环体为空语句,以满足循环语句的语法要求。

(3) 出现在循环体中的 break 语句和 continue 语句能改变循环的执行流程。它们的区别在于:break 语句能终止整个循环语句的执行;而 continue 语句只能结束本次循环,并开始下次循环。break 语句还能出现在 switch 循环中；而 continue 语句只能出现在循环语句中。

（4）任何循环语句实现的循环都允许嵌套，但在循环嵌套时，要注意外循环和内循环在结构上不能出现交叉。

（5）if 循环和 goto 语句相结合虽然可以构成循环，但效率不如循环语句，更重要的是，结构化程序设计不主张使用 goto 语句，因为它会搅乱程序流程，降低程序的可读性。

（6）利用循环结构实现"简易计算器"案例累加和连乘运算功能，并能循环显示功能菜单，直到用户选择退出功能，程序才结束运行。

习题四

一、选择题

1. 语句 while(!E)中的表达式!E 等价于(　　)。

    A. E==0　　　　　　B. E!=1　　　　　　C. E!=0　　　　　　D. E==1

2. 若有程序段：

```
int k = 10;
while(k = 0)    k = k - 1;
```

下面描述中正确的是(　　)。

    A. while 循环执行 10 次　　　　　　　　B. 循环是无限循环

    C. 循环体语句一次也不执行　　　　　　D. 循环体语句执行一次

3. 执行语句"for(i=1;i++<4;);"后,i 的值是(　　)。

    A. 3　　　　　　　　B. 4　　　　　　　　C. 5　　　　　　　　D. 不定

4. 下列说法中正确的是(　　)。

    A. break 用在 switch 循环中,而 continue 用在循环语句中

    B. break 用在循环语句中,而 continue 用在 switch 循环中

    C. break 能结束循环,而 continue 只能结束本次循环

    D. continue 能结束循环,而 break 只能结束本次循环

5. 下面程序段的循环次数是(　　)。

```
for(i = 2;i == 0;)
    printf(" % d",i-- );
```

    A. 无限次　　　　　　B. 0 次　　　　　　C. 1 次　　　　　　D. 2 次

6. 有下面程序：

```
# include < stdio. h >
int main()
{
    int i,j,x = 0;
```

```
    for(i = 0;i < 2;i++){
        x++;
        for(j = 0;j <= 3;j++){
            if(j % 2 == 0)
                continue;
            x++;
        }
        x++;
    }
    printf("x = % d\n",x);
    return 0;
}
```

程序的输出结果是(　　)。

　　A. x＝4　　　　　　　B. x＝6　　　　　　C. x＝8　　　　　　D. x＝12

7. 有下面程序:

```
# include < stdio. h >
int main()
{
    int sum = 0,x = 5;
    do
    {
        sum += x;
    }while(!-- x);
    printf(" % d\n",sum);
    return 0;
}
```

程序的输出结果是(　　)。

　　A. 0　　　　　　　　B. 5　　　　　　　C. 14　　　　　　　D. 15

8. 有下面程序:

```
# include < stdio. h >
int main()
{
    int a =- 2,b = 0;
    while(a++&&++b);
    printf(" % d, % d\n",a,b);
    return 0;
}
```

程序的输出结果是(　　)。

　　A. 1,3　　　　　　　B. 0,2　　　　　　C. 0,3　　　　　　　D. 1,2

9. 有下面程序:

```
# include < stdio. h >
int main()
{
```

```
    int i,j;
    for(i = 1;i < = 2;i++)
        for(j = 1;j < = 2;j++)
            printf("i = % d\tj = % d\n",i,j);
    return 0;
}
```

程序的输出结果是(　　)。

A. i＝1　　j＝1　　　　　　　　B. i＝1　　j＝1
　　i＝1　　j＝2　　　　　　　　　　i＝1　　j＝1
　　i＝2　　j＝1　　　　　　　　　　i＝2　　j＝2
　　i＝2　　j＝2　　　　　　　　　　i＝2　　j＝2

C. i＝1　　j＝1　　　　　　　　D. i＝1　　j＝2
　　i＝2　　j＝2　　　　　　　　　　i＝2　　j＝2

10. 有下面程序：

```
# include < stdio. h>
int main()
{
    int i,j,m = 1;
    for(i = 1;i < 3;i++)
    {
        for(j = 3;j > 0;j -- )
        {
            if(i * j > 3)
                break;
            m * = i * j;
        }
    }
    printf("m = % d\n",m);
    return 0;
}
```

程序的输出结果是(　　)。

A. m＝6　　　　　B. m＝2　　　　　C. m＝3　　　　　D. m＝5

11. 有下面程序：

```
# include < stdio. h>
int main()
{
    int a = 1,b = 2;
    for(;a < 8;a++)
    {
        b += a;
        a += 2;
    }
    printf(" % d, % d\n",a,b);
    return 0;
}
```

程序的输出结果是( )。

    A. 9,18   B. 8,11   C. 7,11   D. 10,14

12. 下面程序段中的变量已正确定义:

```
for(i = 0;i < 4;i++,i++)
for(k = 1;k < 3;k++);
printf(" * ");
```

程序的输出结果是( )。

    A. ******   B. ****   C. **   D. *

13. 有下面程序:

```
# include < stdio. h>
int main()
{
    int i = 0,s = 0;
    for(;;)
    {
        if(i == 3||i == 5)
            continue;
        if(i == 6)
            beak;
        i++;
        s += i;
    }
    printf(" % d\n",s);
    return 0;
}
```

程序的输出结果是( )。

    A. 10   B. 13

    C. 21   D. 程序进入死循环

14. 若变量已正确定义,要求程序段完成 5!的计算,不能完成此操作的程序段是( )。

    A. for(i＝1,p＝1;i<＝5;i＋＋) p * ＝i;

    B. for(i＝1;i<＝5;i＋＋){p＝1;p * ＝i;}

    C. i＝1;p＝1;while(i<＝5){p * ＝i;i＋＋;}

    D. i＝1;p＝1; do{p * ＝i;i＋＋;}while(i<＝5);

15. 要求通过 while 循环不断读入字符,当读入字母 N 时结束循环。若变量已正确定义,以下正确的程序段是( )。

    A. while((ch＝getchar())!＝'N') printf("％c",ch);

    B. while(ch＝getchar()!＝'N') printf("％c",ch);

    C. while(ch＝getchar()＝＝'N') printf("％c",ch);

    D. while((ch＝getchar())＝＝'N') printf("％c",ch);

二、填空题

1. 若有定义 int n＝1,s＝0,则执行语句 while(s＝s＋n,n＋＋,n<＝10)后变量 s 的值

为_____。

2. 至少执行一次循环体的循环语句是_____。

3. 下面的程序运行时,语句"a++"运行的次数为_____。

```
# include < stdio. h>
int main()
{
    int i,j,a = 0;
    for(i = 0;i < 2;i++)
        for(j = 4;j > = 0;j -- )
            a++;
    return 0;
}
```

4. 假定运行下面程序的输出是: ***,请填写程序中缺少的语句成分。

```
# include < stdio. h>
int main()
{
    int x = 6;
    do{
        printf(" * ");
        x -- ;
        x -- ;
    }while( ① );
    return 0;
}
```

5. 下面程序的功能是:输出 100 以内能被 3 整除且个位数为 6 的所有整数,请填空。

```
# include < stdio. h>
int main()
{
    int i,j;
    for(i = 0; ① ;i++){
        j = i * 10 + 6;
        if( ② ) continue;
        printf("\n % d",j);
    }
    return 0;
}
```

6. 下面程序段是统计从键盘输入的字符中数字字符的个数,用换行符结束循环。请填空。

```
int n = 0,c;
c = getchar();
while( ① )
{
    if( ② ) n++;
    c = getchar();
}
```

7. 下面程序的输出结果是_____。

```c
# include < stdio.h >
int main()
{
    int i = 1,j = 3,k = 5;
    do{
        if(i % j == 0)
            if(i % k == 0){
                printf("% d\n",i);
                break;
            }
        i++;
    }while(i!= 0);
    return 0;
}
```

8. 下面程序的功能是计算所有三位数中其各位数字之和为 9 的数的个数。请填空。

```c
# include < stdio.h >
int main()
{
    int i,j,s,count = 0;
    for(i = 100;i < 1000;i++)
    {
        s = 0;
           ①
        while(   ②   ){
            s += j % 10;
            j = j/10;
        }
        if(s == 9)
             ③
    }
    printf("% d",count);
    return 0;
}
```

9. 设一个两位数为 ab,则打印出符合条件的所有两位数,并统计其个数。条件为 |a－b|＝3 并且 ab 能被 3 整除。请根据下面的程序填空。

```c
# include < stdio.h >
int main()
{
    int i,j,c,n,count = 0;
    for(i = 1;i < 10;i++)
        for(   ①   ;j <= 9;j++){
            if(   ②   )
                c = j - i;
            else
                c = i - j;
```

```
                      ③
        if(c == 3&&n % 3 == 0){
            printf(" % 4d",n);
            count++;
        }
    }
    return 0;
}
```

10. 若有 $s=1^1+2^2+3^3+\cdots+n^n$，编程求 s 不大于 40 000 时最大的 n。

```
# include < stdio. h>
int main()
{
    int n,s,t,i;
    n = 0;
    s = 0;
    while(s < 40000) {
        n = n + 1;
         ①    ;
        for(i = 1;i < = n;i++)
          ②   ;
        s = s + t;
    }
    printf("the n is % d",   ③   );
    return 0;
}
```

三、编程题

1. 编写程序,求 $1-3+5-7+\cdots-99+101$ 的值。

2. 任意输入 10 个数,计算所有正数的和、负数的和以及这 10 个数的总和。

3. 编写程序,计算 $1!+2!+3!+\cdots+10!$ 的值。

4. 编写程序,使用循环语句输出以下图形:

```
*****
 ***
  *
 ***
*****
```

5. 编写程序,输出 2 位数中所有能同时被 3 和 5 整除的数。

6. 计算并输出 $200\sim600$ 中能被 7 整除,且至少有一位数字是 3 的所有数的和。

7. 百钱买百鸡问题。公鸡一只 5 钱,母鸡一只 3 钱,小鸡 3 只一钱,现有一百个铜钱要买一百只鸡,编写程序求一百只鸡中公鸡、母鸡、小鸡各有多少只?

8. 已知 $abc+cba=1333$,其中 a、b、c 均为一位数,编写一个程序求出 abc 分别代表什么数字。

9. 马克思手稿中的数学题:有 30 个人,在一家饭馆里吃饭共花了 50 先令,每个男人各花 3 先令,每个女人各花 2 先令,每个小孩各花 1 先令,编写程序求男人、女人和小孩各有几个。

10. 有一个八层灯塔,每层所点灯数都等于该层上一层的两倍,一共有 765 盏灯,编写程序求塔底灯数(采用穷举法。例如,假设顶层有 1 个、2 个、…、n 个,则分别计算对应的灯数有多少,直到满足总灯数为 765)。

第5章

数　组

CHAPTER **5**

☆ 本章导读

学习了 C 语言的整型、实型、字符型这些基本数据类型和程序流程控制结构后,很多问题都可以描述和解决了。但对于大规模的数据,尤其是相互间具有一定联系的数据,怎么才能高效表示和组织呢? C 语言的数组类型为这些数据的组织提供了一种有效的形式。

本章介绍在 C 语言中怎样定义和使用数组,包括一维数组、二维数组、字符数组、结构体数组,并且采用结构体数组实现"学生成绩管理系统"案例的数据输入、浏览、成绩统计和成绩排序功能。

☆ 学习目标

- 掌握一维数组的定义和使用。
- 掌握二维数组的定义和使用。
- 掌握字符数组的定义和使用。
- 掌握字符串的处理方法,熟悉字符串的常用处理函数。
- 掌握结构体类型的定义,结构体变量的定义和使用。
- 掌握结构体数组的定义和使用。
- 熟悉数组基本操作算法,能够正确使用数组解决一般应用问题。

5.1　一维数组

5.1.1　一维数组的定义和引用

1. 一维数组的定义

在 C 语言中使用数组必须先进行定义。一维数组的定义格式为：

类型声明符 数组名[数组大小];

其中：

(1) 类型声明符是任一种基本数据类型或构造数据类型，即 int、float、double、char 等这些基本数据类型，也可以是 5.4 节介绍的结构体类型。从这里可以看出，数组是创建在其他数据类型基础之上的，因此数组是构造类型。

(2) 数组名是用户定义的数组标识符，其命名规则遵循标识符命名规则。对于数组元素来说，具有一个共同的名字，即数组名。

(3) 方括号中的数组大小表示数组元素的个数，也称为数组的长度。例如：

```
int a[5];                //定义整型数组 a,有 5 个元素
float b[10],b[3 * 5];    //定义两个实型数组 b 和 c,分别有 10 和 15 个元素
char ch[20];             //定义字符型数组 ch,有 20 个元素
```

对于数组定义，应注意如下几点。

(1) 数组的类型实际上是指数组元素的取值类型。对于同一个数组，其所有元素的数据类型都是相同的。

(2) 在 C89 标准中，数组的大小必须在编译时确定，这意味着数组的长度必须是一个常量表达式。但是，从 C99 标准开始，引入了变长数组，允许使用变量来指定数组的长度。

(3) 数组名不能与同一作用域范围内的其他变量名相同。例如：

```
int main()
{
    int a;
    int a[5];                //错误,数组名与变量名相同
    ...
    return 0;
}
```

(4) 数组元素的下标从 0 开始，并且所有元素在内存中连续存储。因此，数组 a 的 5 个元素依次为 a[0]、a[1]、a[2]、a[3]、a[4]。这些数组元素在内存中的存储形式如图 5.1 所示。

数组名 a 是数组存储区的首地址，即存储数组第一个元素的地址，也就是 a 等价于 &a[0]，因此数组名是一个地址常量，不能对数组名进行赋值和进行运算。

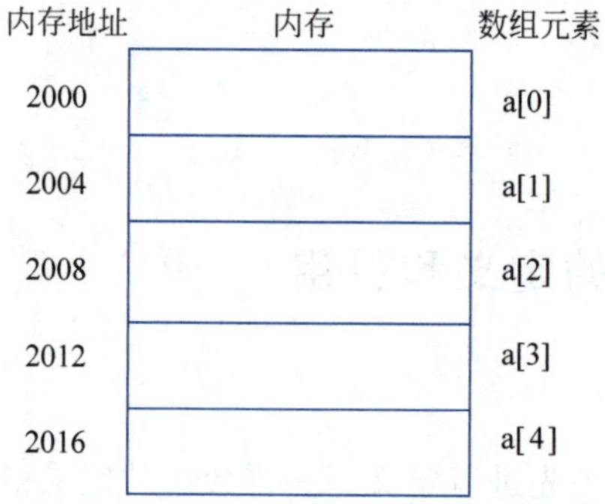

内存地址　　　内存　　　数组元素

2000　　　　　　　　　　a[0]
2004　　　　　　　　　　a[1]
2008　　　　　　　　　　a[2]
2012　　　　　　　　　　a[3]
2016　　　　　　　　　　a[4]

图 5.1　一维数组在内存中的存储形式

2. 一维数组元素的引用

数组定义后,可以在程序中引用数组中的元素,如给数组元素赋值,从键盘输入数据存储到数组元素中,输出数组元素的值等。一维数组元素的引用形式如下:

数组名[下标]

其中:

(1) 下标可以是整型常量或整型常量表达式,如 a[3]、a[3+2]。

(2) 下标也可以是整型变量或整型变量表达式,如 a[i]、a[i+j]、a[i++]。

(3) 下标如果是表达式,首先计算表达式,计算的最终结果为下标值。

(4) 下标值从 0 开始,而不是从 1 开始。

(5) 下标值不能越限,例如,对于语句"int a[5];"定义的数组,引用时的下标不能超过或等于 5,也就是说,"a[5]=10;"是错误的。

(6) 每个数组元素相当于一个普通变量,因此,访问数组元素的方法与普通变量相同。

> **! 注意:**
>
> 对于整型或实型数组,只能逐个引用数组元素,不能一次引用整个数组。
>
> 例如,对于语句"int a[5];"定义的数组,要从键盘输入数组 a 的值,采用如下语句是错误的:
>
> scanf("%d",&a);
>
> 正确的方法是通过循环语句,逐个输入数组元素的值,程序代码如下:
>
> ```
> for(i=0;i<5:i++)
>     scanf"%d",&a[i]);
> ```

【例 5.1】　从键盘输入 10 个整数,求其中的最大数并输出。

【问题分析】

(1) 定义一个一维数组,数组长度为 10,用于存储从键盘输入的 10 个整数。

(2) 求一组数的最大数:首先假定第一个数最大,把该数存储到变量 max 中,然后依次处理后面 9 个数,如果当前正在处理的这个数比 max 还大,则更改 max 的值为后面这个数。

将数组与 for 循环相结合,可以轻松完成此任务。

解决该问题的算法流程图如图 5.2 所示。

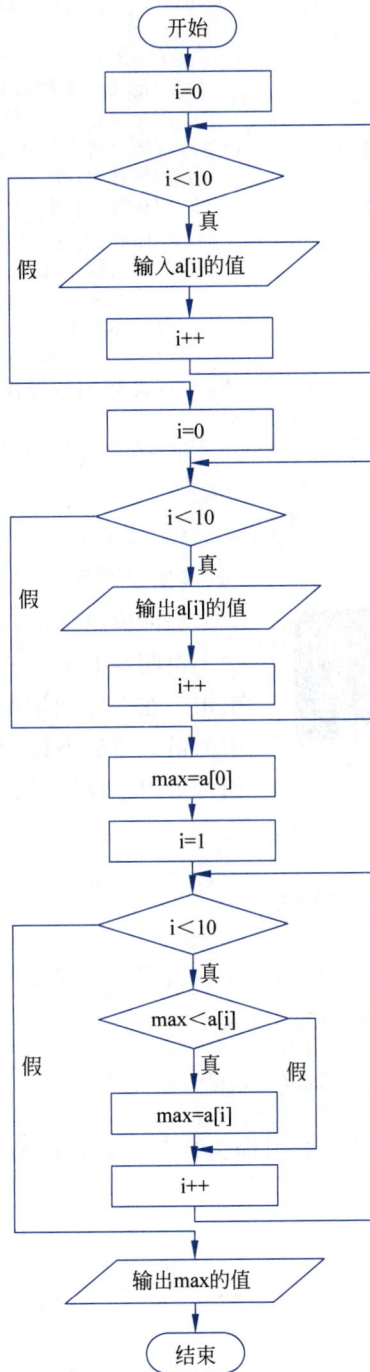

```
                    ┌──────────┐
                    │   开始    │
                    └──────────┘
                         │
                    ┌──────────┐
                    │   i=0    │
                    └──────────┘
                         │
                   ◇────────────◇
                   │    i<10     │─────────┐
              假   ◇────────────◇         │
         ┌────────────│真                 │
         │       ┌──────────────┐         │
         │       │  输入a[i]的值  │         │
         │       └──────────────┘         │
         │            │                   │
         │       ┌──────────┐             │
         │       │   i++    │─────────────┘
         │       └──────────┘
         │
         └──────→┌──────────┐
                 │   i=0    │
                 └──────────┘
                      │
                ◇────────────◇
                │    i<10     │─────────┐
           假   ◇────────────◇         │
      ┌────────────│真                 │
      │       ┌──────────────┐         │
      │       │  输出a[i]的值  │         │
      │       └──────────────┘         │
      │            │                   │
      │       ┌──────────┐             │
      │       │   i++    │─────────────┘
      │       └──────────┘
      │
      └──────→┌──────────────┐
              │   max=a[0]    │
              └──────────────┘
                   │
              ┌──────────┐
              │   i=1    │
              └──────────┘
                   │
             ◇────────────◇
             │    i<10     │──────────┐
        假   ◇────────────◇          │
   ┌────────────│真                  │
   │      ◇────────────◇   假        │
   │      │  max<a[i]   │────────┐   │
   │      ◇────────────◇        │   │
   │           │真              │   │
   │      ┌──────────────┐      │   │
   │      │   max=a[i]    │      │   │
   │      └──────────────┘      │   │
   │           │←──────────────┘    │
   │      ┌──────────┐              │
   │      │   i++    │──────────────┘
   │      └──────────┘
   │
   └──────→┌──────────────┐
           │  输出max的值   │
           └──────────────┘
                │
           ┌──────────┐
           │   结束    │
           └──────────┘
```

图 5.2 例 5.1 的算法流程图

【程序代码】

```
# include < stdio.h>
int main()
{
    int a[10];                              //定义整型数组 a
    int i,max;                              //定义循环控制变量 i 和存储最大数的变量 max
    printf("Please enter ten integers:\n"); //输出屏幕提示语
    for(i = 0;i < 10;i++)                   //循环 10 次
        scanf("%d",&a[i]);                  //从键盘接收数据,并存储到数组元素 a[i]中
    for(i = 0;i < 10;i++)                   //循环 10 次
        printf("%d  ",a[i]);                //输出数组元素 a[i]的值
    max = a[0];                             //给 max 变量赋值,假定第一个数最大
    for(i = 1;i < 10;i++)                   //循环 9 次
        if(max < a[i])                      //比较 max 与数组中当前正在处理的数组元素的
                                            //大小,将较大者赋给 max
            max = a[i];
    printf("\nThe max is %d\n",max);        //输出求得的最大数
    return 0;
}
```

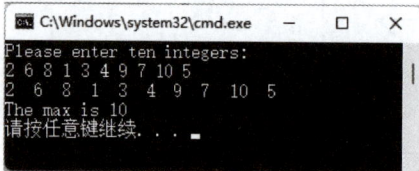

图 5.3　例 5.1 程序输出结果

【输出结果】

程序输出结果如图 5.3 所示。

说明:此例只是为了演示一维数组的定义与引用。在实际问题中,如果只是要求找出一组数中的最大或最小数,那么可以不用保存这组数据,而是采用边读边求最大或最小数的方式,这样的程序更简洁、高效。

5.1.2　一维数组的初始化

与一般变量的初始化一样,数组的初始化就是在定义数组的同时,给其数组元素赋初值。一维数组初始化赋值的一般形式如下:

类型声明符 数组名[数组大小] = {数值 1,数值 2,……,数值 n};

其中赋值号右边大括号中的各数值即为各数组元素的初值,各数值之间用逗号分隔。例如:

int a[3] = {0,1,2};

相当于

a[0] = 0;a[1] = 1;a[2] = 2;

数组初始化是在编译阶段进行的,这样可以减少运行时间,提高效率。C 语言对数组的初始化有如下几点规定。

（1）数组在定义时如果不进行初始化，则数组中各元素的初值是随机的。

（2）当大括号中的初值个数小于数组长度时，将只给前面的数组元素赋初值，后面的元素自动赋默认值，对于数值型（整型、实型）数组其默认值为 0。例如：

```
int a[5] = {5,6};
```

相当于给 a[0]赋初值 5，给 a[1]赋初值 6，后面 3 个元素自动赋 0 值。

（3）只能给数组元素逐个赋值，不能给数组整体赋值。如下语句是正确的：

```
int a[5] = {1,1,1,1,1};
```

不能写为：

```
int a[5] = 1;
```

（4）如果给出了全部数组元素的初值，则定义数组时可以省略数组大小。例如：

```
int a[5] = {1,2,3,4,5};
```

可写为：

```
int a[] = {1,2,3,4,5};
```

（5）如果大括号中的数值个数多于数组元素个数，将出现语法错误。

5.1.3　一维数组应用举例

【例 5.2】　任意给定 n 个数，按由小到大对其排序，并输出排序结果。

【问题分析】

这是一组数的排序问题，排序方法有多种，这里采用冒泡排序法。

冒泡排序法的思路：将相邻两个数比较，把较小的数调到前面（或把较大的数调到后面）。若有 5 个数，分别是 7、6、10、4、2，依次将其存储到数组 a 中。冒泡排序法的处理过程如下。

（1）第一趟（如图 5.4 所示），经过 4 次比较。

第 1 次：将第 1 个数 a[0]和第 2 个数 a[1]进行比较，把较小的数调到前面。也就是说，若后面的数较小，就将两数交换，否则不交换。这里是把 7 和 6 对调位置，结果如图 5.4(b)所示。

第 2 次：将第 2 个数 a[1]和第 3 个数 a[2]进行比较，把较小的调到前面。这里是 7 和 10 比较，这次比较不用对调这两个元素的位置，结果如图 5.4(c)所示。

第 3 次：将第 3 个数 a[2]和第 4 个数 a[3]进行比较，把较小的调到前面。这里是 10 和 4 比较后对调位置，结果如图 5.4(d)所示。

第 4 次：将第 4 个数 a[3]和第 5 个数 a[4]进行比较，把较小的调到前面。这里是 10 和 2 比较后对调位置，结果如图 5.4(e)所示。

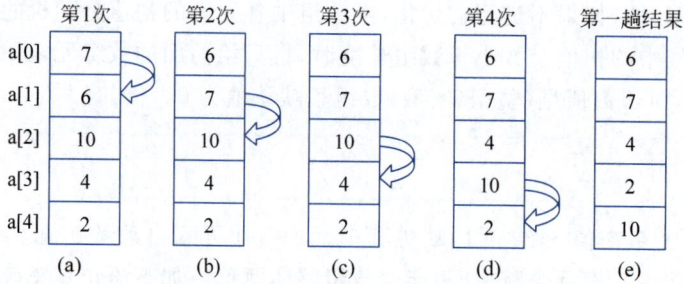

图 5.4　冒泡排序的第一趟处理过程

此时得到 6-7-4-2-10 的顺序,即最大的数 10 成为最下面的一个数。可见,较大的数向下"沉",最大的数"沉底",较小的数向上"浮"。

这 4 次处理过程都是类似的,都是"相邻两数比较,若后面的数较小,则两数交换,否则不交换";所不同的是"比较的两个数,它们的位置不同",先是 a[0]和 a[1]比较,再是 a[1]和 a[2]比较,然后是 a[2]和 a[3]比较,最后是 a[3]和 a[4]比较。我们会发现一个规律,每次比较完后,位置往后移了一位,所以可以用一个变量 i 控制,每次都是 a[i]和 a[i+1]比较,而每次比较完后 i+1,总共比较 4 次,这样就可以用一个循环来实现,即:

```
for(i = 0;i < 4;i++)
    if(a[i] > a[i + 1])
    {
        temp = a[i]; a[i] = a[i + 1]; a[i + 1] = temp;
    }
```

(2) 第二趟(如图 5.5 所示),经过 3 次比较。

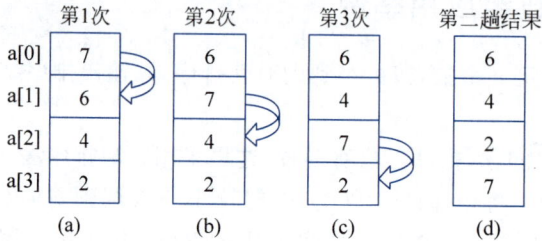

图 5.5　冒泡排序的第二趟处理过程

经过第一趟后最大数 10 已经沉到底了,第二趟就对余下的 4 个数(6、7、4、2)按上述的方法,经过 3 次比较,得到次大的数 7"沉底",较小的数 4 和 2 向上"浮",结果得到 6-4-2-7 的顺序。

这趟比较的代码与第一趟几乎一样,不一样的是比较的次数,也就是循环次数不一样,这趟循环 3 次。用循环语句实现如下:

```
for(i = 0;i < 3;i++)
    if(a[i] > a[i + 1])
    {
        temp = a[i]; a[i] = a[i + 1]; a[i + 1] = temp;
    }
```

（3）第三趟（如图 5.6 所示），经过 2 次比较。

对余下的 3 个数（6、4、2）按上述方法，经过 2 次比较，得到第三大数 6"沉底"，较小的数 4 和 2 上"浮"。

这趟比较代码同上类似，只是循环次数变成了 2。

（4）第四趟（如图 5.7 所示），经过 1 次比较。

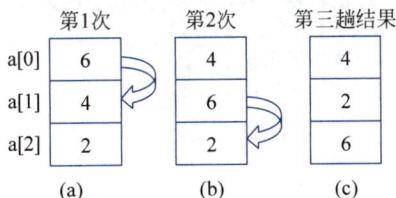

图 5.6　冒泡排序的第三趟处理过程　　图 5.7　冒泡排序的第四趟处理过程

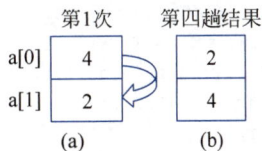

对余下的两个数（4 和 2）按上述方法，经过 1 次比较，得到第四大数 4"沉底"，最小的数 2 上"浮"。

最后得到 5 个数的排序结果：2-4-6-7-10（从小到大）。

从上面的 4 趟处理过程中可以看出，每一趟都很类似，都是"最大的数位置下沉，较小数向上浮起一个位置"；所不同的是"每趟比较的次数不同"，第一趟 4 次，第二趟 3 次，第三趟 2 次，第四趟 1 次，所以引入"趟次"循环变量 j，一共需要 4 趟，故 j 从 1 到 4，而每趟比较的次数都是 5−j。因此，可以用两个 for 循环来实现，"趟次"循环变量 j 作为外层循环控制变量，每趟里面的次数作为内循环，实现代码如下：

```
for(j = 1;j < = 4;j++)            //j 是趟次循环变量(外循环变量)
    for(i = 0;i < 5 - j;i++)       //i 是每趟中两两比较的次数变量(内循环变量)
        if(a[i]> a[i + 1])          //比较相邻两数大小,将较小的数放在前面
        {
            temp = a[i]; a[i] = a[i + 1]; a[i + 1] = temp;
        }
```

也就是说，"冒泡"排序最重要的是确定趟数和每趟比较的次数。我们来进行分析：其一，需要比较的趟数——5 个数需要冒 4 个泡，即要比较 4 趟，所以 n 个数要比较（n−1）趟。其二，每趟比较的次数——5 个数排序，第一趟比较 4 次，第二趟比较 3 次，第三趟比较 2 次，第四趟比较 1 次，得出规律"n 个数排序，第 j 趟要比较（n−j）次"。

综上所述，n 个数需要进行（n−1）趟比较，在第 j 趟的比较中要进行（n−j）次两两比较，任意 n 个数进行排序的程序如下。

【程序代码】

```
# include < stdio. h>
# define N 10                              //定义符号常量,对几个数排序,N 的值就是几
int main()
{
    int a[N];                              //定义数组
    int i,j,temp;                          //定义变量
```

```
        printf("Please enter ten integers:\n");      //输出提示语
        for(i = 0; i < N; i++)                        //从键盘接收 N 个数据存储到数组 a 中
            scanf(" % d",&a[i]);
        printf("\n");                                 //输出换行符
        for(j = 1; j < N; j++)                        //j 是趟次循环变量(外循环变量)
            for(i = 0; i < N - j; i++)                //i 是每趟中两两比较的次数变量(内循环变量)
                if(a[i] > a[i + 1])                   //比较相邻两数大小,将较小的数放在前面
                {    temp = a[i]; a[i] = a[i + 1]; a[i + 1] = temp;    }
        printf("The sorted numbers:\n");              //输出提示语
        for(i = 0; i < N; i++)                        //将排序好的数组输出
            printf(" % d   ",a[i]);
        printf("\n");
        return 0;
    }
```

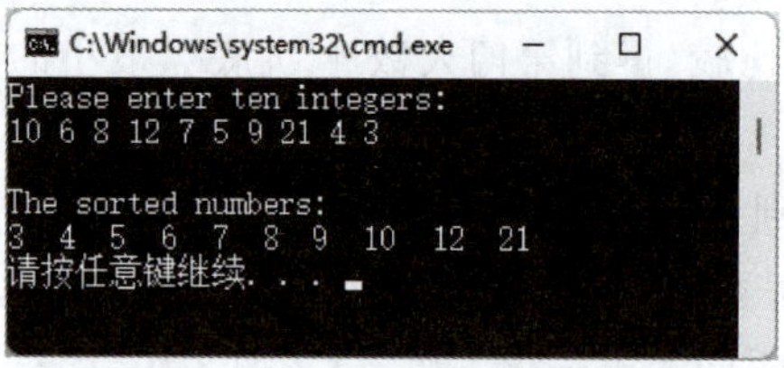

图 5.8　例 5.2 程序输出结果

【输出结果】

程序输出结果如图 5.8 所示。

思考:上述冒泡排序算法如何优化?

实际上,针对某些待排序的数据序列,有可能当排序进行到某一趟时,全部数据就已经有序了,但上述算法仍然会继续后面的排序操作,这显然是多余的。如何对上述算法进行改进呢?

🔑 5.2　二维数组

5.2.1　二维数组的定义和引用

前面介绍的数组只有一个下标,称为一维数组,其数组元素也称为单下标变量。在实际问题中有很多量是二维的或多维的,比如最常见的矩阵就是二维的,因此 C 语言允许构造二维或多维数组。多维数组元素有多个下标,以标识它在数组中的位置,所以也称为多下标变量。本节只介绍二维数组,多维数组可由二维数组类推而得到。

1. 二维数组的定义

二维数组定义的一般形式如下:

类型声明符 数组名[行数][列数];

说明:

(1)类型声明符、数组名的声明同一维数组的声明。

(2)行数和列数为整型常量或整型常量表达式。

(3)数组元素个数为:行数×列数。

(4)数组元素的下标值从 0 开始。

例如:

```
int x[2][3];
```

x 是二维数组名,这个二维数组共有 6 个元素,它们是 x[0][0]、x[0][1]、x[0][2]、x[1][0]、x[1][1]、x[1][2],且其全部元素数值均为整型。

2. 二维数组的存储

二维数组在概念上是二维的,比如说矩阵,但存储器单元是按一维线性排列的。在一维存储器中存储二维数组可有两种方式:一种是按行排列,即存储完一行之后顺次存储第二行。另一种是按列排列,即存储完一列之后再顺次存储第二列。在 C 语言中,二维数组是按行排列的。例如:

```
int x[2][3];
```

x[0][0]
x[0][1]
x[0][2]
x[1][0]
x[1][1]
x[1][2]

先存储第一行,即 x[0][0]、x[0][1]、x[0][2],再存储第二行,即 x[1][0]、x[1][1]、x[1][2],如图 5.9 所示。

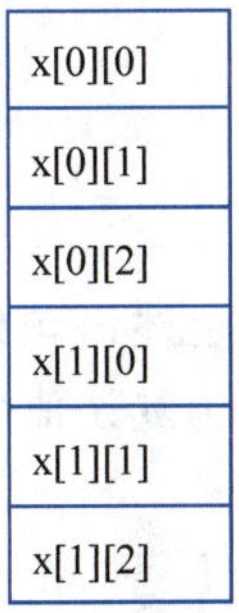

图 5.9　二维数组的存储

3. 二维数组的引用

二维数组元素的引用形式如下:

数组名[行下标][列下标]

说明:

(1) 行下标和列下标可以是常量(大于或等于 0)、常量表达式、变量或变量表达式。

(2) 数组中要特别注意下标越界。因为 C 语言编译系统不检查数组下标越界问题,所以程序设计者应特别注意。

(3) 二维数组的每个元素相当于一个普通变量,其使用方式与普通变量相同。例如:

```
int a[3][4];
a[0][1] = 3;              //直接给数组元素 a[0][1]赋值
scanf("%d",&a[0][1]);    //从键盘输入数据赋给数组元素 a[0][1]
printf("%d",a[0][1]);    //输出数组元素 a[0][1]的值
```

(4) 同一维数组一样,不能对一个二维数组的整体进行引用,只能对具体的数组元素进行引用。

5.2.2　二维数组的初始化

二维数组的初始化方法有分行赋初值和顺序赋初值两种。

1. 分行赋初值

例如:

```
int a[3][3] = {{1,2,3},{4,5,6},{7,8,9}};
```

在初始化后,数组 a 为:

$$\begin{bmatrix} 1 & 2 & 3 \\ 4 & 5 & 6 \\ 7 & 8 & 9 \end{bmatrix}$$

分行赋初值比较直观,每个花括号对应一行。也可以只对二维数组的部分元素赋初值。例如:

```
int b[3][3] = {{1,2,3},{},{7,8}};
```

上述语句只对数组 b 第 1 行的全部元素和第 3 行的前 2 个元素赋了初值,其他元素的初值为默认值(0)。在初始化后,数组 b 为:

$$\begin{bmatrix} 1 & 2 & 3 \\ 0 & 0 & 0 \\ 7 & 8 & 0 \end{bmatrix}$$

2. 顺序赋初值

把初始化值括在一对大括号内,系统将按数组元素在内存中的排列顺序依次对各元素赋初值,例如:

```
int x[2][3] = {1,2,3,4,5,6};
```

初始化结果是 $x[0][0]=1$,$x[0][1]=2$,$x[0][2]=3$,$x[1][0]=4$,$x[1][1]=5$,$x[1][2]=6$。

在定义二维数组时,如果进行了初始化,则可以省略第一维的长度,系统会自动根据初值的个数推算出第一维的大小,但第二维的长度不能省略。例如:

```
int a[][3] = {1,2,3,4,5,6,7,8,9};
```

该数组每行有 3 列,这样可以推算出它一定有 3 行,所以该语句等价于:

```
int a[3][3] = {{1,2,3},{4,5,6},{7,8,9}};
```

再如:

```
int b[][3] = {{1,2,3},{},{7,8}};
```

该数组分 3 行赋初值,这样它一定有 3 行,所以该语句等价于:

```
int b[3][3] = {{1,2,3},{},{7,8}};
```

5.2.3 二维数组应用举例

【例 5.3】 编写一个程序实现 3×4 的矩阵的转置。矩阵转置是把矩阵的行和列互换，例如：

$$\begin{bmatrix} 1 & 2 & 3 & 4 \\ 5 & 6 & 7 & 8 \\ 9 & 10 & 11 & 12 \end{bmatrix}$$

转置后变成 4×3 的矩阵：

$$\begin{bmatrix} 1 & 5 & 9 \\ 2 & 6 & 10 \\ 3 & 7 & 11 \\ 4 & 8 & 12 \end{bmatrix}$$

【问题分析】

(1) 定义两个二维数组 a 和 b，二维数组 a 为 3 行 4 列，用于存储转置前的 3×4 的矩阵，二维数组 b 为 4 行 3 列，用于存储转置后的 4×3 的矩阵。

(2) 使用双重 for 循环，将数组 a 中的元素 a[i][j]赋值给 b[j][i]，即可完成矩阵转置。

【程序代码】

```
# include < stdio.h >
int main()
{
    int a[3][4],b[4][3];              //定义二维数组 a[3][4]和 b[4][3]
    int i,j;                          //定义循环控制变量
    printf("请输入 3 行 4 列的矩阵 a:\n");   //输出提示语
    for(i = 0;i < 3;i++)
        for(j = 0;j < 4;j++)
        {   scanf(" % d",&a[i][j]);
            b[j][i] = a[i][j];        //矩阵转置
        }
    printf("转置后的矩阵 b 为:\n");        //输出提示
    for(i = 0;i < 4;i++)              //输出转置后的矩阵 b
    {
        for(j = 0;j < 3;j++)
            printf(" % 5d",b[i][j]);
        printf("\n");                 //每输出 3 个元素后输出一个换行符
    }
    return 0;
}
```

【输出结果】

程序输出结果如图 5.10 所示。

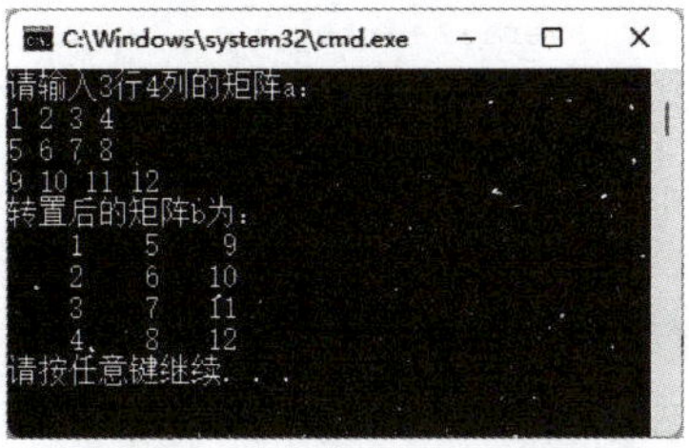

【例 5.4】 某公司 2024 年上半年产品销售统计表如表 5.1 所示，求每种产品的月平均销售量和所有产品的总月平均销售量。

图 5.10 例 5.3 程序输出结果

51C语言程序设计（第2版）

表 5.1　产品销售统计表

月份	产品 A	产品 B	产品 C	产品 D	产品 E
1	30	21	50	35	42
2	35	15	60	40	40
3	32	18	56	37	50
4	40	25	48	42	48
5	36	23	52	33	46
6	41	19	55	39	52

【问题分析】

(1) 定义一个二维数组 a[5][6]存储该公司 5 种产品 6 个月的月销售量。再定义一个一维数组 aver[5]存储所求的 5 种产品的月平均销售量,定义变量 total 存储各产品月平均销售量累加和,定义变量 average 存储所有产品 6 个月的总月平均销售量。

(2) 使用双重 for 循环,外层循环次数为 5 次,内层循环次数为 6 次。内循环实现一种产品 6 个月的销量的累加。外循环每循环一次,求出一种产品 6 个月的月平均销售量并输出,同时将其累加到变量 total 中。

(3) 求所有产品 6 个月的总月平均销售量,变量 total 的值除以 5 即可得到所有产品的总月平均销售量。

【程序代码】

```
# include < stdio. h>
int main()
{    //定义循环控制变量 i 和 j,存储累加和的变量 sum
    int i,j,sum = 0;
    /* 定义各产品月平均销售量数组 aver[5]、各产品月平均销售量累加和变量 total、
       总月平均销售量 average */
    float aver[5],total = 0.0,average;
    //定义二维数组,并初始化
    int a[5][6] = {{30,35,32,40,36,41},{21,15,18,25,23,19},
                {50,60,56,48,52,55},{35,40,37,42,33,39},
                {42,40,50,48,46,52}};
    for(i = 0;i < 5;i++)                 //外循环
    {
        for(j = 0;j < 6;j++)             //内循环累加各产品 6 个月的月销售量
            sum = sum + a[i][j];
        aver[i] = sum/6.0;              //计算各产品的月平均销售量
        printf("产品 %c 的月平均销售量:%.2f\n",65 + i,aver[i]);   //输出月平均销售量
        total += aver[i];               //累加各产品的月平均销售量
        sum = 0;                        //sum 清零,为累加下一产品的月销售量做准备
    }
    average = total/5;                  //计算所有产品 6 个月的总月平均销售量
    printf("所有产品 6 个月的总月平均销售额:%.2f\n",average);
    return 0;
}
```

【输出结果】

程序输出结果如图 5.11 所示。

产品A的月平均销售量:35.67
产品B的月平均销售量:20.17
额:38.67

序输出结果

5.3

前面介 是数值。还有一种数组，其每个元素都是一个字符，也 char 型的，除此之外，它与前面讲的数组没有区别。这种 组。

字符串 符串类型，字符串是存储在字符数组中的。

5.3. 化

字符

```
char
```

例如

```
char
```

字符 ，char a[3][4]即为二维字符数组。

同样 始化赋值。字符数组初始化的过程与数值型数组初始

```
char
```

赋值 '、c[2]='o'、c[3]='d'。

字符型数组与数值型数组在初始化中的区别如下。

初始化时，如果大括号中初值的个数小于数组长度，则只给字符数组前面的元素赋值，剩下元素的初值为空字符（即'\0'），而前面讲过数值型数组初始化为 0。例如：

```
char b[9] = {'G', 'o', 'o', 'd'};
```

这样初始化后，字符数组 b 在内存中的存储形式如图 5.12 所示。

b[0]	b[1]	b[2]	b[3]	b[4]	b[5]	b[6]	b[7]	b[8]
G	o	o	d	\0	\0	\0	\0	\0

图 5.12　字符数组 b 在内存中的存储形式

【例 5.5】 编写程序,使用字符数组存储下面一问一答的问候语,并输出。

> How are you?
> Fine! Thank you, and you?

【问题分析】

根据题目要求,可以使用两个一维字符数组存储这两句问候语。两个字符数组长度的确定,依据的是其所存储的问候语中字符的个数。数组与 for 循环相结合,输出字符数组中的各个字符,即可实现输出问候语。

【程序代码】

```c
#include <stdio.h>
int main()
{
    //定义并初始化字符数组 greetings1、greetings2
    char greetings1[12] = {'H','o','w',' ','a','r','e',' ','y','o','u','?'};
    char greetings2[25] = {'F','i','n','e','!',' ','T','h','a','n','k',' ',
                           'y','o','u',',',' ','a','n','d',' ','y','o','u','?'};
    int i;                            //定义循环控制变量 i
    for(i = 0;i < 12;i++)             //输出字符数组 greetings1 中每个元素的值
        printf("%c", greetings1[i]);  //格式化输出语句中,输出字符用 %c
    printf("\n");
    for(i = 0;i < 25;i++)             //输出字符数组 greetings2 中每个元素的值
        printf("%c", greetings2[i]);
    printf("\n");
    return 0;
}
```

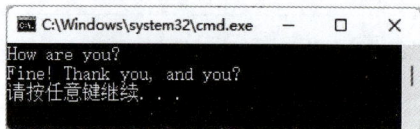

图 5.13 例 5.5 程序输出结果

【输出结果】

程序输出结果如图 5.13 所示。

说明:

也可以使用一个二维字符数组存储这两句问候语,该数组定义如下:

```c
char greetings[2][25] = {{'H', 'o', 'w', ' ', 'a', 'r', 'e', ' ', 'y', 'o', 'u',
                          '?'}, {'F', 'i', 'n', 'e', '!', ' ','T', 'h', 'a',
                          'n', 'k',' ', 'y', 'o', 'u', ',', ' ', 'a', 'n', 'd',
                          ' ', 'y', 'o', 'u', '?'}};
```

然后使用双重 for 循环,输出两句问候语。

5.3.2 字符串

在 C 语言中没有专门的字符串类型,相应地也就没有字符串变量,C 语言使用字符数组来存储字符串。在第 2 章介绍字符串常量时,已说明系统会在字符串常量的末尾自动加上字符串结束标志('\0'),以便对字符串进行处理时能够判断字符串是否已经结束。因此,当把一个字符串存入一个数组时,系统也会把结束符 '\0' 存入数组。例如:

```
char str[6] = "China";
```

赋值结果,字符串数组 str 有 6 个元素,最后一个元素为'\0'。

存储字符串的字符数组的初始化有两种方法。

(1) 用字符常量初始化数组,用字符常量给字符数组赋初值要用大括号把字符常量括起来。例如:

```
char str[6] = { 'C', 'h', 'i', 'n', 'a', '\0' };
```

数组 str 被初始化为"China",其中最后一个元素的赋值'\0'可以省略。

说明:

① 如果提供赋值的字符个数少于数组元素的个数,则多余数组元素自动赋为'\0'。例如:

```
char str[10] = "China";
```

字符数组 str 从第 6 个元素开始之后全部赋为'\0'。

② 如果提供赋值的字符个数多于数组元素的个数,则出现语法错误。例如:

```
char str1[4] = {'C','h','i','n','a','\0'};        //错误
char str2[4] = "China";                           //错误
```

③ 初始化时,若字符个数与数组长度相同,则字符末尾不加'\0',此时字符数组不能作为字符串处理,只能作字符逐个处理。初始化时是否加'\0',要看是否作字符串处理。

(2) 用字符串常量初始化数组。例如:

```
char str[6] = "China"; 或 char str[6] = {"China"};
```

说明:

① 不论用字符常量初始化字符数组,还是用字符串常量初始化数组,若字符个数少于数组长度,系统都会自动在末尾字符后加'\0'。

② 用字符串常量初始化时,字符数组的长度可以省略。例如:

```
char str[] = "1a2b3c";
```

由于字符串常量的末尾由系统自动加上了字符串结束标志'\0',因此,数组 str 的长度为 7,上面的语句等价于:

```
char str[7] = "1a2b3c";
```

显然,采用字符串常量进行初始化更加直观、方便,更符合人们的习惯。

【例 5.6】 编程将一个已知字符串存入一维字符数组中,并输出。

```
# include < stdio. h>
int main()
{
    //定义字符数组 str,并将字符串"Hello\nworld"存入该数组中
    char str[ ] = "Hello\nworld";
    printf(" % s\n",str);          //输出字符串,字符串整体输出用 % s 格式符
    return 0;
}
```

【**输出结果**】

程序输出结果如图 5.14 所示。

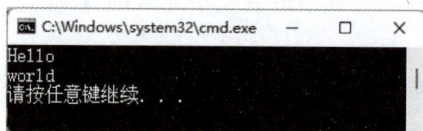

图 5.14　例 5.6 程序输出结果

5.3.3　字符串的输入和输出

1. scanf()和 printf()函数

scanf()和 printf()函数可以输入输出任何类型的数据。若要输入输出字符串,格式符为%s。

(1) 字符串输入。从键盘读取一个字符串:

```
scanf(" % s",字符数组名);
```

> ！ **注意**:当从键盘输入完要输入的字符串时,字符数组自动包含一个结束标志'\0'。
>
> 　scanf()函数的格式要求操作数是地址。假如 c 是字符数组名,"scanf("% s",&c);"的写法是不正确的。因为,字符数组名是字符串第一个字符的地址,是地址常量,对其操作不要再加地址运算符号。
>
> 　默认情况下空格和回车键以及 Tab 键是作为字符串输入的结束符,所以 scanf()函数调用时的格式符%s,不能实现字符串中包含有空格的字符串的输入,需要使用格式符%[ ]。
>
> ```
> char b[20];
> scanf(" % [^\n]",b);     //以换行符作为字符串输入的结束
> ```

(2) 字符串输出。向显示器输出一个字符串:

```
printf(" % s",字符数组名);
```

> ！ **注意**:输出字符串字符时,遇到'\0'则结束。

【例 5.7】 编程实现在一个字符串中统计各元音字母(即 A、E、I、O、U)的个数。

注意,字母不分大小写。例如,输入 THIs is a boot,则输出应为 1 0 2 2 0。

【问题分析】

(1) 定义字符数组 s,用于存储一个字符串。定义计数数组 a[5],a[0]~a[4]依次存储元音字母 A、E、I、O、U 的个数。

(2) 从键盘输入一个字符串到字符数组 s 中。然后,从数组的第一个元素开始,利用循环语句依次检测数组元素的值是否为字符串结束标志('\0'),循环体依次判断该数组元素的值是否为元音字母 a、A、e、E、i、I、o、O、u、U,进行相应的处理,将计数数组 a 对应的数组元素值加 1,继续下一次循环,直到遇到字符串结束标志结束循环。

(3) 输出计数数组 a 中各元素的值,显示统计结果。

【程序代码】

```c
# include < stdio.h >
int main()
{   char s[80];
    int a[5];
    int i,j;
    printf("Please enter a string:\n");
    scanf(" %[^\n]",s);
    for(i = 0;i < 5;i++)   a[i] = 0;
    for(i = 0;s[i]!= '\0';i++)
    {   j =-1;
        switch(s[i])
        {   case'a':
            case'A': j = 0; break;
            case'e':
            case'E': j = 1; break;
            case'i':
            case'I': j = 2; break;
            case'o':
            case'O': j = 3; break;
            case'u':
            case'U': j = 4; break;
        }
        if(j >= 0)   a[j]++;
    }
    for(i = 0;i < 5;i++)   printf(" %4d",a[i]);
    printf("\n");
    return 0;
}
```

【输出结果】

程序输出结果如图 5.15 所示。

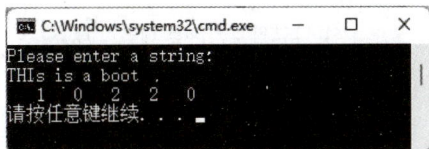

图 5.15 例 5.7 程序输出结果

2. gets()和 puts()函数

gets()和 puts()函数是专门用于字符串输入输出的库函数。当使用这两个库函数时需要包含头文件 string.h。

(1) 字符串输入。从键盘读取一个字符串:

```
gets(字符数组名)
```

gets()函数用于从终端输入一个字符串到字符数组,并且字符串中可以包含空格。通过 gets()函数输入字符串时,系统也会在字符串的末尾自动添加字符串结束标志'\0'。

(2) 字符串输出。向显示器输出一个字符串:

```
puts(字符数组名)
```

puts()函数用于将一个字符串(即以'\0'结束的字符序列)输出到终端,输出完字符串后换行。例如:

```
char a[10];              //定义长度为 10 的字符数组 a
gets(a);                 //用 gets()函数对字符数组 a 进行赋值
puts(a);                 //用 puts()函数输出字符数组 a 中的内容
```

注意:gets()和 puts()函数是对整个字符串的输入输出函数,对于这里定义的字符数组 a,当输入字符数少于 10 个时,输入输出是一样的字符串。但是当输入字符数大于或等于 10 个时就会造成溢出,从而导致运行出错。

【**例 5.8**】 编程实现凯撒加密,将待加密文本中的每个字符替换为其后面第 k 个字符。

【**问题分析**】

定义两个字符数组,一个字符数组 S 用来存储待加密文本字符串,一个字符数组 C 用来存储加密后的文本字符串。根据加密规则,密码字符的计算公式如下。

若是大写字母,计算公式为:

```
S[i] - 'A' + k) % 26 + 'A';
```

若是小写字母,计算公式为:

```
S[i] - 'a' + k) % 26 + 'a';
```

【**程序代码**】

```c
#include < stdio. h >
#include < string. h >
#define MAX 100                        //待加密文本最大长度
int main()
{
    char S[MAX];                       //定义字符数组 S,存储待加密文本
    char C[MAX];                       //定义字符数组 C,存储加密后文本
    int i,k = 3;                       //定义循环控制变量 i,密码规则变量 k
    printf("Enter passage\n");         //输出提示语
    gets(S);                           //从键盘读取待加密文本,存入字符数组 S
    i = 0;
    while(S[i]!= '\0')                 //依次处理待加密文本中的每个字符
    {
        if((S[i]>= 'A')&&(S[i]<= 'Z')) //若为大写字母
            C[i] = (S[i] - 'A' + k) % 26 + 'A';  //密文字符
```

```
            else if((S[i]> = 'a')&&(S[i]< = 'z'))   //若为小写字母
                C[i] = (S[i] - 'a' + k) % 26 + 'a';   //密文字符
            else                                      //非字母字符
                C[i] = S[i];                          //保持不变
            i++;
        }
        C[i] = '\0';                                  //在密文字符串的末尾添加字符串结束标志'\0'
        printf("Password\n % s\n",C);                 //输出加密后的文本
        return 0;
    }
```

【输出结果】

程序输出结果如图 5.16 所示。

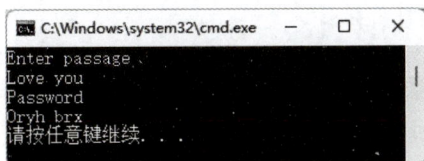

图 5.16 例 5.8 程序输出结果

5.3.4 字符串处理函数

C 语言具有丰富的字符串处理函数,常用的有 gets()与 puts()函数、strlen()函数、strcat()函数、strcmp()函数、strcpy()与 strncpyy()函数、strlwr()与 strupr()函数。当使用这些库函数时需要包含头文件 string.h。

1. strlen()函数——测字符串长度函数

函数调用形式如下:

```
strlen(字符数组名)
```

函数功能:测字符串的实际长度(不含字符串结束标志'\0'),并作为函数值返回。例如:

```
char s[] = "C language";               //初始化字符串 s
k = strlen(s);                         //调用 strlen()函数求字符串 s 的长度
printf("The length of the string is % d\n",k);   //输出字符串的长度值
```

2. strcat()函数——字符串连接函数

函数调用形式如下:

```
strcat(字符数组名 1,字符数组名 2)
```

函数功能:把字符数组 2 中的字符串连接到字符数组 1 中的字符串的后面,并删去字符串 1 后的串标志"\0"。本函数返回值是字符数组 1 的首地址。例如:

```
//定义字符数组 str1 和 str2,并初始化
char str1[30] = "My name is ",str2[] = "Xiao ming";
strcat(str1,str2);                //调用字符串连接函数 strcat()将 str2 接到 str1 的后面
puts(str1);                       //输出 str1
```

> ⚠ **注意**：字符数组 str1 应定义得足够长,否则不能全部装入被连接的字符串。

3. strcmp()函数——字符串比较函数

函数调用形式如下：

strcmp(字符数组名 1, 字符数组名 2)

函数功能：将两个字符数组中的字符串从左至右逐个相比较,即比较字符的 ASCII 码值大小,并由函数返回值返回比较结果。

- 字符串 1＝字符串 2,返回值＝0；
- 字符串 1＞字符串 2,返回值＞0；
- 字符串 1＜字符串 2,返回值＜0。

本函数也可用于比较两个字符串常量,或比较字符数组和字符串常量。例如：

```
char str1[15],str2[15];              //定义字符数组 str1 和 str2
printf("Please enter string1:\n");   //输出提示语
gets(str1);                          //输入字符串 1
printf("Please enter string2:\n");   //输出提示语
gets(str2);                          //输入字符串 2
k = strcmp(str1,str2);               //调用函数 strcmp()比较字符串 1 和字符串 2 的大小
if(k == 0) printf("str1 = str2\n");  //如果返回值为 0,那么字符串 1 = 字符串 2
if(k > 0) printf("str1 > str2\n");   //如果返回值> 0,那么字符串 1>字符串 2
if(k < 0) printf("str1 < str2\n");   //如果返回值< 0,那么字符串 1<字符串 2
```

4. strcpy()和 strncpy()函数——字符串复制函数

（1）strcpy()函数,函数调用形式如下：

strcpy(字符数组名 1,字符数组名 2)

函数功能：把字符数组 2 中的字符串复制到字符数组 1 中。字符串结束标志"\0"也一同复制。字符数组 2 也可以是一个字符串常量,这时相当于把一个字符串赋给一个字符数组。

（2）strncpy()函数,函数调用形式如下：

strncpy(字符数组名 1,字符数组名 2, n)

函数功能：把字符数组 2 中的前 n 个字符复制到字符数组 1 中,取代字符数组 1 中原有的前 n 个字符。例如：

```
char str1[20],str2[] = "These are apples.", str3[] = "Those are bananas.";
strcpy(str1,str2);            //调用字符串复制函数 strcpy(),将字符串 2 复制到字符串 1 中
puts(str1);                   //输出字符串 1
/*调用字符串复制函数 strncpy(),将字符串 3 中的前 4 个字符复制到字符串 2 中,
    取代字符串 2 中原有的前 4 个字符。*/
strncpy(str2,str3,4);
puts(str2);                   //输出字符串 2
```

5. strlwr()和 strupr()函数——字符串字母大小写转换函数

(1) strlwr()函数是小写字母转换函数,函数调用形式如下:

strlwr(字符数组名)

函数功能:将字符串中的大写字母转换成小写字母。

(2) strupr()函数是大写字母转换函数,函数调用形式如下:

strupr(字符数组名)

函数功能:将字符串中的小写字母转换成大写字母。例如:

```
char s[] = "how ARE You?";     //定义字符数组 s,并初始化
strlwr(s);                     //将 s 中的字母转换成小写字母
puts(s);                       //输出 s
strupr(s);                     //将 s 中的字母转换成大写字母
puts(s);                       //输出 s
```

5.3.5　字符数组应用举例

【例 5.9】　约瑟夫环问题。设有编号为 1,2,…,n 的 n(n＞0)个人围成一个圈,从第 1 个人开始报数,报到 m 时停止报数,报 m 的人出圈,再从他的下一个人起重新报数,报到 m 时停止报数,报 m 的人出圈……,直到剩余 1 个人出圈。当任意给定 n 和 m 后,求 n 个人出圈的次序。程序要求按出圈次序打印每个出圈人的姓名。

【问题分析】

(1) 定义一个二维字符数组存储所有人员的姓名即 name[N][LEN],一旦人员出圈,则将对应数组姓名字符串置为空串。

(2) 如何在数组中找到出圈人员? 这里设置一个下标变量和两个计数器变量。

- index:下标变量。
- counter:报数计数器变量。
- outCounter:出圈人数统计计数器变量。

(3) 下标 index 是 0～(N−1)不断累加循环,当 index＝N 时,重置为 0,继续循环,直到只剩下最后一个人出圈。这就构成了整个程序的主循环。循环的结束条件是出圈总人数达到 N 即结束。

(4) 主循环每循环一次,index＋＋,然后判断字符数组 name 当前 index 下标所在元素

是否为空,即 name[index]是否为空串,如果为空串,表示此人已经出圈,直接进入下一次循环。只有 name[index]不为空串,表示此人还没有出圈,此时报数计数器+1,然后判断该报数计数器是否与之前设定的 m 值相等,如果不相等,则不是要出圈人员,进入下一次循环;如果与 m 相等,则找到一个出圈人员,此时出圈人数统计计数器+1,设置 name[index]为空串,表示该人员已出圈,counter 清零,重新开始计数,继续循环。

【程序代码】

```c
#include <stdio.h>
#include <string.h>
#define MAX 20                    //总人数上限
#define LEN 10                    //人员姓名长度上限
int main()
{
    char name[MAX][LEN+1];
    int order[MAX];               //记录出圈顺序数组
    int N;                        //总人数
    int index = 0;                //姓名字符数组下标,当 index 为 N 时,重置 index=0
    int counter = 0;              //报数计数器,当 counter 为 m 时,该人出圈,counter 重置 0
    int outCounter = 0;           //出圈人数统计计数器,当 outCounter 为 N 时,循环结束
    int m;                        //表示数到第 m 时该人出圈
    int i;                        //循环控制变量 i
    printf("请输入总人数:");
    scanf("%d",&N);
    printf("请输入数到第几个人出圈:");
    scanf("%d",&m);
    printf("请依次输入%d个人的姓名(姓名长度不超过10个字符):\n",N);
    for(i=0;i<N;i++){    scanf("%s",name[i]);    }
    while(outCounter < N)                         //只要出圈人数<总人数,继续循环
    {
        if(strcmp(name[index],"\0")!= 0)          //该人员未出圈
        {
            counter++;                            //报数计数器+1
            if(counter == m)                      //报数到第 m 时,该人出圈
            {
                ++outCounter;                     //出圈人数统计计数器+1
                //该人出圈,用'\0'标记
                printf("第%2d个出圈者:%s\n",outCounter,name[index]);
                strcpy(name[index],"\0");
                order[index] = outCounter;        //记录出圈顺序
                counter = 0;                      //counter 重置 0
            }
        }
        index++;
        if(index == N) index = 0;
    }
    printf("出圈顺序:\n");
    for(i=0;i<N;i++)                              //输出出圈顺序
        printf("%d ",order[i]);
    printf("\n");
    return 0;
}
```

【输出结果】

程序输出结果如图 5.17 所示。

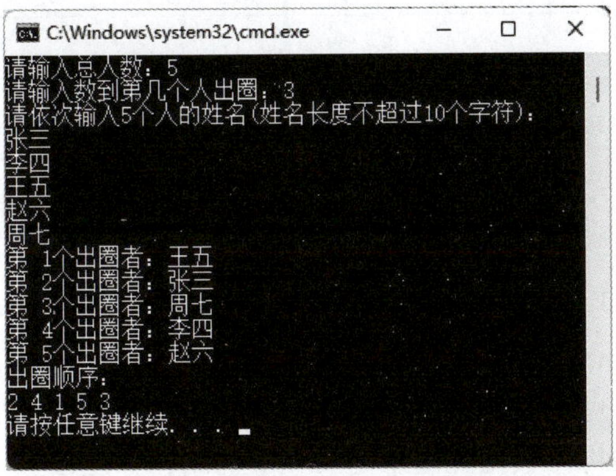

图 5.17 例 5.9 程序输出结果

思考：

复杂约瑟夫环问题：1~n 个人围成一圈,每个人手中有个号码,读入一个数 m,从第一个人开始报数,报到 m 的人出圈；下一个人接着从 1 报数,报到出圈人手里的号码的人出圈,依次进行。求 n 个人出圈的次序。

5.4 结构体数组

5.4.1 结构体类型的定义

结构体类型是一种构造数据类型,由程序设计者根据实际需要自己定义,主要用于把若干相关的类型不同(也可以相同)的数据组合成一个有机的整体,方便处理和传递。

比如要管理一个班级的学生成绩：每个学生信息包含学号、姓名、性别、成绩。这些项都有内在联系,它们是一个整体,都表示同一个学生的信息。如果将它们定义为互相独立的变量的话,就无法体现它们的内在联系,而且处理也不方便。能否用一个变量来保存一个学生的学号、姓名、性别、成绩的所有信息呢？答案是能,这就是结构体变量。在定义结构体变量之前,先要定义结构体类型,定义形式如下：

```
struct [结构体名]
{
    数据类型 成员 1 的名字;
    数据类型 成员 2 的名字;
    数据类型 成员 3 的名字;
    ……
};
```

struct 是定义结构体类型的关键字。结构体名是一个合法标识符,由程序设计者自己指定,与变量名的命名规则一样,遵循见名知义的原则,称为结构体类型名。大括号中的结构体成员表,称为结构体。结构体成员表包含若干成员。注意大括号后面的分号不能少,因为这是一条完整的语句。

例如，表示学生信息的结构体类型可定义如下：

```
struct student
{
    int num;                        //存储一名学生的学号
    char name[20];                  //存储一名学生的姓名
    char sex;                       //存储一名学生的性别
    float score;                    //存储一名学生的成绩
};
```

这里的 struct student 是根据实际需要定义的一种新的数据类型，它相当于一个模型，其中并无具体数据，系统也不会为之分配实际内存单元。其功能相当于 int、float 等，可以用 struct student 这种结构体数据类型来定义相应的结构体变量。

结构体类型定义应注意如下几点。

（1）结构体类型定义描述了结构体的组织形式，在程序编译时并不会为它分配存储空间。只是规定了一种特定的数据结构类型及它所占用的存储空间的存储模式。

（2）结构体成员可以是简单变量、数组、指针、结构体或共用体等，结构体成员的定义方式与变量和数组的定义方式相同，只是不能初始化。

（3）结构体可以嵌套使用，即一个结构体变量也可以成为另一个结构体的成员。例如，有一组学生的信息包括学号、姓名、出生年、月、日，则可进行如下结构体类型的声明：

```
struct date
{
    int year;
    int month;
    int day;
};                      //定义了一个包含 year、month、day 三个成员的结构体数据类型 struct date
struct student
{
    int nmu;
    char name[20];
    struct date birthday;
};                      //结构体数据类型 struct student 中有一个成员是结构体类型 struct date
```

（4）结构体类型定义可以位于自定义函数内部，也可以位于自定义函数外部。在自定义函数内部定义的结构体，只对该自定义函数内部可见；在自定义函数外部定义的结构体，对定义点到源文件结束之间的所有函数都是可见的。一般将结构体类型定义放在源文件的开始部位。

（5）结构体成员名可以与程序中其他变量同名，系统会自动识别它们，两者不会混淆。

5.4.2　结构体变量的定义和引用

1. 结构体变量的定义

为了能在程序中使用结构体类型的数据，应当定义结构体类型的变量，并在其中存储具体的数据。结构体变量定义一般采用如下 3 种形式。

（1）先声明结构体类型再定义结构体变量。

5.4.1 节已经定义了一个 struct student 的结构体数据类型,可以用该数据类型来定义变量,例如:

```
struct student S1;
```

与整型变量 a 的定义形式做对比:

```
int a;
```

这里的结构体变量的定义中,struct student 是结构体数据类型,功能相当于 int,即声明变量的数据类型;S1 是结构体变量名,功能相当于 a。

应当注意,将一个变量定义为标准类型(基本数据类型)与定义为结构体类型的不同之处在于:

① 定义结构体变量不仅要求指定变量为结构体类型,而且要求指定为某一特定的结构体类型,因为可以定义出许多种具体的结构体类型,如 struct student(后面的 student 就是该结构体类型的特定名字,用来与其他结构体数据类型区分开)。而在定义整型变量时,只需指定为 int 型即可。

② 定义基本数据类型变量,都可以用系统提供的相关数据类型直接定义,但定义结构体数据类型变量,必须先声明结构体数据类型再进行变量的定义。

在定义了结构体变量后,系统会为结构体变量分配内存单元。

这种定义方法的特点是:用声明的结构体类型 struct student 定义了一次结构体变量之后,在此之后的任何位置还可用 struct student 类型来定义其他结构体变量。

若程序规模比较大,可将对结构体类型的声明集中放到一个文件中(以.h 为后缀的头文件),便于修改和使用。若其他源文件需要用到此结构体类型,则可用 #include 命令将该头文件包含到本文件中。

（2）在声明结构体类型的同时定义结构体变量。其定义形式如下:

```
struct　结构体名
{
    数据类型 成员 1 的名字;
    数据类型 成员 2 的名字;
    数据类型 成员 3 的名字;
    …
}结构体变量名表;
```

例如:

```
struct student
{
    int num;
    char name[20];
    char sex;
    float score;
}S1;
```

该例中结构体数据类型名为 struct student,用它定义了一个结构体变量 S1。

(3) 直接定义结构体变量,不出现结构体名。其定义形式如下:

```
struct
{
    数据类型 成员 1 的名字;
    数据类型 成员 2 的名字;
    数据类型 成员 3 的名字;
    …
}结构体变量名表;
```

例如:

```
struct
{
    int num;
    char name[20];
    char sex;
    float score;
}S1;
```

这种定义方法的特点是:不能用定义的结构体数据类型来另行定义其他结构体变量,要想定义新的结构体变量,就必须将 struct{}这部分重写。

结构体变量的定义应注意如下几点。

(1) 注意结构体数据类型的定义和结构体变量的定义的区别。结构体数据类型的定义描述了结构体的类型的模式,不分配内存;而结构体变量定义则是按照结构体声明中规定的结构体类型(或内存模式),在编译时为结构体变量分配内存单元。该变量和其他变量一样可以进行赋值、存取或运算等操作,但结构体数据类型是无法实现这些操作的。

(2) 结构体变量的定义一定要在结构体数据类型定义之后或与结构体数据类型定义同时进行。若结构体数据类型没有定义,不能用它来定义结构体变量。

(3) 结构体变量中的成员可以单独使用,其作用和地位与一般变量相同。

(4) 系统为结构体变量分配内存的大小理论上是各成员内存量总和,但有时与 sizeof() 函数计算出来的值不是完全一样,这个实际的内存量,不仅与所定义的结构体类型有关,还与计算机系统及编译系统有关。通常系统为结构体变量分配内存的大小,会大于或等于所有成员所占内存字节数的总和。关于这一点,有兴趣的读者可以查阅相关资料。

2. 用 typedef 定义数据类型

在使用结构体类型定义结构体变量时,如果频繁使用 struct student 会比较烦琐。可以利用 typedef 为结构体数据类型定义一个别名,方便使用,如下面的语句:

```
struct student
{
    int num;
    char name[20];
    char sex;
    float score;
```

```
    };
    typedef struct student STU;
```

或者

```
    typedef struct student
    {
        int num;
        char name[20];
        char sex;
        float score;
    }STU;
```

以上两种定义方式是等价的,都是为 struct student 这种结构体数据类型定义了一个新的名字 STU,利用 STU 定义结构体变量与利用 struct student 定义结构体变量是一样的。即,下面两条语句是等价的,两者都能用于定义结构体变量。显然,前者定义变量的形式更简洁,代码可维护性也更强。

```
    STU S1,S2;
    struct student S1,S2;
```

当然,利用 typedef 也可以为系统固有的数据类型定义一个别名。例如:

```
    typedef int INTEGER;            //为 int 数据类型定义了一个新名字 INTEGER
    typedef unsigned int UINT ;     //为 unsigned int 数据类型定义了一个新名字 UINT
```

则若程序中出现

```
    INTEGER a;
    UINT b;
```

即表示定义了一个 int 型的变量 a,一个 unsigned int 型的变量 b。

> **注意**:typedef 只是为一种已存在的类型定义一个新的名字而已,并不是定义一种新的数据类型。

3. 结构体变量的引用

定义了结构体变量后,可以引用该变量。但需注意如下几点。

(1) 不能将一个结构体变量作为一个整体进行输入输出操作,只能对每个具体的成员进行输入输出操作。

如有已定义的结构体变量 S1,不能按如下方式引用:

```
    printf("%d%c%d%d%d",S1);
```

访问结构体变量的成员,需使用"成员运算符"(也称"圆点运算符")。其访问形式如下:

结构体变量名.成员名

例如,可用下面的语句为结构体变量 S1 的 score 成员进行赋值。

```
S1.score = 90;
```

S1.score 为结构体成员,与其他类型变量的使用方法是一样的。

！注意:结构体变量不能进行整体输入输出,但允许具有相同结构体类型的结构体变量间赋值。
　　例如:

```
STU S1,S2;
S1.num = 101; S1.score = 99; …
S2 = S1;              //S2 得到了 S1 中每个成员的值
```

(2) 如果成员本身又属一个结构体类型,则要用若干个成员运算符,一级一级地找到最低一级的成员。例如:

```
struct date
{
    int year;
    int month;
};
struct student
{
    int num;
    char name[20];
    struct date birth;
}S1,S2;
```

若要引用结构体变量 S1 的 birth 成员的 year 成员,则需如此引用:S1.birth.year。

5.4.3　结构体变量的初始化

与其他数据类型的变量一样,可以对结构体变量进行初始化,即在定义结构体变量的同时,对其成员指定初始值。

结构体变量初始化的形式如下:

struct　结构体类型名　结构体变量名 = { 初始数据 };

对结构体变量初始化应注意如下几点。

(1) 初始化数据与数据之间用逗号分隔开。

(2) 初始化数据的个数要与被赋值的结构体成员的个数相等。

（3）初始化数据的类型要与相应的结构体成员的数据类型一致。

（4）不能直接在结构体成员表中对成员赋初值。

例如：

```
struct student
{
    int num;
    char name[20];
    char sex;
    float score;
};
struct student S1 = {1001,"zhao",'M',85.0};
```

或者

```
struct student
{
    int num;
    char name[20];
    char sex;
    float score;
}S1 = {1001,"zhao",'M',85.0};
```

对已经初始化的结构体变量，可以用 printf( )函数将其数据输出：

printf("学号 % d 的学生的成绩是 % d。\n",S1.num,S1.score);

!　**注意**：下面对结构体变量初始化的方法是错误的，因为不能直接在结构体成员表中对成员赋初值。

```
struct student
{
    int num = 1001;
    char name[20] = "zhao";
    char sex = 'M';
    float score = 85.0;
}S1;
```

5.4.4　结构体数组的定义

存储一个学生的信息可以用一个结构体变量，但如果要存储一个班的学生信息，则需要用结构体数组。结构体数组必须先定义，后引用。其定义形式与定义结构体变量的方法差不多，只需声明其为数组即可。例如，下面定义了表示学生信息的结构体数据类型：

```
struct student
{
    int num;
```

```
    char name[20];
    char sex;
    float score;
};
```

若该班有 30 名学生,就可以用结构体数组表示,即:

```
struct student s[30];
```

其中 s[0]、s[1]、…、s[29]分别存储一个学生的信息。
也可以在定义结构体类型的同时定义一个结构体数组,例如:

```
struct student
{
    int num;
    char name[20];
    char sex;
    float score;
}studs[30];
```

或者

```
struct
{
    int num;
    char name[20];
    char sex;
    float score;
}studs[30];
```

5.4.5　结构体数组的初始化

结构体数组也可在定义的同时进行赋值,即对其进行初始化。下面对结构体数组 studs[30]
的前 3 个元素进行初始化:

```
struct student studs[30] = {{1001, "Wang Lin", 'M',89.5},
                            {1002, "Li Gang", 'M',79.6},
                            {003, "Liu Yan", 'F',90.7}};
```

当所提供的数据个数小于数组的大小时,系统将只对数组的前几个元素赋初值,其他元
素自动赋默认值。

当赋初值的数据个数与所定义的数组元素的个数相等时,数组元素的个数可以省略,此
时系统会自动根据所提供的数据个数来确定数组的大小。例如:

```
struct student studs[] = {{1001,"Wang Lin", 'M',89.5},
                          {1002,"Li Gang", 'M',79.6},
                          {003,"Liu Yan", 'F',90.7}};
```

5.4.6　结构体数组的引用

下面以一个例子来说明结构体数组的引用。

【例 5.10】　现有 5 名学生的信息如表 5.2 所示,每名学生信息包括学号(int num)、姓名(char name[20])、性别(char sex)、成绩(float score)。计算这 5 名学生的平均成绩并输出。

表 5.2　某班 5 位学生信息表

学　号	姓　名	性　别	成　绩
1001	赵敏	F	81.9
1002	张伟	M	83.7
1003	刘强	M	82.5
1004	王凯	M	90.4
1005	李娟	F	75.8

【问题分析】

(1) 定义结构体类型 student,结构体成员包括 num(学号)、name(姓名)、sex(性别)和 score(成绩)。

(2) 定义一个结构体数组 studs,同时用表 5.2 中 5 名学生的信息进行初始化。

(3) 计算平均成绩:遍历结构体数组,将每名学生的成绩相加,然后除以学生的数量。

(4) 输出平均成绩。

解决该问题的算法流程图如图 5.18 所示。

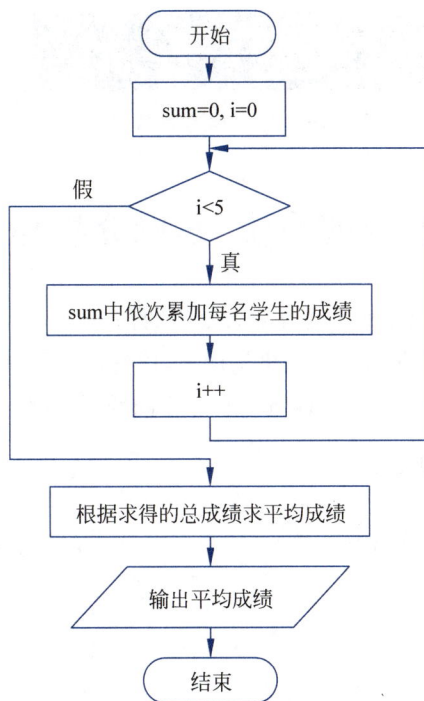

图 5.18　例 5.10 的算法流程图

【程序代码】

```c
#include <stdio.h>
typedef struct student
{
    int num;                                //存储一名学生的学号
    char name[20];                          //存储一名学生的姓名
    char sex;                               //存储一名学生的性别
    float score;                            //存储一名学生的成绩
}STU;
int main()
{
    int i;
    float sum = 0,ave;
    STU studs[] = {{1001, "赵敏", 'F',81.9},{1002, "张伟", 'M',83.7},
                   {1003, "刘强", 'M',82.5},{1004, "王凯", 'M',90.4},
                   {1005, "李娟", 'F',75.8}};            //定义结构体数组,并进行初始化
    for(i = 0;i < 5;i++)
        sum = sum + studs[i].score;         //计算 5 名学生的成绩总和
    ave = sum/5;                            //求平均成绩
    //输出 5 名学生的平均成绩
    printf("5名学生的平均成绩为: %5.1f\n",ave);
    return 0;
}
```

【输出结果】

程序输出结果如图 5.19 所示。

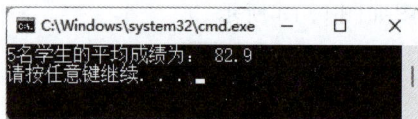

图 5.19　例 5.10 程序输出结果

5.5 "学生成绩管理系统"案例分析与实现

在"学生成绩管理系统"中,要处理若干名学生的信息,每名学生的信息包括学号、姓名、
C 语言成绩、高数成绩、英语成绩、总成绩、平均成绩,这些信息不是一个个孤立的数据,而是相
互联系的一个整体,那么在编程时如何体现出它们之间的联系呢? 这就需要用到结构体数组。

1. 学生信息结构体类型定义

表示学生信息的结构体类型定义如下:

```c
typedef struct student                      //学生信息结构体 student
{
    char num[10];                           //学号
    char name[15];                          //姓名
    int cgrade;                             //C 语言成绩
```

```
    int mgrade;              //高数成绩
    int egrade;              //英语成绩
    int total;               //总成绩
    float ave;               //平均成绩
  }Student;
```

结构体类型 struct student 规定了学生信息的组织形式,为了简化程序,我们只取了三门课程的成绩。

2. 学生信息结构体数组的定义

存储一个学生的信息可以用一个结构体变量,但如果要存储一个班或者更多的学生信息,则需要用结构体数组。

学生信息结构体数组的定义如下:

```
＃define MAXSIZE 30            //定义符号常量 MAXSIZE,用作学生信息结构体数组的长度
Student stud[MAXSIZE];        //定义学生信息结构体数组
```

把学生信息结构体数组的长度定义为符号常量是为了方便后期处理数组大小。如果后期需要更改结构体数组的大小,只需修改这一处即可。

3. 案例中部分功能模块的实现

下面利用循环语句和结构体数组来实现"学生成绩管理系统"的数据录入、显示、成绩统计和成绩排序 4 个功能模块。整个系统采用模块化程序设计,每个功能模块对应一个自定义函数,这样做最大的好处是:程序结构清晰、便于编程和维护。自定义函数的语法知识将在第 6 章进行详细介绍,读者现在只需要关注自定义函数内部的实现方法。

【例 5.11】　从键盘输入若干名学生的信息。请编写在学生人数未知情况下的数据输入程序。

【问题分析】

由于学生人数未知,所以循环不能由学生人数来控制,而应改为判断某一标志值:当输入的学号为 0 时表示输入结束,否则继续输入,输入的学生信息依次存储在学生结构体数组 stud 中。采用这种实现方式,用户使用时非常方便、灵活。

【程序代码】

```
int stu_num = 0;           //定义变量 stu_num,用于存储学生总人数,初始值为 0
void append(){
    int i = stu_num;
    while(1)
    {
        printf("请输入第 % d 个学生的信息\n",i + 1);
        printf("请输入学号:");
        scanf(" % s",stud[i].num);
        if(strcmp(stud[i].num,"0") == 0) break;
        printf("请输入姓名:");
        scanf(" % s",stud[i].name);
```

```
        printf("请输入 C 语言成绩:");
        scanf("% d",&stud[i].cgrade);
        printf("请输入数学成绩:");
        scanf("% d",&stud[i].mgrade);
        printf("请输入英语成绩:");
        scanf("% d",&stud[i].egrade);
        stud[i].total = stud[i].cgrade + stud[i].mgrade + stud[i].egrade;
        stud[i].ave = stud[i].total/3.0;
        i++;
    }
    stu_num = i;
    printf("总共已输入 % d 个学生的信息\n",stu_num);
}
```

【输出结果】

程序输出结果如图 5.20 所示。

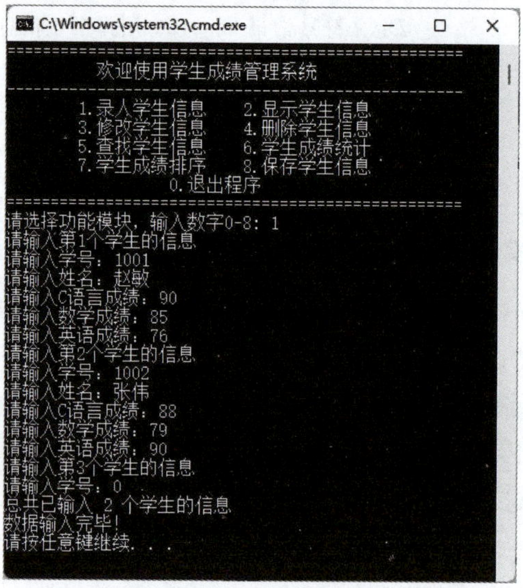

图 5.20　例 5.11 程序输出结果

　　说明：上述代码只实现了学生信息的简单录入功能,并没有对录入数据的合法性进行检查。例如,检查录入的学生学号是否重复? 学生成绩是否在合法范围内? 这些问题的解决放到第 6 章中介绍。

【例 5.12】　显示"学生成绩管理系统"中所有学生的信息。

【问题分析】

　　利用 for 循环遍历学生信息结构体数组,输出当前数组元素的各数据成员的值,循环结束,所有学生信息显示完毕。

【程序代码】

```
void display()
{
    int i;
    if (stu_num == 0)                              //学生人数等于 0
```

```
    {
        printf("\n\t 学生信息为空!");
    }
    else                            //学生人数大于 0
    {
        printf("全部学生信息如下:\n");
        printf("学生学号\t 姓名\tC 语言\t 数学\t 英语\t 总成绩\t 平均成绩\n");
        for(i = 0;i < stu_num;i++)
        {
            printf(" % s\t\t % s\t % d\t % d\t % d\t % d\t % .1f\n",
                stud[i].num,stud[i].name,stud[i].cgrade,stud[i].mgrade,
                stud[i].egrade,stud[i].total,stud[i].ave);
            if((i + 1) % 10 == 0)   systom("pause");
        }
    }
    printf("共计 % d 人\n",stu_num);
}
```

【输出结果】

程序输出结果如图 5.21 所示。

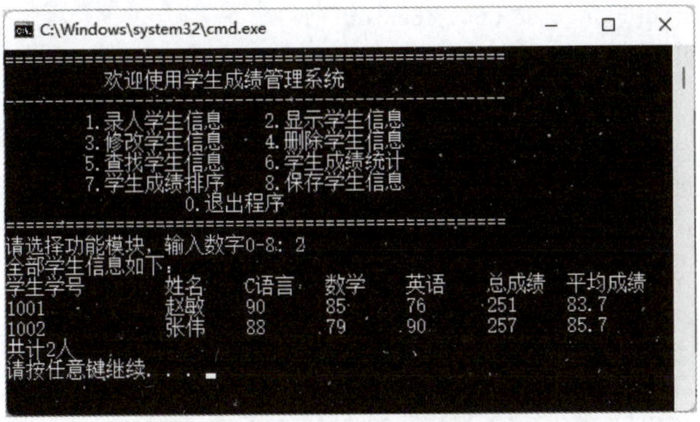

图 5.21　例 5.12 程序输出结果

【例 5.13】　统计"学生成绩管理系统"中指定课程的成绩不及格人数、最高分和平均分。

【问题分析】

(1) 以菜单的形式让用户选择对哪门课程的成绩进行统计,然后利用 switch 循环来根据用户的选择跳到需要的操作。

(2) 统计不及格人数、最高分:用 counter 变量来保存当前的不及格人数,其初值为 0;统计时检查每个学生的指定课程的成绩是否小于 60,如果是,counter 变量的值加 1。循环结束后,counter 值即为不及格人数。用 max 变量来保存当前的最高分,其初值为 0;统计时将每个学生的指定课程的成绩与 max 进行比较,如果高于 max,则将该学生的成绩赋给 max;当所有学生处理完后,max 中就保存了所有学生的最高分。

(3) 求所有学生的平均分,需要先求出总分,并保存在 sum 变量中。

【程序代码】

```
void total()
{
```

```
int choice,i,counter = 0,max = 0,sum = 0;
printf("请选择你想要统计成绩的课程\n");
printf(" 0.退出 1.C语言成绩 2.数学成绩 3.英语成绩\n");
scanf("%d", &choice);
switch (choice){
    case 1: for(i = 0;i < stu_num;i++)          //统计C语言成绩不及格人数、最高分、总分
    {
        if(stud[i].cgrade < 60) counter++;
        if(stud[i].cgrade > max) max = stud[i].cgrade;
        sum += stud[i].cgrade;
    }
    break;
    case 2: for(i = 0;i < stu_num;i++)          //统计数学成绩不及格人数、最高分、总分
    {
        if(stud[i].mgrade < 60) counter++;
        if(stud[i].mgrade > max) max = stud[i].mgrade;
        sum += stud[i].mgrade;
    }
    break;
    case 3: for(i = 0;i < stu_num;i++)          //统计英语成绩不及格人数、最高分、总分
    {
        if(stud[i].egrade < 60) counter++;
        if(stud[i].egrade > max) max = stud[i].egrade;
        sum += stud[i].egrade;
    }
    break;
    case 0: printf("不统计返回主菜单\n");     break;
    default:printf("无效操作数!\n");
}
if(choice == 1||choice == 2||choice == 3)
{
    printf("统计结果如下:\n");
    printf("不及格人数\t最高分\t平均分\n");
    printf("%d\t\t%d\t%5.2f\n",counter,max,(float)sum/stu_num);
}
}
```

【输出结果】

程序输出结果如图 5.22 所示。

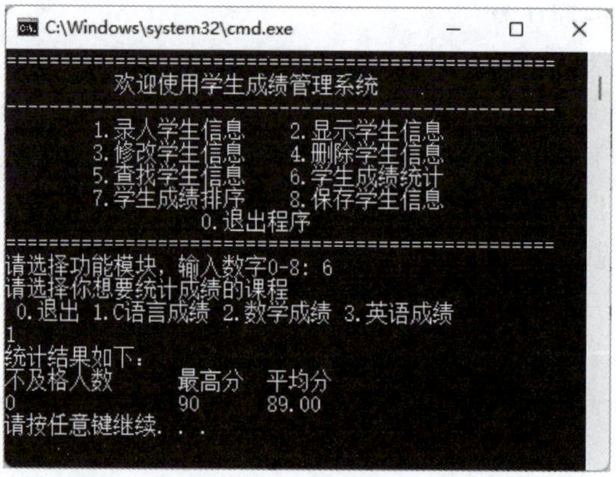

图 5.22　例 5.13 程序输出结果

【例 5.14】 对"学生成绩管理系统"案例中的所有学生信息,采用冒泡排序法按总成绩从高到低进行排序。

【程序代码】

```
void sort()
{    //冒泡排序
    int i,j;
    Student temp;
    for(i = 1;i < stu_num;i++)
    {
        for(j = 0;j < stu_num - i;j++){
            if(stud[j].total < stud[j + 1].total)
            {   temp = stud[j];stud[j] = stud[j + 1];stud[j + 1] = temp;      }
        }
    }
    printf("排序结果如下:\n");
    printf("序号\t 学生学号\t 姓名\tC 语言\t 数学\t 英语\t 总成绩\t 平均成绩\n");
    for(i = 0;i < stu_num;i++)
    {
        printf(" % d\t % s\t\t % s\t % d\t % d\t % d\t % d\t % .1f\n",i + 1,
            stud[i].num,stud[i].name,stud[i].cgrade,stud[i].mgrade,
            stud[i].egrade,stud[i].total,stud[i].ave);
    }
}
```

【输出结果】

程序输出结果如图 5.23 所示。

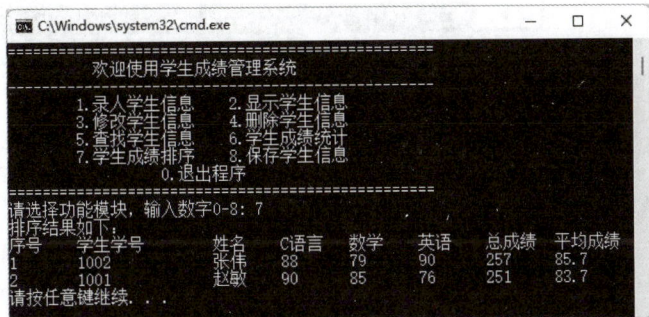

图 5.23 例 5.14 程序输出结果

本节主要介绍了简单的学生信息录入、显示全部学生信息、成绩统计、按总成绩排序四项功能的实现。"学生成绩管理系统"案例的更完善、更多功能的实现将在第 6 章中介绍。本节案例完整代码请参见本书配套教学资源。

🔍 5.6 常见错误分析

1. 数组下标越界

例如:

```
int a[5],i;
for(i = 0;i < = 5;i++)
    scanf("% d",&a[i]);
```

由于数组 a 定义有 5 个元素,下标为 0~4,当 i 为 5 时,实际上 scanf()函数使用形式如下:

```
scanf("% d",&a[5]);
```

而数组 a 中根本就没有 a[5]这个元素,所以这次接收输入是错误的。C 语言本身对下标越界不做检查,因此发生程序运行错误。

【运行报错信息】

运行报错信息如图 5.24 所示。

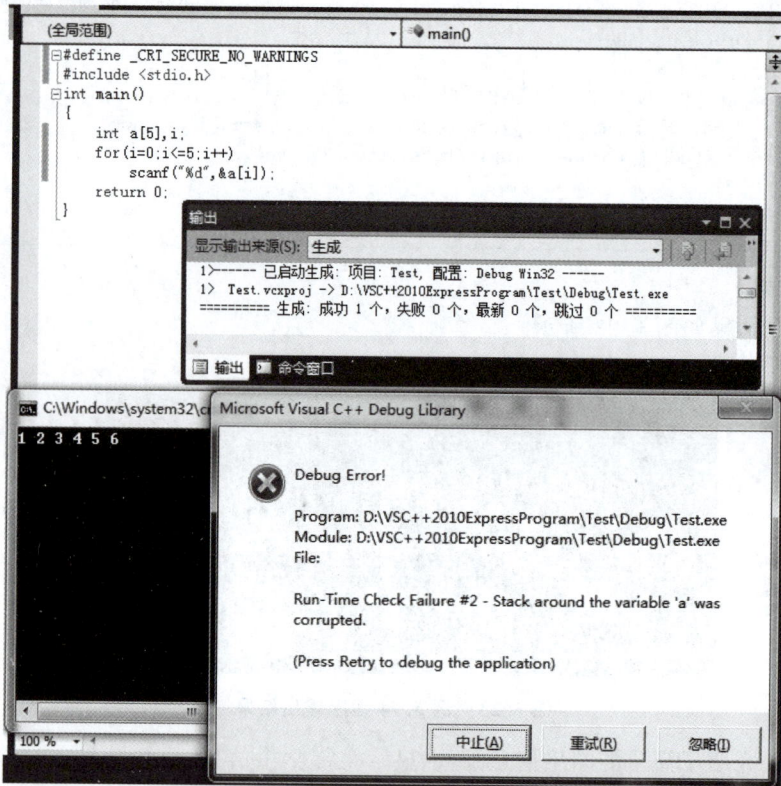

图 5.24 运行报错信息截图

2. 不能对数组整体进行读取操作

例如:

```
int a[5] = {1,23,67,52};
printf("a = % d",a);
```

是错误的,C 语言不允许对数组作整体的操作,如果想把数组 c 的元素输出,需要用循环来实现,例如:

```
int a[5] = {1,23,67,52};
for(i = 0;i < 4;i++)
    printf(" % d",a[i]);
```

同样也不能用 scanf()函数一次接收一个数组的值,如"scanf("％d",&a);"是错误的,也得用循环来实现。但这两种情况在编译时都不会提示错误,使得程序结果是错误的。

3．二维数组初始化时,第二维长度不能省略

例如:

```
int b[][] = {{1,1,1,1 },{2,2,2,2 },{3,3,3,3 }};
char c[3][] = {"good", "morning", "Wang! " };
```

是错误的。一维数组初始化时长度可以省略,二维数组初始化时第一维长度可以省略,但第二维长度不能省略。

【编译报错信息】

编译报错信息如图 5.25 所示。

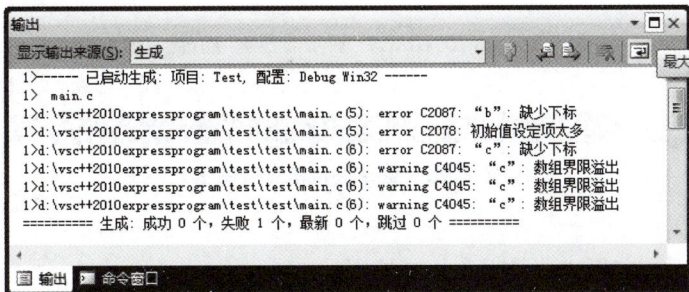

图 5.25　编译报错信息截图 1

【错误分析】

提示下标丢失。

4．接收字符串时,使用了取址运算符

例如:

```
char str[10];
scanf(" % s",&str);
```

是错误的,由于数组名本身就代表地址,所以不应再加 & 符号,实际上,只要是用％s 控制字符,其对应字符数组名前就不加 & 符号了,正确的写法为"scanf("％s",str);"。这种错误在编译的时候同样不会提示错误。

5. 数组赋值只能是对每个元素赋值,不能整体赋值

例如:

```
int data[];
data = {1, 2 ,3, 4};
```

或

```
char str[];
str = "hello";
str[6] = "hello";
```

都是错误的,其实这种错误跟上面的第二种错误是一样的,C 语言不支持对数组的整体操作,但使用者由于看到数组初始化的情形,就以为能够把字符串赋给一个数组,这种错误出现的频率很高,应加以重视。这种赋值只能在初始化时进行。

【编译报错信息】

编译报错信息如图 5.26 所示。

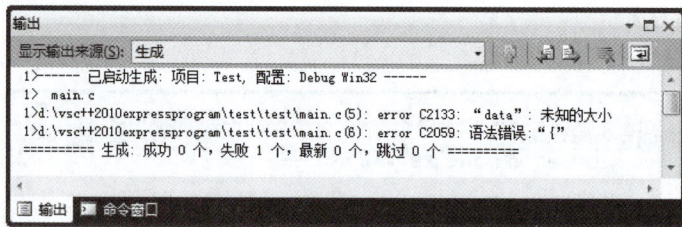

图 5.26　编译报错信息截图 2

【错误分析】

提示 data 大小未知和"{"附近有语法错误。

6. 初始化时是否加 '\0'

字符数组初始化时,若字符个数与数组长度相同,则字符末尾不加 '\0',此时字符数组不能作为字符串处理,只能对字符逐个处理。初始化时是否加 '\0',要看是否作字符串处理。

例如:

```
char b[4] = {'G', 'o', 'o', 'd'};
```

只能对字符逐个处理,不能当字符串处理。

7. 结构体类型声明时,漏掉了大括号后面的分号

```
# include < stdio. h>
struct node
```

```
{
    int num;
    int score1;
    int score2;
}
struct node n1,n2;
int main()
{
    n1.num = 1;
    n2.num = 2;
    printf("两个学生的学号分别为:%d,%d\n",n1.num,n2.num);
    return 0;
}
```

【编译报错信息】

编译报错信息如图 5.27 所示。

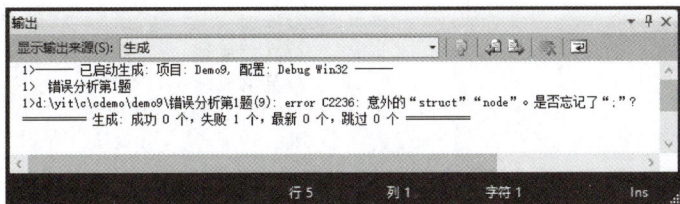

图 5.27　编译报错信息截图 3

【错误分析】

编译系统提示语句中意外的"struct"和"node",提示后面是否忘记加";",程序中只要在 struct node 结构体数据类型声明的最后加上分号即可修改错误。

8. 混淆了结构体数据类型和结构体变量

可对结构体变量成员赋值,不能对结构体类型成员进行赋值。

错误一:

```
#include < stdio.h >
struct student
{
    int sID = 100;                    //学号
    char sSex = 'F';                  //性别
    int sMath = 90;                   //高数成绩
    int sEng = 80;                    //英语成绩
    int sC = 89;                      //C 语言程序设计成绩
}sx;
int main()
{
    printf("学号为%d的学生的英语成绩为%d",sx.sID,sx.sEng);
    return 0;
}
```

【编译报错信息】

编译报错信息如图 5.28 所示。

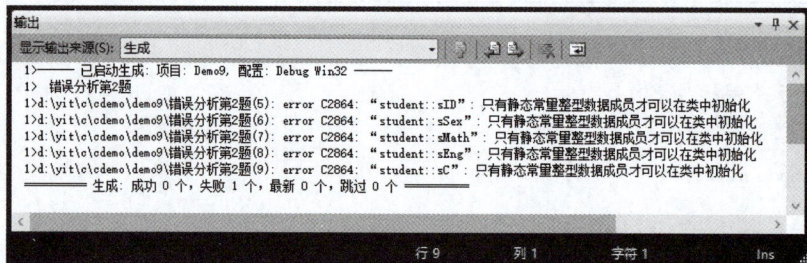

图 5.28　编译报错信息截图 4

错误二：

```c
#include <stdio.h>
struct student
{
    int sID;                          //学号
    char sSex;                        //性别
    int sMath;                        //高数成绩
    int sEng;                         //英语成绩
    int sC;                           //C语言程序设计成绩
};
int main()
{
    student.sID = 100;
    student.sSex = 'F';
    student.sMath = 90;
    student.sEng = 80;
    student.sC = 89;
    printf("学号为%d的学生的英语成绩为%d\n",student.sID,student.sEng);
    return 0;
}
```

【编译报错信息】

编译报错信息如图 5.29 所示。

图 5.29　编译报错信息截图 5

【错误分析】

上述两种赋值方法都是错误的,在 C 语言程序中,只能对结构体变量中的成员赋值,而不能对结构体数据类型中的成员赋值。

struct student 是用户自己定义的一种结构体数据类型,其用法相当于基本数据类型 int,struct student 仅是数据类型的名字,不是变量,不占存储单元。所以不能对数据类型的成员直接赋值,而应对定义的结构体变量相应成员赋值,例如:

```
#include <stdio.h>
struct student
{
    int sID;                              //学号
    char sSex;                            //性别
    int sMath;                            //高数成绩
    int sEng;                             //英语成绩
    int sC;                               //C 语言程序设计成绩
};                                        //定义了结构体数据类型 struct student
int main()
{
    struct student stud;                  //定义了一个结构体类型的变量 stud
    stud.sID = 100;
    stud.sSex = 'F';
    stud.sMath = 90;
    stud.sEng = 80;
    stud.sC = 89;
    printf("学号为 %d 的学生的英语成绩为 %d\n", stud.sID, stud.sEng);
    return 0;
}
```

本章小结

数组是程序设计中最常用的构造类型。数组是一组相同类型数据的有序集合,它们都拥有同一个名字,在大批量数据处理和字符串操作时,广泛使用数组。数组按维数划分,可分为一维数组、二维数组和多维数组;数组按数据类型划分,可分为数值型数织、字符型数组、结构体数组和指针数组等。

数组中的每一个元素都属于同一种数据类型,不能把不同类型的数据放在同一个数组中。数组可以在定义时对其赋初值,称为数组的初始化。使用时,数组元素通过下标来引用,数组下标从 0 开始。

字符串应用广泛,但 C 语言中没有专门的字符串类型,字符串是存储在字符数组中的。字符数组并不要求它的最后一个字符为'\0',但在使用字符数组存储字符串时,数组中最后一个字符一定要是'\0',否则此时的字符数组不能作为字符串处理,调用字符串处理函数会发生程序运行错误。

结构体变量用来存储多个不同类型的数据,将它们组织成一个整体,定义时应根据实际需要先定义结构体类型,再用该结构体类型定义结构体变量和结构体数组。在实际开发中,真正的核心部分正是从这里开始的。

　　将数组和循环结合起来,可以有效处理大批量数据,大大提高工作效率,十分方便。

　　在本章中,一维数组的概念及其应用是基础,也是重点;对于多维数组,仅以二维数组作简单介绍;字符数组可以存储字符串,对字符串的概念、应用以及常用的字符串函数做了介绍;结构体是 C 语言中一种重要的数据类型,介绍了结构体类型的定义,结构体变量的定义和引用,结构体数组的定义与引用,这部分内容属于 C 语言的高级部分的内容;针对本章所学内容,应用结构体数组实现了"学生成绩管理系统"的四个功能模块:录入学生信息、显示学生信息、学生成绩统计、学生成绩排序。

习题五

一、选择题

1. 下列数组定义合法的是(　　)。
   A. char a[5]="string";　　　　　　　　　B. int a[5]={0,1,2,3,4,5};
   C. char s="string";　　　　　　　　　　D. int c[]={0,1,2,3,4,5};

2. 以下对一维数组 a 进行初始化不正确的是(　　)。
   A. int a[10]=(0,0,0,0);　　　　　　　　B. int a[10]={};
   C. int a[]={0};　　　　　　　　　　　　D. int a[10]={10*2};

3. 在定义语句"int a[5][4];"之后,对数组元素的引用正确的是(　　)。
   A. a[2][4]　　　　　　B. a[5][0]　　　　　　C. a[0][0]　　　　　　D. a[0,0]

4. 若有语句"int a[4]={5,3,8,9};",其中 a[3]的值为(　　)。
   A. 5　　　　　　　　B. 3　　　　　　　　C. 8　　　　　　　　D. 9

5. 在数组中,数组名表示(　　)。
   A. 数组第 1 个元素的首地址　　　　　　B. 数组第 2 个元素的首地址
   C. 数组所有元素的首地址　　　　　　　D. 数组最后 1 个元素的首地址

6. 若有定义语句"char s[12] = "string";",则语句"printf("%d\n",strlen(s));"的输出是(　　)。
   A. 6　　　　　　　　B. 7　　　　　　　　C. 11　　　　　　　　D. 12

7. 若有以下数组声明,则数值最小的和最大的元素下标分别是(　　)。

```
int a[12] = {1,2,3,4,5,6,7,8,9,10,11,12};
```

　　A. 1,12　　　　　　B. 0,11　　　　　　C. 1,11　　　　　　D. 0,12

8. 下面程序中有错误的一行是(　　)。

```
#include <stdio.h>
int main(){
    float array[5] = {0.0};                    //第 A 行
    int i;
    for(i = 0;i < 5;i++)
```

```
            scanf("%f",&array[i]);
        for(i=1;i<5;i++)
            array[0]=array[0]+array[i];          //第 B 行
        printf("%f\n",array[0]);                 //第 C 行
        return 0;
    }
```

  A. 第 A 行　　　　　　　B. 第 B 行　　　　　　C. 第 C 行　　　　　　D. 没有

9. 下面对二维数组声明正确的是(　　)。

  A. int a[][]={1,2,3,4,5,6};　　　　　　B. int a[2][]={1,2,3,4,5,6};

  C. int a[][3]={1,2,3,4,5,6};　　　　　　D. int a[2,3]={1,2,3,4,5,6};

10. 数组定义语句为"int a[3][2]={1,2,3,4,5,6};",值为 6 的数组元素是(　　)。

  A. a[3][2]　　　　　B. a[2][1]　　　　　C. a[1][2]　　　　　D. a[2][3]

11. 下列语句中正确的是(　　)。

  A. char a[3][ ]={'abc', '1'};　　　　　　B. char a[ ][3] ={'abc', '1'};

  C. char a[3][ ]={'a', "1"};　　　　　　D. char a[ ][3] ={"a", "1"};

12. 下面程序的输出结果是(　　)。

```
# include < stdio. h >
int main(){
    char ch[3][5] = {"AAAA","BBB","CC"};
    printf("\"%s\"\n",ch[1]);
    return 0;
}
```

  A. "AAAA"　　　　　B. "BBB"　　　　　C. "BBBCC"　　　　　D. "CC"

13. 若有以下声明和语句,则输出结果是(　　)。

```
char str[] = "\"c:\\abc.dat\"";
printf("%s",str);
```

  A. 字符串中有非法字符　　　　　　　　B. \"c:\\abc. dat\"

  C. "c:\abc. dat"　　　　　　　　　　　D. "c:\\abc. dat"

14. 若有以下声明和语句,则输出结果是(　　)。

```
//strlen(s)为求字符串 s 的长度的函数
char sp[] = "\t\v\\\0will\n";
printf("%d",strlen(sp));
```

  A. 14　　　　　　　　　　　　　　　B. 3

  C. 9　　　　　　　　　　　　　　　D. 字符串中有非法字符

15. 判断字符串 x 是否大于字符串 y,应当使用(　　)。

  A. if(x>y)　　　　　　　　　　　　B. if(strcmp(x,y))

  C. if(strcmp(y,x)>0)　　　　　　　　D. if(strcmp(x,y)>0)

16. 若有以下声明语句

```
typedef struct{
    int n;
    char ch[8];
}PER;
```

则下面叙述中正确的是(　　)。

    A. PER 是结构体变量名　　　　　　B. PER 是结构体类型名

    C. typedef struct 是结构体类型　　D. struct 是结构体类型名

17. 以下对结构体类型变量 td 的定义中,错误的是(　　)。

    A.　　　　　　　　　　　　　　　　　B.

```
typedef struct aa{
    int n;
    float m;
}AA;
AA td;
```

```
struct aa{
    int n;
    float m;
} ;
struct aa td;
```

    C.　　　　　　　　　　　　　　　　　D.

```
struct {
    int n;
    float m;
}aa;
struct aa td;
```

```
struct{
    int n;
    float m;
}td;
```

18. 以下关于 typedef 叙述不正确的是(　　)。

    A. 用 typedef 可以定义各种类型名,但不能定义变量

    B. 用 typedef 可以增加新的类型

    C. 用 typedef 只是将已经存在的类型用一个新的名字来代表

    D. 使用 typedef 便于程序的通用

19. 若有定义

```
struct complex{
    int real,unreal;
}data1 = {1,8},data2;
```

则以下赋值语句中错误的是(　　)。

    A. data2＝data1;　　　　　　　　　B. data2＝(2,6);

    C. data2.real＝data1.real;　　　D. data2.real＝data1.unreal;

20. 已知学生记录描述为:

```
struct date{
    int year;
    int month;
    int day;
};
```

```
struct student{
    int sID;                    //学生学号
    struct date birth;          //学生生日
};
struct student s;
```

设变量 s 所代表的学生生日是"1990 年 8 月 16 日",下列对"生日"的正确赋值是(   )。

    A. year＝1990;month＝8;day＝16;

    B. birth. year＝1990;birth. month＝8;birth. day＝16;

    C. s. birth. year＝1990;s. birth. month＝8;s. birth. day＝16;

    D. s. year＝1990;s. month＝8;s. day＝16;

21. 下面程序的输出结果是(   )。

```
struct s{
    int x;
    int y;
};
int main()
{
    struct s c[2] = {1,3,2,7};
    printf("%d\n",c[0].y/c[0].x * c[1].x);
    return 0 ;
}
```

    A. 6   B. 1   C. 3   D. 0

22. 根据下面的定义,能打印出字母 M 的语句是(   )。

```
struct p{
    char name[10];
    int age;
};
struct p stu[6] = {"Jone",23, "Paul",22, "Mary",20, "adam",21};
```

    A. printf("%c\n",stu[3]. name);

    B. printf("%c\n",stu[3]. name[1]);

    C. printf("%c\n",stu[2]. name[1]);

    D. printf("%c\n",stu[2]. name[0]);

二、填空题

1. 执行语句"static int b[5], a[ ][3] ＝{1,2,3,4,5,6};"后,b[4] ＝_____,a[1][2] ＝_____。

2. 若有定义语句"static int a[3][4] ＝{{1},{2},{3}};",则 a[1][0]的值为_____,a[1][1]的值为_____,a[2][1]的值为_____。

3. 若有定义语句"char a[ ]＝"windows",b[ ]＝"2000";",则语句"printf("%s",strcat (a,b));"的输出结果为_____。

4. 下面程序的功能是读入 20 个整数,统计负数个数,并计算负数之和,请在下画线处填入正确的内容,使程序运行后得出正确的结果。

```
# include < stdio. h>
int   main()
{
    int i,a[20],s,count;
    _____①_____ ;
    for(i = 0;i < 20;i++)
        scanf(" % d",&a[ i]);
    for(_____②_____)
    {
        if(a[ i]> = 0)
            _____③_____ ;
        s += a[ i];
        _____④_____ ;
    }
    printf("s = % d\t count = % d\n",s,count);
    return 0;
}
```

5. 下列程序的功能是:把 a 数组中的最大值放在 a[0]中,最小值放在 a[1]中,再把 a 数组元素中的次大值放在 a[2]中,次小值放在 a[3]中,以此类推。例如,若 a 数组中的数据最初排列为 1、4、2、3、9、6、5、8、7,按规则移动后,数据排列为 9、1、8、2、7、3、6、4、5。

请在下画线处填入正确的内容,使程序运行后得出正确的结果。

```
# include < stdio. h>
# include < stdio. h>
# define N 9
int main()
{
    int a[N] = {1,4,2,3,9,6,5,8,7};
    int i, j, max, min, px, pn, t;
    printf("\nThe original data  :\n");
    for(i = 0; i < N; i++)   printf(" % 4d ",_____①_____);
    printf("\n");
    for(i = 0; i < N - 1; i += _____②_____)
    {
        max = min = a[ i];
        px = pn = i;
        for(j = _____③_____ ; j < N; j++)
        {
            if(max < a[ j])
            {   max = a[ j]; px = j;   }
            if(min > a[ j])
            {   min = a[ j]; pn = j;   }
        }
        if(px != i)
        {   t = a[ i]; a[ i] = max; a[ px] = t;
            if(pn == i) pn = px;
        }
```

```
            if(pn != i + 1)
            {   t = a[i + 1]; a[i + 1] = min; a[pn] = t; }
        }
        printf("\nThe data after moving  :\n");
        for(i = 0; i < N; i++)   printf("%4d ", a[i]);
        printf("\n");
        return 0;
    }
```

6. 下列程序的功能是：将字符数组 s 中下标为奇数的字符取出，并按 ASCII 码值大小递增排序，将排序后的字符存入字符数组 p 中，形成一个新串。请在下画线处填入正确的内容，使程序运行后得出正确的结果。

```
# include < stdio. h >
int main()
{
    char s[80] = "baawrskjghzlicda", p[80];
    int i, j, n, x, t;
    printf("\nThe original string is : %s\n",s);
    n = 0;
    for(i = 0; s[i]!= '\0'; i++)   n++;
    for(i = 1; i < n - 2; i = i + 2) {
            ①      ;
        for(j =    ②     + 2; j < n; j = j + 2)
            if(s[t]> s[j]) t = j;
            if(t!= i)
            {   x = s[i]; s[i] = s[t]; s[t] = x; }
    }
    for(i = 1,j = 0; i < n; i = i + 2, j++)p[j] = s[i];
    p[j] =     ③     ;
    printf("\nThe result is : %s\n",p);
    return 0;
}
```

7. 从键盘输入一个小组的学生信息，包含姓名、学号和出生年份，最后输出所有出生年份为 2002 的学生信息。

```
# include < stdio. h >
# define N 5
int main()
{
    struct stu
    {
        char name[20];
        char num[20];
        int year;
    }    ①     [N];
    int i;
    for(i = 0; i < N; i++)
    {
```

```
        printf("Enter no. % d:\n", i + 1);
        scanf(" % s", class1[i].name);
        scanf(" % s", class1[i].num);
        scanf(" % d",_____②_____);
    }
    for(i = 0; i < N; i++)
    {
        if(_____③_____)
        {
            printf(" % s( % s)\n", class1[i].name, class1[i].num);
        }
    }
    return 0;
}
```

三、编程题

1. 编程实现把一个一维数组的元素按逆序重新放置。

2. 编程实现,输入某年某月某天,求这个日期是该年的第几天(提示:首先判断所输入的年份是否是闰年,因为平年的 2 月是 28 天,闰年的 2 月是 29 天。该年的第几天=该年该月之前的各月份天数和+输入的天数)。

3. 编程实现查找数组中是否存在与给定值相同的元素,若存在,输出该元素在数组中的序号,若不存在,输出未找到。

4. 使用随机数生成函数 rand()生成 10 个 100 以内的随机整数存入一维数组,按升序排序后输出。

5. 有一个非递减有序的数组,编程实现插入一个数,要求插入该数后的数组仍然非递减有序。

6. 编程实现求如下 5×5 矩阵周边元素的平方和并输出。

$$\begin{bmatrix} 0 & 1 & 2 & 7 & 9 \\ 1 & 11 & 21 & 5 & 5 \\ 2 & 21 & 6 & 11 & 1 \\ 9 & 7 & 9 & 10 & 2 \\ 5 & 4 & 1 & 1 & 1 \end{bmatrix}$$

7. 编程实现从键盘输入一个字符串,并判断是否形成回文(即正序和逆序是一样的)。

8. 编程实现在输入的字符串中的所有数字字符前加一个＄字符。例如,输入 A1B23CD45,则输出为 A＄1B＄2＄3CD＄4＄5。

9. 从键盘输入 10 个候选人的姓名和得票数,编程实现如下功能。

(1)统计总票数。

(2)打印得票数最多的候选人的姓名和得票数。

(3)给定姓名,查询该候选人的得票数。

(4)按得票数从高到低的顺序,打印所有候选人的姓名和得票数。

10. 在一个一维数组中存储着 N 个长方形,编程实现找出其中面积最大的长方形。

11. 定义一个描述平面上的点的结构体 Point,再定义一个描述平面上的圆的结构体 Circle,圆的圆心为 Point 类型,半径为 float 类型。编写程序,求平面上的两个圆的关系是相交、相切还是相离。

12. 编写程序,从键盘输入职工人数及每位职工的信息,包括职工号、姓名和工资,输出所有职工的平均工资,以及工资低于 2000.00 元的职工信息。

第6章

函 数

☆ 本章导读

　　函数是组成 C 语言程序的基本单位,为了提高程序设计的质量和效率,C 系统提供了大量的标准函数,在前面几章中,我们已经调用了一些系统定义的库函数,如 printf( )、scanf( )、getchar( )、putchar( )等。根据实际需要,用户也可以自己定义一些函数来完成特定的功能。在程序设计中要善于利用函数,可以减少重复编写程序段的工作量,同时还可以方便地实现模块化的程序设计。

　　本章重点介绍用户自定义函数的定义、函数类型声明、函数调用、函数的参数和函数的返回值,以及在函数调用过程中涉及的变量存储类别等基础知识,并介绍函数的嵌套调用和递归调用的方法。此外,还介绍"学生成绩管理系统"案例中如何利用自定义函数来实现查找学生信息、修改学生信息、删除学生信息等功能。

☆ 学习目标

- 理解函数、形参、实参的概念。
- 掌握自定义函数的定义、原型声明和调用方法。
- 熟悉函数参数传递过程。
- 理解全局变量、局部变量、静态变量、动态变量的作用域和生存期。
- 理解内部函数和外部函数。
- 理解函数的嵌套调用和递归调用。
- 了解递归函数的设计与应用。
- 掌握复杂问题的模块化和结构化程序设计方法。

6.1　函数概述

6.1.1　函数的概念

一个功能复杂的程序,如果把所有的程序代码都写在主函数 main()中,将会影响可读性,也不能体现模块化程序设计的思想。因此,需要将某种特定功能的代码定义为函数,一个 C 程序由一个 main()函数和其他若干函数组成,每个函数在程序中形成既相对独立又互相联系的模块。main()函数可以调用其他函数,其他函数也可以互相调用,同一函数可以被一个或多个函数调用任意次。

一个简单的函数调用示例如例 6.1 所示。

【例 6.1】　采用函数调用的方式输出以下的结果。

```
***************
How do you do!
***************
```

【问题分析】

(1) 输出图形中的文本上下各有一行星号"＊",这里用一个自定义函数 print_s()来实现输出一行"＊"的功能,再用一个自定义函数 print_t()来实现输出第二行文本的功能。

(2) 根据输出结果,在 main()函数中依次调用 print_s()函数和 print_t()函数。

【程序代码】

```c
# include < stdio. h >
int main()
{
    void print_s();                    //对 print_s()函数进行声明
    void print_t();                    //对 print_t()函数进行声明
    print_s();                         //调用 print_s()函数
    print_t();                         //调用 print_t()函数
    print_s();                         //调用 print_s()函数
    return 0;
}
void print_s()                         //定义 print_s()函数
{
    printf(" ***************\n");
}
void print_t()                         //定义 print_t()函数
{
    printf("How do you do!\n");
}
```

【输出结果】

程序输出结果如图 6.1 所示。

本例中的 2 个自定义函数都很简单,既没有函数参数,也没有函数返回值,调用时只需

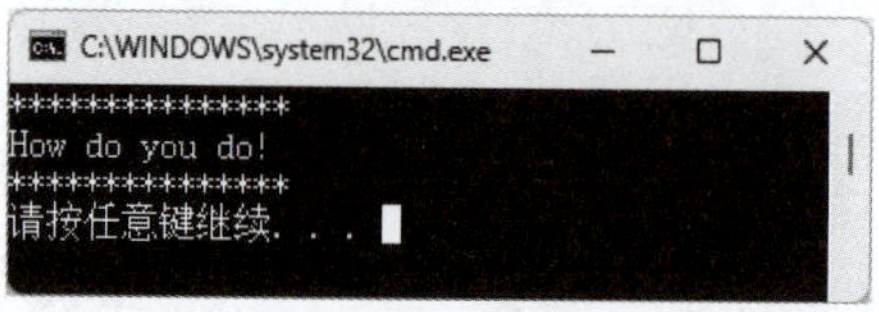

图 6.1　例 6.1 程序输出结果

把被调用函数的函数名写出来,后跟一对小括号即可。

说明:

(1) 函数是按规定格式书写且能完成特定功能的一段程序。

(2) 所有函数都是平行的,在定义时相互独立,一个函数不属于另一个函数。函数不可以嵌套定义,但可以相互调用,一个函数可以多次被调用。需要注意的是,main()函数可以调用任何函数,但其他函数不能调用 main()函数。

(3) 不管 main()函数放在程序的任何位置,C 语言中程序总是从 main()函数开始执行,调用其他函数后,最终在 main()函数中结束。

(4) 函数的调用顺序与函数的编写顺序无关。

(5) C 语言是以源文件为单位进行编译的,一个源程序由一个或多个函数组成。

(6) 一个源程序文件可以为多个 C 程序共用。

(7) 一个功能复杂的 C 程序可以由多个源文件组成,这样便于分别编写、编译和调试程序。

6.1.2　函数的分类

在 C 语言中可以从不同的角度对函数分类。

1. 从函数定义的角度,可分为库函数和用户自定义函数两种

(1) 库函数:由系统提供的,用户不必自己定义而可以直接使用。库函数由系统预定义在相应的头文件中,使用时在程序的开头把该函数所在的头文件包含进来即可。例如,为了调用 printf()和 scanf()函数,需要在程序开头用 #include < stdio.h >包含 stdio.h 头文件;为了调用 sqrt()和 abs()函数,需要在程序开头用 #include < math.h >包含 math.h 头文件。

(2) 用户自定义函数:由用户按功能需要编写的函数。对于自定义函数,不仅需要在程序中定义函数本身,而且在主调函数模块中还须对该函数进行类型声明,然后才能使用。

2. C 语言的函数兼有函数和过程的功能,从这个角度,把函数分为有返回值和无返回值函数两种

(1) 有返回值函数:此类函数被调用完成后,会向主调函数返回一个执行结果,这个结果称为函数的返回值。

(2) 无返回值函数:此类函数用于完成某项特定的处理任务,执行完后不会向主调函数返回函数值。对于无须返回值函数,用户在定义时可以指定其返回为"空类型",空类型的说明符为 void。

3. 从主调函数和被调函数之间数据传递的角度,函数又可分为无参函数和有参函数两种

(1) 无参函数:函数定义、函数声明、函数调用中均不带参数,主调函数和被调函数之间无数据传递。此类函数通常用来完成一组指定功能,可以返回或不返回函数值。

（2）有参函数：在函数定义及函数声明中都有参数,这种参数称为形式参数(简称形参)。在函数调用时也要给出参数,这种参数为实际参数(简称实参)。在进行函数调用时,主调函数把实参传递给形参,供被调函数使用。

6.2　用户自定义函数

6.2.1　函数定义的形式

函数由函数名、形参列表和函数体组成。函数名是用户为函数起的名字,用来唯一标识一个函数；函数的形参列表用来接收主调函数传递给它的数据,形参列表也可以是空的,但函数名后的括号不能省略；函数体则是函数实现自身功能的一组语句。

1. 无参函数的定义形式

```
[类型说明符] 函数名()
{
    函数体
}
```

其中,方括号括起来的内容是可选项。

无参函数的"类型说明符"指定函数的类型,即函数返回值的类型。例6.1中的print_s()和print_t()函数为void类型,表示没有函数值。函数名的命名规则与变量名的命名规则相同。

2. 有参函数的定义形式

```
[类型说明符] 函数名(形参列表)
{
    函数体
}
```

有参函数的"类型说明符"指定函数返回值的类型,可以是任何有效类型,如果省略了"类型说明符",系统默认函数的返回值为int型。如果函数只完成特定操作而不需返回函数值,类型说明符可为void。

对于有参函数,在函数名后的括号内必须有形参列表,用于主调函数和被调函数之间的数据传递。一般情况下,函数执行需要多少个原始数据,函数的形参列表中就有多少个形参,每个形参存储一个数据,形参之间用逗号隔开。下面定义一个有参函数：

```
int max(int a, int b)
{
    int c;
    c = a > b?a:b;
    return(c);
}
```

这是一个求a和b两者中较大者的函数,函数的类型说明符为int,表示函数的返回值为整型。a 和 b 是形参,它接收主调函数的实参,两个参数的类型声明用逗号分隔。大括号内是函数体,其中"int c"是函数体的数据定义语句,后面一条语句用于求 a 和 b 中的较大者,return 语句的作用是将 c 的值作为函数值带回到主调函数中,返回值 c 是整型。

3. 空函数

C 语言中可以有空函数,其定义形式如下:

```
[类型说明符] 函数名()
{ }
```

例如:

```
dummy()
{   }
```

调用此函数时,什么工作也不做。主调函数中的语句"dummy();",表明这里要调用一个函数而现在这个函数不起作用,等以后扩充函数功能时再补上,这在程序调试时很有用。

6.2.2 形参和实参

在调用有参函数时,主调函数和被调函数之间往往有数据传递的关系。在定义函数时函数名后面圆括号内的变量名称为形参,函数调用时,用于接收主调函数传来的数据。在调用函数时,主调函数中函数调用语句的函数名后面圆括号中的参数称为实参。实参可以是常量、变量或表达式。

通过下面的例题来看调用函数时数据的传递。

【例 6.2】 编写函数,求两个实数的平均值。

【问题分析】

自定义函数时,需要确定以下 4 个内容。

(1) 函数名:函数名要体现函数功能,本例中把求平均值的函数命名为 average。

(2) 函数类型:实数的平均值也是实数,average()函数为 float 型。

(3) 函数的参数个数和类型:average()函数要接收主调函数传递过来的两个实数,应该设两个实型参数。

(4) 函数体:编写代码实现求两个实数的平均值。

【程序代码】

```
# include < stdio. h >
float average(float x,float y)          //定义 average()函数
{
    float av;                           //定义实型变量
    av = (x + y)/2.0;                   //计算平均值
    return av;                          //将运算结果 av 作为函数值返回
}
int main()
{
```

```
        float a = 1.8, b = 2.6, c;              //定义实型变量并赋初值
        c = average(a,b);                       //调用 average()函数
        printf("The average of % 5.2f and % 5.2f is % 5.2f\n",a,b,c);
        return 0;
    }
```

【输出结果】

程序输出结果如图 6.2 所示。

在例 6.2 中,先定义求两个实数平均数的
函数 average(),它有两个实型的形参 x、y。在
主函数中通过赋值语句调用 average()函数,

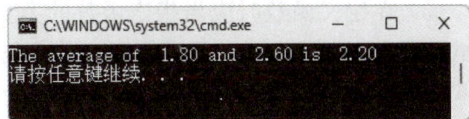

图 6.2　例 6.2 程序输出结果

average 后面括号内的 a、b 是实参,通过函数调用使两个函数之间实现数据传递。实参 a、b
的值按顺序传递给形参 x、y,即 a 传给 x,b 传给 y。average()函数中的临时变量 av 用于存
储求得的平均数,av 的值作为函数返回值返回给主调函数,并赋给变量 c。

关于形参和实参说明如下。

(1)自定义函数定义时指定的形参变量,在未进行函数调用之前,不占用内存单元。在
进行函数调用时,被调函数的形参被临时分配内存单元,调用结束后,形参所占的内存单元
被自动释放。

(2)函数一旦定义,就可多次被调用,但必须保证形参和实参的数据类型、数量、顺序严
格一致。如果实参为 int 型而形参为 float 型,这是合法的;如果实参为 float 型而形参为
int 型,则按不同类型数值的赋值规则进行转换。例如实参 a 为 float 型变量,其值为 3.88,
而形参 x 为 int 型,则在传递时先将实数 3.88 转换成整数 3,然后传递给形参 x。字符型与
整型可以互相通用。

(3)实参可以是常量、变量、表达式、函数等,例如 average(2.0,4.0)、average(a,a+b),
但要求它们有确定的值,在调用时将实参的值赋给形参。

(4)C 语言规定,实参对形参变量的数据传递是"值传递",即单向传递,只能从实参传
递给形参,而不能从形参传回给实参。因此在函数调用过程中,形参的值无论怎么改变,实
参中的值都不会改变。

6.2.3　函数的返回值

通常,希望通过函数调用使主调函数从被调函数得到一个确定的值,这就是函数的返回
值。在 C 语言中,这是通过 return 语句来实现的。return 语句的一般形式有如下 3 种。

```
return(表达式);
return 表达式;
return;
```

说明:

(1)return 语句有双重作用:它使函数从被调函数中退出,返回到调用它的代码处,并
向主调函数返回一个确定的值。

如果需要从被调函数返回一个函数值(供主调函数使用),被调函数中必须包含 return

语句且 return 语句中含有表达式,此时使用 return 语句的前两种形式均可;如果不需要从被调函数返回函数值,应该用不含表达式的 return 语句;也可以不要 return 语句,这时被调函数一直执行到函数体的末尾,然后返回主调函数。在这种情况下,有一个不确定的函数值被返回,因此一般不提倡用这种方法返回。

(2) 一个函数中可以有多条 return 语句,执行到哪条 return 语句,哪条语句就起作用。

(3) 在定义函数时应当指定函数的类型,并且函数的类型一般应与 return 语句中的表达式的类型相一致,当两者不一致时,以函数的类型为准,即函数的类型决定返回值的类型。如果没有声明函数类型,系统自动把函数的类型设定为整型。

下面通过一个示例说明函数返回值类型与指定类型不一致时的 C 语言系统的处理方法。

【例 6.3】 将例 6.2 中程序稍作改动,修改后的程序代码如下所示,此时函数返回值的类型与指定的函数类型不一致,分析其处理方法。

```c
# include < stdio. h>
int average(float x, float y)              //定义 average()函数
{
    float av;                              //定义实型变量
    av = (x + y)/2.0;                      //计算平均值
    return av;                             //将 av 运算结果作为函数值返回
}
int main()
{
    float a = 6.8, b = 5.6, c;             //定义实型变量并赋初值
    c = average(a, b);                     //调用函数 average()
    printf("The average of % 5.2f and % 5.2f is % 5.2f\n", a, b, c);
    return 0;
}
```

【输出结果】

程序输出结果如图 6.3 所示。

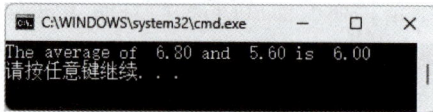

图 6.3　例 6.3 程序输出结果

在此例中,执行 average( )函数中的语句"av＝(x＋y)/2.0;"后,av 值为 6.2,return 语句中 av 为 float 型,而函数定义为 int 型,因此要将 av 转换为 int 型,得到 6,它就是函数得到的返回值,然后返回到主调函数 main()中赋给变量 c,由于 c 为 float 型,所以最后的输出结果为 6.00。

> ! 注意:
>
> 这种方法通过系统自动完成类型转换,但并不是所有类型都能互相转换,因此在程序设计中,应使函数类型与 return 语句中表达式的值的类型保持一致。

6.3　函数的调用

所谓函数的调用,是指一个函数(主调函数)暂时中断本函数的运行,转去执行另一个函数(被调函数)的过程。被调函数执行完后,将返回到主调函数中断处继续主调函数的运行,

这是一个返回过程。函数的一次调用必定伴随着一个返回过程,在调用和返回两个过程中,两个函数之间通常会发生数据交换。

6.3.1　函数的调用方式

函数调用的一般形式如下:

函数名 (实参列表);

说明:

(1) 如果调用无参函数,则"实参列表"可以没有,但括号不能省略。

(2) 实参列表中实参的类型和个数必须与形参相同,且顺序一致,当有多个实参时,参数之间用逗号隔开。

按被调函数在主调函数中出现的位置和完成的功能划分,函数调用有下列 3 种方式。

(1) 把函数调用作为一个语句。如例 6.1 中的"print_s();"语句,这时不要求函数返回值,只要求函数完成一定的操作。

(2) 在表达式中调用函数,这种表达式称为函数表达式。这时要求函数返回一个确定的值以参与表达式的运算。例如:

```
c = average(a,b);
d = 12 * average(a,b);
```

(3) 将函数调用作为另一个函数调用的实参。例如:

```
printf("The average of %5.2f and %5.2f is %5.2f\n",a,b,average(a,b));
```

此处把 average(a,b)作为 printf()函数的一个实参。

第(2)、(3)两种情况是把调用函数作为一个表达式,一般允许出现在任何允许表达式出现的地方。在这种情况下,被调函数运行结束后,将返回到主调函数的调用函数语句处,并返回函数的返回值,以参与运算。

下面通过一个示例介绍不同调用方式下多次调用同一函数程序运行的结果。

【例 6.4】　阅读下面程序,分析函数调用结果。

```
# include <stdio.h>
float average(float x,float y)         //定义 average()函数
{
    float av;                          //定义实型变量
    av = (x + y)/2.0;                  //计算平均值
    return av;                         //将运算结果 av 作为函数值返回
}
int main()
{
    float a = 1.8,b = 2.6,c;
    c = average(a,b);                  //第一次调用 average()函数
```

```
        printf("The average of %5.2f and %5.2f is %5.2f\n",a,b,c);
        a = 1.0;
        b = 2.0;
        //第二次调用函数 average()
        printf("The average of %5.2f and %5.2f is %5.2f\n",a,b,average(a,b));
        c = average(a,a + b);              //第三次调用 average()函数
        printf("The average of %5.2f and %5.2f is %5.2f\n",a,a + b,c);
        c = average(2.0,4.0);              //第四次调用 average()函数
        printf("The average is %5.2f\n",c);
        return 0;
    }
```

图 6.4   例 6.4 程序输出结果

【输出结果】

程序输出结果如图 6.4 所示。

该程序主函数调用了 4 次 average()函数,第一次调用时,用形参 x、y 接收实参变量 a、b 的值;第二次调用出现在 printf 语句中;第三次调用时,用表达式 a+b 作为实参之一;第四次调用时,用常量作为实参。

6.3.2   函数的原型声明

与变量的定义和使用一样,函数的调用也要遵循"先定义或声明,后调用"的原则,也就是函数的原型声明。例如,在例 6.1 程序中,main()函数体的开头有对函数原型声明的语句:

```
    void print_s();                //对 print_s 函数进行声明
```

在一个函数调用另一个函数时,需具备下列条件。

(1) 被调函数必须已经存在。

(2) 如果使用库函数,一般还应该在本文件开头用♯include 命令将调用有关库函数时所需用到的信息包含到本文件中,例如:

```
    ♯ include < math.h >           //使用数学库中的函数
    ♯ include < stdio.h >          //使用输入输出库中的函数
```

(3) 如果使用用户自己定义的函数,并且该函数与主调函数在同一个文件中,这时,一般被调函数应该放在主调函数之前定义。若被调函数的定义在主调函数之后出现,就必须在主调函数中对被调函数原型加以声明。

函数原型声明的一般形式如下:

类型说明符   函数名(形参列表);

函数原型声明是向编译器表示一个函数的名称、将接收什么样的参数和有什么样的返回值,使编译器能够检查函数调用的合法性。实际上就是用函数定义时的函数头,加上分号构成一条声明语句。与函数头的区别是,在函数原型声明的形参列表中可以只写类型名,而

不写形参名。例如：

```
float average(float x,float y);
```

也可以写为：

```
float average(float,float);
```

C 语言规定，在以下几种情况下可以不在主调函数中对被调函数原型进行声明。

（1）如果被调函数写在主调函数的前面，可以不必进行原型声明。因为编译系统已经先知道了已定义函数的有关情况，会根据函数首部提供的信息对函数调用进行正确性检查，例 6.2 和例 6.3 均属于此种情况。

（2）如果在所有函数定义之前，在源程序文件的开头，即在函数的外部已经对函数进行了原型声明，则在各个调用函数中不必再对所调用的函数进行原型声明。

6.3.3 函数的参数传递

在 C 语言中进行函数调用时，有两种不同的参数传递方式，即值传递方式和地址传递方式。

1. 值传递

在函数调用时，实参将其值传递给形参，这种传递方式为值传递。

C 语言规定，实参对形参的数据传递是值传递，即单向传递，只能由实参传递给形参，而不能由形参传回来给实参。这是因为，在内存中，实参与形参占用的是不同存储单元。在调用函数时，给形参分配存储单元，并将实参对应的值传递给形参，调用结束后，形参单元被释放，实参单元仍保留并维持原值。因此，在执行一个被调函数时，形参的值如果发生改变，并不会改变主调函数中实参的值。

下面通过一个示例观察函数调用中值的传递过程。

【例 6.5】 运行下面程序，观察 main()函数中的 swap()函数调用能否交换变量 a 与 b 的值。

```c
#include <stdio.h>
void swap(int x,int y);                    //swap()函数原型声明
int main()
{
    int a,b;
    a = 3;
    b = 5;
    swap(a,b);                             //调用 swap()函数
    printf("main:a = %d b = %d\n",a,b);    //输出 a、b 的值
    return 0;
}
void swap(int x,int y)                     //定义 swap()函数
{
    int temp;
    temp = x;                              //交换 x、y 的值
    x = y;
    y = temp;
```

```
        printf("swap:x = % d y = % d\n",x,y); //输出 x、y 的值
}
```

【输出结果】

程序输出结果如图 6.5 所示。

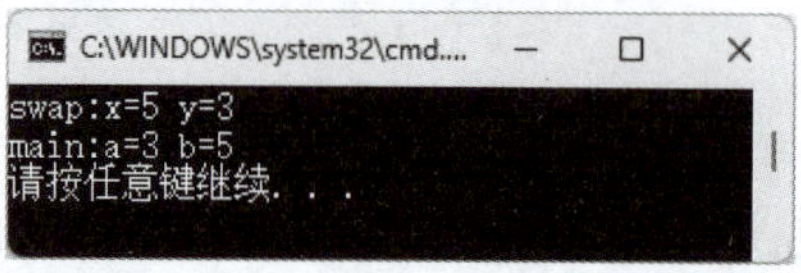

图 6.5　例 6.5 程序输出结果

从输出结果(结果中的第 1 行)看,swap()函数内部确实实现了数据交换。但主函数 main()调用 swap()函数后,从输出结果(结果中的第 2 行)看,却与原值相同,并未实现 a 与 b 值的交换。这是因为在调用函数时,值传递将实参的值复制一份传递给形参,函数内部对形参的修改不会影响到实参。现在让我们一起来看看程序的执行过程。主函数 main()调用函数 swap()时,把参数 a 与 b 的值传递给了 swap()的形参 x 与 y,这相当于使用如下语句进行赋值。

x = a;
y = b;

在图 6.6(a)中,主函数调用 swap()函数时,swap()的形参 x 和 y 接收了主函数中实参 a 和 b 的值。但在 swap()函数内部进行的值交换时,并不会影响到主函数中的实参 a 和 b 的,因为这里采用的是值传递方式,结果如图 6.6(b)所示,a 和 b 的值并未改变。因此,当 swap()函数执行完毕后,主函数输出的仍然是 a 和 b 的原始值。

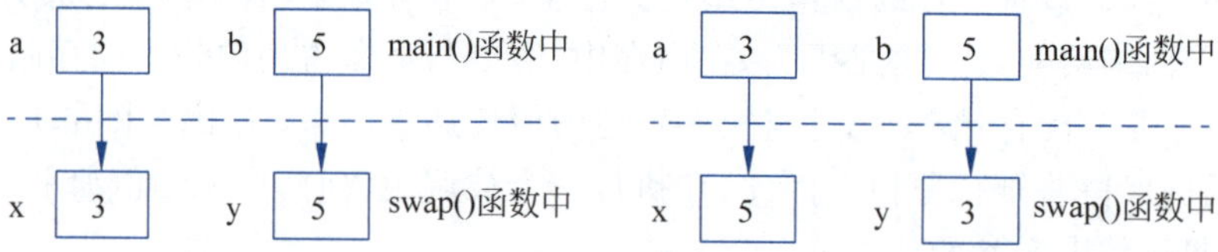

(a) 参数传递　　　　　　　　(b) swap()函数执行后

图 6.6　例 6.5 执行示意图

为了更有效地处理这个问题,可以利用指针作为函数的参数,采用地址传递方式。

2. 地址传递

地址传递是指在调用函数时,将实参的地址传递给形参,形参是一个指针,指向实参的内存地址。函数内部就能通过形参指针直接修改主函数中实参变量的值。这种方法的优点在于,函数调用结束后,对变量的修改仍然有效,从而解决了值传递无法返回修改值的问题。详见 8.4 节介绍。

6.4　函数的嵌套调用和递归调用

6.4.1　函数的嵌套调用

C 语言不允许嵌套定义函数,但可以嵌套调用函数。函数的定义是相互平行、互相独立

的,在定义函数时,一个函数不能包含另一个函数,但是,一个函数在被调用的过程中可以调用其他函数,这就是函数的嵌套调用。

图 6.7 给出了函数的两层嵌套调用示意图(包括 main()函数共 3 层函数),其执行过程如下。

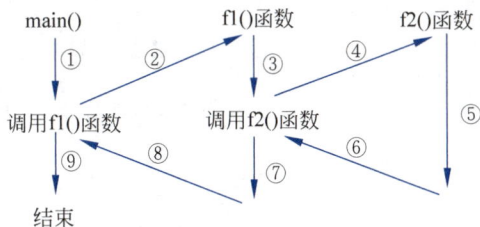

图 6.7　函数的嵌套调用

(1) 从 main()函数开始执行。

(2) 遇到函数调用语句,调用 f1()函数,则跳转到 f1()函数。

(3) 从 f1()函数开始执行。

(4) 遇到函数调用语句,调用 f2()函数,则跳转到 f2()函数。

(5) 执行 f2()函数,如果无其他嵌套函数,则执行完 f2()函数的全部语句。

(6) 返回到 f1()函数中调用 f2()函数的位置。

(7) 继续执行 f1()函数中尚未执行的部分,直到 f1()函数结束。

(8) 返回到 main()函数中调用 f1()函数的位置。

(9) 继续执行 main()函数中的剩余部分直到结束。

【例 6.6】　统计 100 以内素数的个数,用函数嵌套来处理。

【问题分析】

(1) 用一个自定义函数 isPrime()来判断一个数是否为素数。

(2) 用一个自定义函数 countPrime()来统计素数的个数,要统计 100 以内的素数,则通过循环 2~100,在每次循环中调用 isPrime()函数判断当前数是否为素数,如果是则计数器 count 加 1。

(3) main()函数调用 countPrimes()函数统计 2~100 的素数个数,并输出结果。

【程序代码】

```
# include < stdio. h>
# include < math. h>
int isPrime(int n)              //定义 isPrime()函数
{
    int i,k;
    if(n< = 1) return 0;        //1 不是素数
    if(n == 2) return 1;        //2 是素数
    k = sqrt((float)n);
    for(i = 2;i< = k;i++)
        if(n% i == 0)
            return 0;           //n 不是素数,把 0 作为函数返回值返回 countPrimes()函数
    return 1;                   //n 是素数,把 1 作为函数返回值返回 countPrimes()函数
}
```

```
int countPrimes(int n)                    //定义 countPrimes()函数
{
    int count = 0;                        //统计素数的个数,初始值为 0
    for(int i = 2; i < = n; i++)          //嵌套调用 isPrime()函数
    {
        if(isPrime(i))
            count++;                       //是素数,则累加
    }
    return count;                          //将 count 结果作为函数值返回给 main()函数
}
int main()
{
    int x = 100,count;                     //定义整型变量
    count = countPrimes(x);                //调用 countPrimes()函数
    printf("100 以内素数的个数为: % d\n", count);   //输出素数的个数
    return 0;
}
```

【输出结果】

程序输出结果如图 6.8 所示。

图 6.8　例 6.6 程序输出结果

6.4.2　函数的递归调用

在调用一个函数的过程中又直接或间接地调用该函数本身,称为函数的递归调用。函数可以递归调用是 C 语言的重要特点之一。递归调用有直接递归调用和间接递归调用两种。所谓直接递归调用是指调用 f()函数的过程中又调用 f()函数自身,如图 6.9 所示;而间接递归调用是指在调用 f1()函数的过程中要调用 f2()函数,而在调用 f2()函数的过程中又要调用 f1()函数,如图 6.10 所示。

图 6.9　直接递归

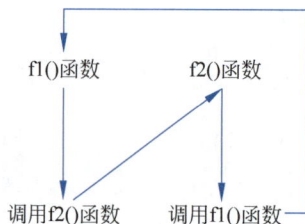

图 6.10　间接递归

> **注意:**
> - 在调用一个函数过程中又调用了另一个函数,称为函数的嵌套调用。
> - 在调用一个函数过程中直接或间接调用函数自身,称为函数的递归调用。

递归是一种非常实用的程序设计技术。许多问题具有递归的特性,在某些情况下,用其他方法很难解决的问题,但利用递归可以轻松解决。由于在递归函数中存在着自调用语句,故它将无休止地反复进入它的函数体。为了使这种自调用过程得以控制,在函数体内必须设置一定的条件,只有在条件成立时才继续执行递归调用,否则就不再继续。

【例 6.7】　猴子吃桃问题:猴子第一天摘下若干桃子,当天吃了一半,嫌不过瘾又多吃了一个。第二天早上将剩下的桃子吃掉一半,然后又多吃了一个。以后每天早上都吃了前一天剩下的一半多一个。到第 10 天早上想再吃时,只剩下一个桃子了。求第一天共摘了多少桃子?

【问题分析】

本例采用逆向思维,从后往前推,可以从已知的第 10 天剩余的桃子个数,逐步往前推算出第一天摘下的桃子个数。

设第 n 天剩余的桃子个数为 $f(n)$,根据题目描述可知,每天早上猴子吃桃子的规律是:吃了前一天剩下的一半多一个,那么可以得到递推关系:

$$f(n) = \frac{f(n-1)}{2} - 1$$

经过变形可得:

$$f(n-1) = 2 \times (f(n) + 1)$$

已知第 10 天早上只剩下 1 个桃子,即 $f(10)=1$,我们可以根据上述递推公式,从第 10 天开始,逐步往前计算出第一天的桃子个数 $f(1)$。

解决该问题的递归模型如下:

$$f(n) = \begin{cases} 1 & n = 10 \\ 2 \times (f(n+1) + 1) & 1 \leqslant n < 10 \end{cases}$$

$f(10)=1$ 就是使递归结束的条件,也称为递归出口。

设计递归函数,根据递归模型计算第 1 天的桃子个数。

【程序代码】

```
# include < stdio.h >
//递归函数,根据递归模型计算第 n 天的桃子个数
int peach( int n)
{
    if(n == 10)
        return 1;
    else
        return 2 * (peach(n + 1) + 1);
}
int main()
{
    int y;
    y = peach(1);                                //调用递归函数 peach()
    printf("第一天共摘了  %d 个桃子。\n", y);    //输出第 1 天桃子的个数
    return 0;
}
```

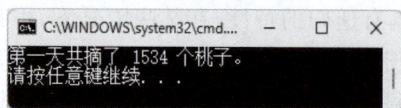

图 6.11   例 6.7 程序输出结果

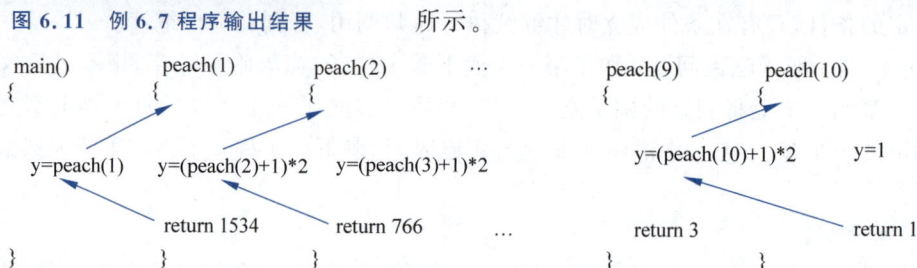

图 6.12   例 6.7 递归调用示意图

【输出结果】

程序输出结果如图 6.11 所示。

以上函数的递归调用和返回情况如图 6.12 所示。

说明：

peach()函数共被调用了 10 次，即 peach(1)、peach(2)、…、peach(10)，其中 peach(1)是主函数调用的，其余 9 次是在 peach()函数中调用的，即递归调用 9 次。通过分析图 6.12 可知，peach(1)返回值是(peach(2)+1) * 2，而 peach(2)的值当前未知，需要调用 peach(3)，在peach(3)函数中又需要调用 peach(4)，……，一直到调用 peach(10)，返回值是 1，是一个已知数，此时不再继续调用 peach()函数了。然后回退根据 peach(10)求出 peach(9)，将 peach(10)的值加 1 再乘以 2 求出 peach(9)值为 3，再将 peach(9)的值加 1 再乘以 2 求出 peach(8)值为 8，……，最后求得 peach(1)值为 1534。

可以看出，递归函数在执行时，将引起一系列的调用和回退的过程。在使用递归方法解决问题时，需要满足以下 3 个条件。

(1) 寻找解决问题的规律，将所求解的问题转化为用同一方法解决的子问题，例如求 $n!$ 可转化为 $n×(n-1)!$，$(n-1)!$ 就是子问题，它的求解方法与 $n!$ 是相同的。

(2) 子问题的规模比原问题的规模更小，表现在调用函数时，参数是向着递归结束的条件递增或递减的。

(3) 必须要有递归结束的条件，比如例 6.7 中的 peach(10)=1。

6.5   数组作为函数的参数

6.3 节已经介绍了可以用常量、变量、表达式作为函数参数。数组也可以作为函数参数，有两种情况，一种是数组元素，其用法与变量相同；另一种是用数组名作为函数参数，这时传递的是数组的首地址。

6.5.1   数组元素作为函数的参数

数组元素就是带下标的变量，作为函数参数时与普通变量做实参一样，是单向值传递。

【例 6.8】 数组 a、b 各有 10 个整数，将它们逐个进行比较，统计出数组 a 中元素大于数组 b 中相应元素的个数。

【问题分析】

（1）在主函数中定义两个整型数组，并输入元素，定义一个变量 num 统计数组 a 中元素大于数组 b 中相应元素的个数。

（2）因为要多次比较两个数组中对应数的大小，所以自定义一个 cmp()函数用于比较两个数的大小，该函数定义两个参数 x、y 分别接收主函数传递过来的数组元素 a[i]、b[i]，如果 x 大于 y，则返回值 1，表示数组 a 中元素大于数组 b 中相应元素，否则返回 0。

【程序代码】

```c
# include < stdio.h >
int main()
{
    int cmp(int x,int y);                  //对 cmp()函数进行原型声明
    int a[10], b[10];                      //定义两个数组
    int i,num = 0;                         //定义变量并赋初值
    printf("enter array a:\n");
    for(i = 0;i < = 9;i++)
        scanf("%d",&a[i]);                 //输入 10 个数给 a[0]~a[9]
    printf("enter array b:\n");
    for(i = 0;i < = 9;i++)
        scanf("%d",&b[i]);                 //输入 10 个数给 b[0]~b[9]
    for(i = 0;i < = 9;i++)
        //多次调用 cmp()函数，每次调用分别传递数组 a、b 中的一个元素
        num = num + cmp(a[i],b[i]);
    printf("num = %d\n",num);              //输出统计的结果值
    return 0;
}
int cmp(int x,int y)                       //定义 cmp()函数
{
    return x > y?1:0;                      //若 x > y 则返回 1,否则返回 0
}
```

【输出结果】

程序输出结果如图 6.13 所示。

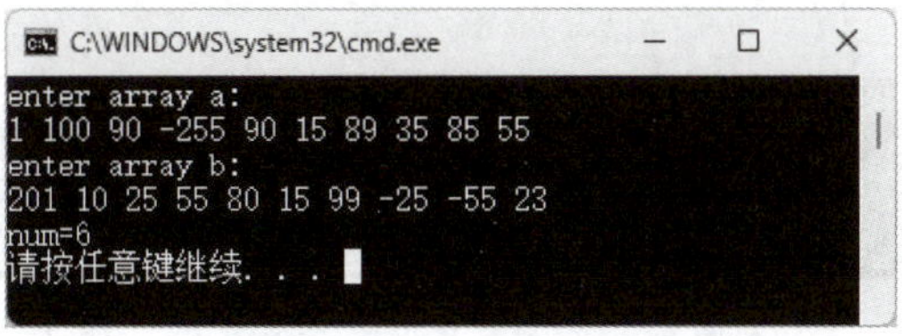

图 6.13　例 6.8 程序输出结果

6.5.2　数组名作为函数的参数

用数组元素作为函数实参只能向形参传递一个数组元素的值，有时希望在函数中处理整个数组的元素，此时可以用数组名作为函数实参。需要注意的是，此时并不是将该数组中全部元素传递给所对应的形参。由于数组名代表数组首元素的地址，因此只需要把数组首元素的地址传递给所对应的形参即可，此时对应的形参应当是数组名或指针变量（第 8 章将

详细介绍)。

【例 6.9】 数组中存储了 10 个学生 C 语言的成绩,统计不及格的人数。

【问题分析】

(1) 在主函数中定义一个实型数组 a 用来保存学生成绩,定义一个变量 num 用来存储成绩不及格人数。

(2) 自定义一个 count() 函数用来统计成绩不及格的人数,该函数应该有两个参数:一个实型数组参数和一个整型参数,以便接收从主函数传递过来的一组实数和这组实数的个数,统计的不及格人数通过函数值返回,因此 count() 函数的类型为整型。

【程序代码】

```c
# include < stdio.h>
int count(float b[ ],int n)            //定义 count()函数,用数组名作为形参,并指定长度为 n
{
    int num = 0,i;
    for(i = 0;i < n;i++)
        if(b[i]< 60)                    //统计分数低于 60 的人数
            num++;
    return num;                        //将 num 的值作为函数返回值返回给 main()函数
}
int main()
{
    float a[10];                       //定义实型数组
    int i,num = 0;                     //定义变量值
    printf("enter 10   scores:");
    for(i = 0;i < = 9;i++)
        scanf(" % f",&a[i]);           //循环输入 10 个学生的成绩,存储到相应数组元素中
    num = count(a,10);                 //函数调用,实参是数组名和数组长度
    printf("不及格的人数为:% d\n",num);   //输出不及格人数
    return 0;
}
```

【输出结果】

程序输出结果如图 6.14 所示。

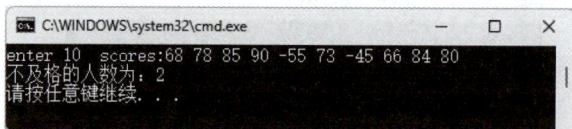

图 6.14 例 6.9 程序输出结果

说明:

(1) 用数组名作为函数参数,应该在主调函数和被调函数分别定义数组,例 6.9 中的 b 是形参数组名,a 是实参数组名,分别在其所在函数中定义,不能只在其中一方定义。

(2) 实参数组与形参数组类型应一致,如不一致,结果将出错。

(3) 数组名作为函数实参时,是把实参数组的起始地址传递给形参数组,这样实参组和形参数组占用同一段内存单元。如图 6.15 所示,假如实参数组 a 的首元素地址为 1000,则形参数组 b 的首元素地址也是 1000,显然 a[0]和 b[0]占用了同一个单元,a[1]和 b[1]占

用了一个单元,……。如果改变了 b[0]的值,意味着 a[0]的值也改变了,也就是说,形参数组中各元素的值如果发生变化,会使实参数组元素的值也发生变化,这种传递方式称为地址传递。

a[0]	a[1]	a[2]	a[3]	a[4]	a[5]	a[6]	a[7]	a[8]	a[9]
2	4	6	8	10	12	14	16	18	20
b[0]	b[1]	b[2]	b[3]	b[4]	b[5]	b[6]	b[7]	b[8]	b[9]

图 6.15　数组参数传递

(4) C 语言编译器对形参数组大小不做检查,只是将实参数组的首元素地址传给形参数组,所以形参数组一般不指定大小,实际上指定大小并不起任何作用,因此在定义形参数组时,在数组名后跟一个空的方括号即可。为了能正确处理数组中的元素,通常需要另设一个参数来传递数组元素的个数。

🔑 6.6　变量的作用域和存储类别

变量的定义包含三方面的内容:一是变量的数据类型,如 int 型、float 型、char 型等;二是变量的作用域,即一个变量在程序中能够起作用的范围,这由变量定义的位置决定;三是变量的存储类别,即变量在内存中的存储方法,不同的存储方法将影响变量值的存在时间(即生存期)。

6.6.1　变量的作用域——局部变量和全局变量

1. 局部变量

C 语言中所有的变量都有自己的作用域,按作用域范围,可分为局部变量和全局变量。在函数内部定义的变量称为局部变量,也称为内部变量。局部变量是在函数内进行定义的,其作用域仅限于定义它的函数中。例如:

```
int main()
{
    int a,b,c;           ⎫
    …                    ⎬ 变量 a、b、c 的作用域
}                        ⎭
double f1(int m,long n)  ⎫
{
    long k;              ⎬ 变量 m、n、k 的作用域
    …
}                        ⎭
float f2(int x,int y)    ⎫
{
    char ch;
    int k;               ⎬ 变量 x、y、ch、k 的作用域
    …
}                        ⎭
```

说明：

（1）主函数 main()中定义的变量也是局部变量,只在 main()函数中有效。main()函数也不能使用在其他函数中定义的变量。

（2）形参也是局部变量,只在定义它的函数中有效,在其他函数中不能使用。

（3）在不同函数中,可以使用相同名字的局部变量,因为它们代表不同的对象,互不干扰。例如,在上例的 f1()函数中定义的变量 k,与在 f2()函数中定义的变量 k,占用的是不同的存储单元,因此互不干扰。

（4）在函数内复合语句中定义的变量是局部变量,这些变量的作用域为本复合语句,离开该复合语句即失效,占用的内存单元被释放。当形参、局部变量与函数内复合语句中的局部变量同名时,在复合语句中,其内部的变量起作用,而本函数的同名局部变量、形参变量被覆盖。例如：

```
int main()
{
   int a,b,c;
      {
         int a;      变量 a 的作用域,
         …          主函数定义的 a 不起作用          变量 a、b、c 的作用域
      }
      …
}
```

【例 6.10】　分析下面程序的输出结果。

```
# include < stdio. h >
int main()
{
    int x = 100;                //主函数中定义变量 x
    {
        int x = 200;            //复合语句中定义变量 x
        printf(" % d\n",x);     //输出复合语句中 x 的值
    }
    printf(" % d\n",x);         //输出主函数中 x 的值
    return 0;
}
```

【输出结果】

程序输出结果如图 6.16 所示。

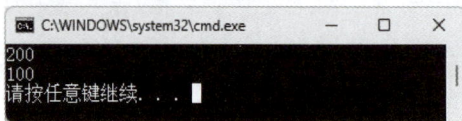

图 6.16　例 6.10 程序输出结果

在此程序中,定义了两个名为 x 的变量。执行第一个 printf()函数时,起作用的是在复合语句中定义的变量 x,故输出 200;在执行第二个 printf()函数时,已经离开了复合语句,在其中定义的变量 x 失效,此时 main()函数中定义的变量 x 有效,故输出 100。

2. 全局变量

全局变量也称为外部变量,它是在函数外部定义的变量。全局变量的作用域是从其定

义位置开始到本源文件结束，即位于全局变量定义后面的所有函数都可以使用此变量。
例如：

```
# include < stdio.h >
int a = 10,b = 5;
int main()
{
        …
}
float k;
char fun( int x, int y)
{
    …
}
```

全局变量 a、b 的作用域

全局变量 k 的作用域

a、b、k 都是全局变量，但它们的作用域不同，在 fun()函数中可以使用全局变量 a、b、k，
但在 main()函数中只能使用全局变量 a 和 b。在一个函数中既可以使用本函数中的局部变
量，也可以使用有效的全局变量。

说明：

（1）如果要在定义全局变量之前的函数中使用该变量，则需要在该函数中用关键字
extern 对全局变量进行外部声明，来扩展全局变量的作用域。下面看一个例子。

【**例 6.11**】 扩展全局变量的作用域。

```
# include < stdio.h >
int main()
{
    extern int a,b;              //把外部变量 a、b 作用域扩展到从此处开始有效
    int max;
    scanf(" % d, % d",&a,&b);
    max = a > b?a:b;             //比较 a、b 的大小，较大值赋给 max
    printf("max = % d\n",max);
    return 0;
}
int a = 100,b = 200;             //定义外部变量 a、b
```

【**输出结果**】

程序输出结果如图 6.17 所示。

由于全局变量 a、b 的定义位于 main()函数之后，因此
如果要在 main()函数中使用变量 a、b，就应该在 main()函
数中用 extern 进行外部变量声明。

图 6.17 例 6.11 程序输出结果

（2）在同一个源文件中，当局部变量与全局变量同名时，在局部变量的作用范围内，全
局变量不起作用。下面看一个例子。

【**例 6.12**】 外部变量与局部变量同名，分析输出结果。

```
# include < stdio.h >
int d = 1;                       //定义全部变量 d
void fun( int p)                 //定义 fun()函数
```

```
    {
        int d = 5;                      //定义局部变量 d
        d += p++;                       //计算,局部变量 d 起作用
        printf("d = % d,p = % d\n",d,p);
    }
    int main()
    {
        int a = 3;                      //定义局部变量 a
        fun(a);                         //调用 fun()函数
        d += a++;                       //计算,全局变量 d 起作用
        printf("d = % d,a = % d\n",d,a);
        return 0;
    }
```

图 6.18　例 6.12 程序输出结果

本程序中 d 为全局变量,在 main()函数中,起作用的是全局变量 d,由于在 fun()函数中定义了局部变量 d,故在 fun()函数中全局变量 d 无效,因此输出结果如图 6.18 所示。

(3) 设置全局变量可以增加函数间的联系。由于同一源文件中的所有函数都能使用全局变量,如果在一个函数中改变了全局变量的值,其他函数就可以共享,因此,有时可以利用全局变量在函数间传递数据,从而减少函数形参的数目并增加函数返回值的数目。

【例 6.13】 有一个一维数组,存储 10 个学生成绩,编写一个函数,当主函数调用此函数后,能求出最高分、最低分和平均分。

【问题分析】

(1) 定义实型数组 score,长度为 10,用来存储 10 个学生成绩。

(2) 自定义 average()函数用来求平均成绩、最高分和最低分。在 C 语言中,函数通常只能有一个返回值,现在需要返回给主函数平均成绩、最高分和最低分三个值,可以利用全局变量来解决问题,在 average()函数中求平均值并返回给主函数,最高分和最低分使用全局变量。这样主函数可以通过访问全局变量来获取最高分和最低分。

(3) average()函数的形参列表中有两个参数:一个实型数组参数和一个整型参数,其中实型数组用来接收从主函数传递过来的一组实数,整型参数表示这组实数的个数。

【程序代码】

```
# include < stdio. h >
float max = 0,min = 0;                    //定义全局变量,max 存储最高分,min 存储最低分
int main()
{
    float average(float array[ ],int n);   //average()函数的原型声明
    float ave,score[10];                   //定义实型变量 ave、实型数组 score
    int i;                                 //定义循环控制变量 i
    printf("Please enter 10 scores:");     //输出提示语
    for(i = 0;i < 10;i++)                   //循环控制语句
        scanf(" % f",&score[i]);            //输入学生成绩
    ave = average(score,10);               //调用 average()函数
    printf("max = % 6.2f\nmin = % 6.2f\naverage = % 6.2f\n",max,min,ave);
```

```
        return 0;                                 
}
float average(float array[],int n)                //定义 average()函数
{
        int i;                                    //定义循环控制变量 i
        float ave,sum = array[0];                 //定义实型变量
        max = min = array[0];                     //给变量赋值
        for(i = 1;i < n;i++)                       //循环控制语句
        {
            if(array[i]> max)                     //if 条件分支语句
                max = array[i];                   //查找最大值
            else if(array[i]< min)                //if 条件分支语句
                min = array[i];                   //查找最小值
            sum += array[i];                      //求和运算
        }
        ave = sum/n;                              //求平均值运算
        return(ave);                              //返回运算结果
}
```

【输出结果】

程序输出结果如图 6.19 所示。

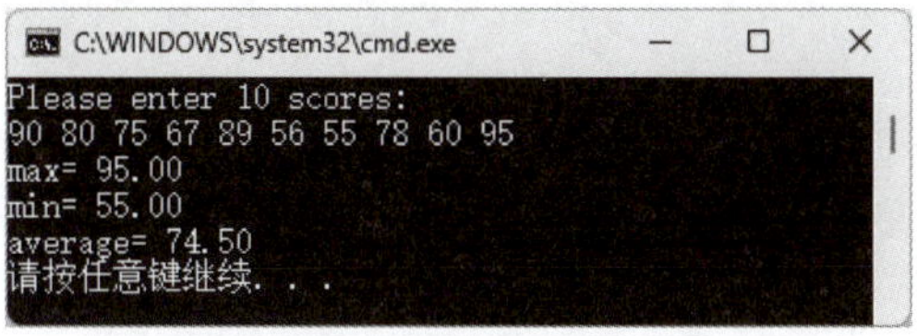

图 6.19　例 6.13 程序输出结果

> **注意:**
>
> 利用全局变量可以减少函数实参的个数,从而减少内存空间以及传送数据时的时间消耗。但还是建议非必要不使用全局变量,因为:
> - 全局变量使得函数的执行依赖于外部变量,降低了程序的通用性。模块化程序设计要求各模块之间的"关联性"要小,函数应尽可能是封闭的,只通过参数与外界发生交互。
> - 降低了程序的清晰性。各个函数执行时都可能改变全局变量的值,因此很难清楚地判断出在每个瞬时各个全局变量的值。
> - 全局变量在整个程序的执行过程中都会占用存储单元。

6.6.2　变量的存储类别和生存期

从变量的作用域(即从空间)角度看,变量可分为局部变量和全局变量。

从变量的生存期(即变量的存在时间)角度看,可以分为静态变量和动态变量。静态变量和动态变量是按其存储方式来区分的。静态存储方式是指在程序运行期间分配固定的存储空间,程序执行完毕才释放。动态存储方式是在程序运行期间根据需要动态地分配存储

空间,一旦动态过程结束,不论程序结束与否,都将释放存储空间。

在 C 语言中,供用户使用的存储空间分为三部分,即程序区、静态存储区和动态存储区。程序区存储用户程序;静态存储区存储需要占用固定存储空间的变量,如全局变量、静态局部变量和外部变量;动态存储区存储不需要占用固定存储空间的变量,如函数的形参、自动变量(未使用 static 关键字声明的局部变量)。不同的存储方式,使变量占用不同的存储区,也影响到变量的存在时间。

C 语言有 4 种变量存储类别声明符,用来通知编译程序采用哪种方式存储变量。这 4 种变量存储类别声明符如下。

* 自动变量声明符 auto(一般可以省略)。
* 静态变量声明符 static。
* 寄存器变量声明符 register。
* 外部变量声明符 extern。

1. 自动变量

自动变量是 C 语言中使用最广泛的一种变量。因为创建和销毁这种类型的变量,都是由系统自动进行的,所以称自动变量。声明自动变量的一般形式如下:

[auto]类型说明符 变量名;

其中,关键字 auto 是自动变量的存储类型声明符,一般可以省略,即如果没有使用 auto 的变量,实际上都是自动变量。例如:

auto int a,b = 5;　　等价于 int a,b = 5;

自动变量是在动态存储区分配存储单元的。在一个函数中定义自动变量后,在调用此函数时才能为变量分配存储空间,当函数执行完毕,这些存储单元被释放,自动变量中存储的数据也随之丢失。每调用一次函数,自动变量都被重新赋一次初值,且其默认的初值为一个不确定值。

2. 静态变量

在编译时就分配存储空间的变量属于静态存储变量,使用关键字 static 进行声明,静态存储变量定义的一般形式如下:

static 类型说明符 变量名;

静态存储变量可分为静态局部变量和静态全局变量。

(1)静态局部变量。如果希望在函数调用结束后仍然保留其中定义的局部变量的值,则可以将局部变量定义为静态局部变量。

说明:

① 静态局部变量是在静态存储区分配存储单元的。一个变量被声明为静态,在编译时即分配存储空间,在整个程序运行期间都不释放。因此,函数调用结束后,它的值并不会消失,其值能够保持连续性。

② 静态局部变量是在编译过程中赋初值的,且只赋一次初值,在程序运行时其初值已确定,以后每次调用函数时,都不再赋初值,而是保留上一次函数调用结束时的结果。

③ 静态局部变量在未显式初始化时,编译系统把它们初始化为 0(对整型变量)、0.0(对实型变量)或空字符(对字符型变量)。

【例 6.14】　阅读下面程序,分析每一次调用的过程。

```c
# include < stdio.h >
int main()
{
    int function(int a)                //function()函数原型声明
    int i, j = 1;
    for(i = 0; i < 3; i++)
        printf(" % 4d\n", function(j));    //循环语句中调用 function()函数
        printf("\n");
    return 0;
}
int function(int a)                    //定义 function()函数
{
    int b = 0;                         //定义整型变量 b
    static int c;                      //定义静态整型变量 c,默认初始值为 0
    b++;
    c++;
    return (2 * a + 3 * b + 4 * c);    //计算 2 * a + 3 * b + 4 * c 的值并返回给 main()函数
}
```

【输出结果】

程序输出结果如图 6.20 所示。

说明:

上例中调用了 function()函数 3 次,在 function()函数中定义了自动变量 b 和静态局部变量 c。在每次调用 function()函数开始时和函数调用结束时,b 和 c 的变化情况如表 6.1 所示。

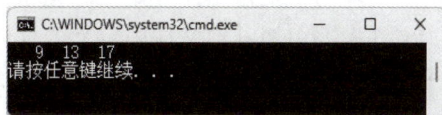

图 6.20　例 6.14 程序输出结果

表 6.1　函数调用过程中局部变量值的变化情况

	函数调用开始时		函数调用结束时	
	b	c	b	c
第一次调用	0	0	1	1
第二次调用	0	1	1	2
第三次调用	0	2	1	3

（2）静态全局变量。在程序设计时,如果希望在一个文件中定义的全局变量仅限于被本文件引用,而不能被其他文件访问,则可以在定义此全局变量时前面加上关键字 static,例如:

```c
static int x;
```

静态全局变量也具有全局作用域,它与全局变量的区别在于:如果程序包含多个文件,静态全局变量的作用域仅限于定义它的文件里,在其他文件中即使进行了 extern 声明,也

无法使用该变量,而全局变量可以在其他文件中被引用。

> **！ 注意:**
>
> 凡是用关键字 static 定义的变量,其作用域都是局限的,局部变量作用域局限在定义它的函数内,全局变量的作用域局限在定义它的源文件内。

3. 寄存器变量

如果有一些变量使用频繁(如循环次数较多的循环变量),为提高执行效率,C 语言允许将它放在 CPU 的一个寄存器中,需要时直接从寄存器取出参加运算,这种变量称为寄存器变量,用关键字 register 进行声明。例如:

```
register int f;
```

由于现代计算机的速度愈来愈快,性能愈来愈高,优化的编译系统能够识别使用频繁的变量,从而自动将这些变量存储在寄存器中,而不需要程序员指定,读者只需知道这种变量即可。

4. 外部变量

没有声明为 static 类型的全局变量称为外部变量,外部变量是在函数的外部定义的,它的作用域为从变量定义开始到源程序文件的结束。在多个源程序文件的情况下,如果在一个文件中要引用其他文件中定义的全局变量,则应该在需要引用此变量的文件中,用 extern 进行声明。通常这样的说明要在文件的开头,而且要位于所有函数的外部。例如:

```
extern int x;
```

上面的语句声明整型变量 x 是在本文件以外的其他文件中定义的外部变量,进行外部声明后,就可以在本文件中从声明处开始使用外部变量 x。

说明:

① extern 只能用来声明变量,不能用来定义变量,因为它不产生新的变量,只是表明该变量已在其他地方有过定义。因此,供其他文件访问的全局变量,在程序中只能定义一次,但在不同的地方可以被多次声明为外部变量。

② extern 不能用来初始化变量。例如:

```
extern int x = 1;
```

是错误的。

6.6.3   变量的作用域和生存期小结

从前面的介绍可知,对一个变量的属性可以从时间(生存期)和空间(作用域)两个角度来描述,两者既有联系又有区别。如果一个变量在某个文件或函数范围内是有效的,则该范围为变量的作用域,亦称变量在此作用域内"可见"。如果一个变量值在某一时刻是存在的,则认为这一时刻属于该变量的生存期,亦称变量在此时刻"存在"。表 6.2 显示了各种类型变量的可见性和存在性的情况。

表 6.2   各种类型变量的可见性和存在性

变量存储类别	函数内		函数外	
	可见	存在	可见	存在
自动变量和寄存器变量	是	是	否	否
静态局部变量	是	是	否	是
静态全局变量	是	是	是(只限本文件)	是
外部变量	是	是	是	是

表 6.2 可以看到,自动变量和寄存器变量在函数内外的可见性和存在性是一致的,离开函数后,值不能被引用,值也不存在。静态全局变量和外部变量的可见性和存在性也是一致的,离开函数后,变量值是存在的,且可被引用。但静态局部变量的可见性和存在性不一致,离开函数后,变量值存在,但不能被引用。

6.7   函数的作用域

C 程序是由函数组成的,函数一旦定义后就可被其他函数调用,但也可以指定其函数不能被其他文件调用。根据函数能否被其他文件调用,将函数分为内部函数和外部函数。

6.7.1   内部函数

使用存储类别关键字 static 定义的函数称为内部函数,其一般形式如下:

static 类型说明符 函数名(形参表)

例如:

```
static float sum(float x,float y)
{
    …
}
```

内部函数又称静态函数。内部函数只能被本文件中的其他函数所调用,而不能被其他外部文件调用。使用内部函数,可以使函数局限于所在文件,如果在不同的文件中有同名的内部函数,则互不干扰。这样,有利于不同的人分工编写不同的函数,而不必担心函数是否同名。

6.7.2   外部函数

使用存储类别关键字 extern(或没有指定存储类别)定义的函数,其作用域是整个程序的各个文件,可以被其他文件的任何函数调用,称为外部函数。本书前面所用的函数因没有指定存储类别,隐含为外部函数。其一般形式如下:

> extern 类型说明符 函数名(形参表)

例如,f1.c 文件的内容为:

```
int main()
{
    extern char fun(char c1,char c2);
    …
}
```

f2.c 文件的内容为:

```
extern char fun(char c1,char c2)
{
    …
}
```

在文件 f2.c 中定义了一个外部函数 fun(),在另一个文件 f1.c 中调用该函数,一般要使用 extern 声明所用的函数是外部函数。

由于函数都是外部性质的,因此,在定义函数时,关键字 extern 可以省略。在调用函数的文件中,则要使用 extern 声明所用的函数是外部函数。

6.8　"学生成绩管理系统"案例分析与实现

6.8.1　案例中的自定义函数简介

"学生成绩管理系统"中每个功能模块都对应一个自定义函数,各自定义函数及其功能如表 6.3 所示。

表 6.3　案例中的自定义函数列表

序　号	自定义函数	功　能
1	void append()	录入学生信息
2	void display(int)	显示一个或全部学生信息
3	void modify()	按学号修改学生信息
4	void del()	按学号删除学生信息
5	void query()	按学号查找学生信息,并显示到屏幕上
6	void total()	统计学生某一门课的不及格人数、最高分、平均分
7	void sort()	按总成绩将学生信息降序排序
8	void save()	以文本文件的形式将学生信息保存到文件中
9	void locate(char *)	根据学号定位该学生信息在学生结构体数组中的位置
10	void stringInput(char *,int)	从键盘输入学号或姓名,并检查字符串长度是否超长
11	int numberInput()	从键盘输入课程成绩,并检查成绩的合法性

合理编写用户自定义函数,可以简化程序的模块结构,便于编程和调试,并且能够提高程序的可读性和可维护性。

6.8.2　案例中函数之间的调用关系

"学生成绩管理系统"案例中各自定义函数之间的调用关系如图 6.21 所示。

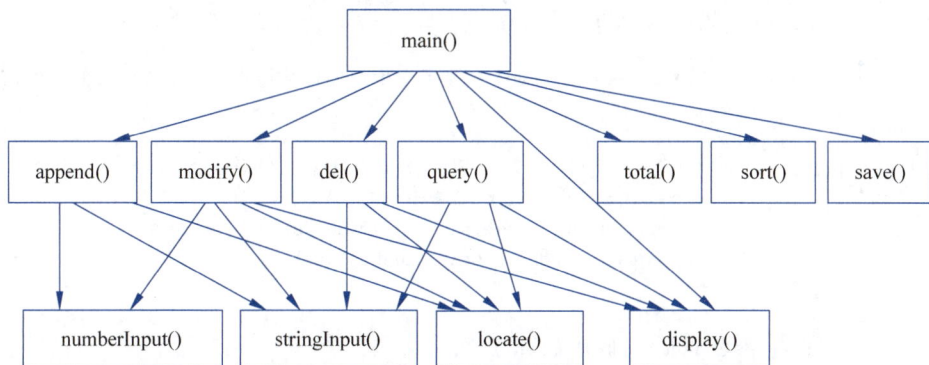

图 6.21　案例中各自定义函数之间的调用关系

display()函数被以下 4 个函数所调用:主函数 main()、修改学生信息函数 modify()、删除学生信息函数 del()、查找学生信息函数 query()。所有显示学生信息的代码都集中到 display()函数中。这样的模块化程序设计有利于提高程序代码的可重用性,使得程序更加简洁。locate()函数、numberInput()函数和 stringInput()函数同样基于此思想设计。

6.8.3　案例中部分功能模块的实现

【例 6.15】　改写例 5.12 中显示全部学生信息的 display()函数,实现既可以显示指定的学生信息,也可以显示所有学生的信息。

【问题分析】

为 display()函数设置一个整型形参 index,如果 index 的值为合法的下标值,则显示学生信息结构体数组中下标为 i 的学生信息;如果 index 的值为-1,则显示全部学生信息;其他值则给出错误提示信息"参数 index 的值非法"。

【程序代码】

```
void display( int index)
{
    if(index ==- 1)                //如果 index 的值为-1,,则显示所有学生的信息
    {
        if (stu_num > 0)            //学生人数大于 0
        {
            printf("全部学生信息如下:\n");
            printf("学生学号\t 姓名\tC 语言\t 数学\t 英语\t 总成绩\t 平均成绩\n");
            for(i = 0;i < stu_num;i++)
            {
                printf(" % s\t\t % s\t % d\t % d\t % d\t % d\t %.1f\n",
                    stud[i].num,stud[i].name,stud[i].cgrade,stud[i].mgrade,
                    stud[i].egrade,stud[i].total,stud[i].ave);
                if((i + 1) % 10 == 0)system("pause");
```

```
        }
            printf("共计%d人\n",stu_num);
        }
        else
            printf("学生信息为空!");
    }
    else if(index>=0 && index<stu_num)  //显示学生结构体数组中下标为 index 的学生信息
    {
        Int i=index;
        printf("学生学号\t姓名\tC语言\t数学\t英语\t总成绩\t平均成绩\n");
        printf("%s\t\t%s\t%d\t%d\t%d\t%d\t%.1f\n",
                stud[i].num,stud[i].name,stud[i].cgrade,stud[i].mgrade,
                stud[i].egrade,stud[i].total,stud[i].ave);
    }
    else
        printf("参数 index 的值非法!\n");
}
```

【例 6.16】 从键盘输入某学生的学号,查找该学生,并显示他的所有信息,如果没找到,则显示"没有找到符合条件的学生"。

【问题分析】

设计 locate() 函数用来定位指定学号的学生在学生信息结构体数组中的位置。利用 for 循环遍历学生信息结构体数组,依次检查当前学生的学号是否与指定的学号相同,如果相同,则函数返回当前数组元素的下标值;查找失败,则返回 −1。

设计 query() 函数用来显示查找到的学生信息。该函数首先从键盘读取学生学号,然后调用 locate() 函数,根据函数返回值进行不同的操作,如果函数的返回值为 −1,表示查找失败,显示提示信息"没有找到符合条件的学生";否则查找成功,显示指定学号的学生信息。

【程序代码】

```
int locate(char str[]){                        //定位学生信息结构体数组中学号为 str 的学生
    int i;
    for(i=0;i<stu_num;i++)
        if(strcmp(str,stud[i].num)==0)         //找到
            return i;                          //返回该学生的数组下标值
    return −1;                                 //未找到,返回 −1
}
void query()
{
    char str[10];
    int index;
    printf("请输入要查找的学生学号:");
    scanf("%s", str);
    index=locate(str);                         //调用定位函数 locate()
    if(index!=−1)                              //查找成功
        display(index);                        //显示该学生的信息
    else                                       //查找失败
        printf("没有找到符合条件的学生\n");
}
```

【**例 6.17**】 从键盘输入某学生的学号,找到该学生并修改其信息。

【**问题分析**】

关于"修改学生信息"这个功能模块的实现,大多数的代码都是直接替换所有的内容,这样也会让一些本来就不用修改的信息又被修改了一遍,很麻烦。可以这样设计,先让用户查找到需要修改的这个学生,然后选择要修改什么信息,重新输入要修改的信息即可。这与菜单选项的实现很相似,可以利用 do-while 循环语句,再结合 switch 多分支选择语句,实现根据用户的选项来跳到需要的操作,直到用户输入 0 结束循环。

针对从键盘输入学生信息,鉴于在"学生成绩管理系统"中,要求用户输入的只有字符串和数值型数据,所以设计了如下两个函数来对输入的数据进行合法性检验。

函数 void stringInput(char t[],int lens)实现把从键盘输入的字符串首先存储到字符数组 s 中,然后根据给定值 lens 对字符串的长度进行校验,如果字符串的长度超过指定的长度 lens,则重新输入。这可以利用 do-while 循环实现,直到输入的字符串长度满足要求,循环结束。输入的字符串通过字符数组参数 t 传递给主调函数。

函数 int numberInput(char * notice)实现把从键盘输入的整数存储到变量 t 中,并利用循环对变量 t 的值进行校验,直到满足要求。输入的合法整数通过函数值返回。

从键盘输入学号时,调用 stringInput()函数对输入的学号的合法性进行检查,然后调用 locate()函数找到该学生,再调用 display()函数显示该学生的全部信息,并提示是否修改。如果确认修改,再逐项输入该学生需要修改的数据项的新数据。当输入新数据时,调用 stringInput()函数对输入的学号和姓名的合法性进行检查,调用 numberInput()函数对输入的三门课的成绩的合法性进行检查。

【**程序代码**】

```
void stringInput(char t[],int lens)        //输入字符串,并进行长度验证(长度<= lens)
{
    char s[255];
    do
    {
        scanf("%s",s);                     //输入字符串
        if(strlen(s)> lens)
            printf("\n 超出要求的长度! \n"); //进行长度校验,超过 lens 值则重新输入
    }while(strlen(s)> lens);
    strcpy(t,s);                            //将输入的字符串复制到 t 中
}
int numberInput()                          //输入分数,0<=分数<=100)
{
    int t = 0;
    do
    {
        scanf("%d",&t);                    //输入分数
        if(t>100 || t<0)
            printf("\n 成绩必须在[0,100]之间! \n"); //进行分数校验
    }while(t>100 || t<0);
    return t;
}
void modify()                              //修改学生信息自定义函数
```

```
{
    char str[15];
    int m,index =- 1;
    enum CHOICE{ERROR, NAME, CGRADE, MGRADE, EGRADE};    //定义枚举类型
    int num;
    if (stu_num == 0)                               //学生人数为 0
    {   printf("\n 学生信息为空!\n");        return;     }
    else
    {
        printf("请输入要修改的学生学号:");
        stringInput(str,10);                 //调用 stringInput()函数保证输入的学号不超长
        index = locate(str);                 //调用 locate()函数查找指定学号的学生
        if(index ==- 1)  printf("没有找到符合条件的学生!\n");
        else                    //已找到
        {
            display(index);             //先显示该学生的信息
            printf("确认修改该学生的信息吗?(y/n):");
            m = getche();printf("\n");
            if(m == 'y' || m == 'Y')          //确认修改
            {
                num = 0;
                do {
                    printf("请选择你想要修改的学生信息选项\n");
                    printf("0.退出 1.姓名 2.C语言成绩 3.数学成绩 4.英语成绩\n");
                    scanf(" % d", &num);
                    switch(num){
                        case NAME:printf("请输入修改后的姓名:");
                                stringInput(stud[index].name,10);
                                break;
                        case CGRADE:printf("请输入修改后的 C 语言成绩:");
                                    stud[index].cgrade = numberInput();
                                    break;
                        case MGRADE:printf("请输入修改后的数学成绩:");
                                    stud[index].mgrade = numberInput();
                                    break;
                        case EGRADE:printf("请输入修改后的英语成绩:");
                                    stud[index].egrade = numberInput();
                                    break;
                        case 0: break;
                        default: printf("选项选择错误,请重新选择!\n");
                    }
                } while(num);
                stud[index].total = stud[index].cgrade + stud[index].mgrade
                                        + stud[index].egrade;
                stud[index].ave = stud[index].total/3.0;
                printf("\n 学生信息修改成功!\n");
            }
        }
    }
}
```

说明:

上述代码中的 getche()函数用于从键盘输入一个字符,它与 getchar()函数的区别在于:getche()函数输入一个字符后不需要按回车键,而 getchar()函数需要按回车键。

getche()函数与 getch()函数的区别在于：getche()函数输入一个字符后，立即将该字符显示在屏幕上，具有回显功能，而 getch()函数不会在屏幕上显示该字符，即不具有回显功能。

【例 6.18】 假设已输入一批学生的信息到"学生成绩管理系统"中，要求输入某学生的学号，删除该学生的信息。

【问题分析】

从键盘输入学号，先调用 stringInput()函数保证用户输入的学号的合法性，再调用 locate()函数找到该学生，接下来调用 display()函数显示该学生的全部信息，并提示用户是否删除，如果回答"y"或"Y"，则删除。删除的方法是：将该学生后面的所有学生记录前移一位，并将学生总人数减 1。

【程序代码】

```c
void del()                            //删除学生信息自定义函数
{
    char str[15],m;
    int index,j;
    int choice;
    if (stu_num == 0)                 //学生人数为 0
    {
        printf("\n 学生信息为空!\n");
        return;
    }
    else{
        printf("请输入要删除的学生学号:");
        stringInput(str,10);          //调用 stringInput()函数保证输入的学号不超长
        index = locate(str);          //调用 locate()函数查找指定学号的学生
        if(index ==- 1)
            printf("没有找到符合条件的学生!\n");
        else                          //已找到
        {
            display(index);           //先显示该学生的信息
            printf("确认删除该学生的信息吗?(y/n):");
            m = getche();printf("\n");
            if(m == 'y' || m == 'Y')
            {
                for(j = index + 1;j < stu_num;j++)    //将该学生后面的记录前移一位
                    stud[j - 1] = stud[j];
                stu_num -- ;          //学生总人数减 1
                printf("\n 学生信息删除成功!\n");
            }
        }
    }
}
```

说明：

本节改进了显示学生信息的 display()函数的功能，实现了查找学生信息、修改学生信息和删除学生信息三个功能模块，保存学生信息的功能模块将在第 9 章文件介绍。本节案例完整代码请参见本书配套教学资源。

🔍 6.9　常见错误分析

1. 在函数定义后多加了分号

例如：

```
int min(int a, int b);
{
    return (a < b?a:b);
}
```

【编译报错信息】

提示错误"error C2449: found '{' at file scope (missing function header?)"、" error C2059: syntax error : '}'"

【错误分析】

函数定义的括号后面不能有分号，因为这不是一个函数调用。

2. 使用库函数时，没有用"♯include"命令将该原型函数的头文件包含进来

例如：

```
int main()
{
    float i = 4;
    printf("i = % f\n",sqrt(i));
    return 0;
}
```

【错误分析】

输出结果为：i＝0.000000，这显然是错误的，正确的写法是在 main()函数前，添加如下预处理指令：

```
♯ include < math. h >
```

3. 非整型函数前没有类型标识符

例如：

```
average(float x, float y)
{
    float av;
    av = (x + y)/2.0;
    return av;
}
```

【错误分析】

由于省略类型表示整型,总是返回一个整数值,这样当执行语句"average(1.8,2.6);"时,返回值为整数 2,而且程序不会有任何有关的语法错误。因此,即使是整型也应该明确地写出来。

4. 非整型用户自定义函数在调用函数之后,而未进行声明

例如:

```
int main()
{
    float a = 1.8,b = 2.6;
     printf("The average of %5.2f and %5.2f is %5.2f\n", a,b, average(a,b));
    return 0;
}
float average(float x,float y)
{
    return((x + y)/2.0);
}
```

【错误分析】

编译时,程序不会有任何有关的语法错误,但输出结果为"The average of 1.80 and 2.60 is 0.00",average 是非整型函数,且调用在先,定义在后,因此应在调用之前进行函数声明,如可以在 main()函数之前或 main()函数中的声明部分加上如下语句。

```
float average(float x,float y);
```

5. 使用未赋值的自动变量

例如:

```
int main()
{
    int i;
    printf("%d\n",i);
    return 0;
}
```

【错误分析】

输出结果是−858 993 460,这里的−858 993 460 是一个不可预知的数,因此,在引用自动变量时,必须对其初始化或对其赋值。

本章小结

函数是 C 语言的基本模块,是构成结构化程序的基本单元。一个可执行的 C 程序由一个 main()函数和若干个用户自定义的函数组成,本章主要介绍了多函数的 C 语言程序

设计。

本章的主要内容如下。

(1) 函数分为库函数和用户自定义函数,任何函数都应该先定义后调用,若无法满足这一要求,需要在调用之前进行函数的原型声明。

(2) 用户自定义函数由函数头和函数体两部分组成,函数头给出了函数的数据类型、函数名和形参列表,函数体是实现函数功能的代码。

(3) 函数调用时,实参个数与形参一致,并且类型与形参最好也一致。注意区分函数调用过程中普通变量作为参数的值传递方式,以及数组名作为函数参数的地址传递方式。

(4) 函数的嵌套调用和递归调用。这是两种常用的程序结构,应当在分析清楚嵌套调用和递归调用的执行过程的基础上,掌握好嵌套和递归程序的设计技术。

(5) 变量的存储类别有 4 种。掌握不同作用域和生存周期的变量及函数的定义与引用方法。下面从不同角度对变量的作用域和生存期做些归纳。

① 从变量作用域角度分,有局部变量和全局变量,它们的存储类别如下。

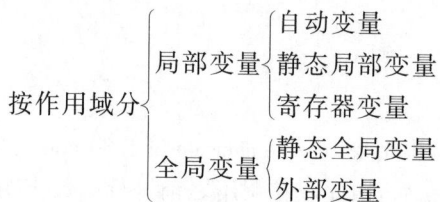

$$
\text{按作用域分}
\begin{cases}
\text{局部变量}
\begin{cases}
\text{自动变量} \\
\text{静态局部变量} \\
\text{寄存器变量}
\end{cases} \\
\text{全局变量}
\begin{cases}
\text{静态全局变量} \\
\text{外部变量}
\end{cases}
\end{cases}
$$

② 从变量的生存期来分,有动态存储和静态存储两种类型,静态存储是程序整个运行时间都存在,动态存储则是在调用函数时临时分配单元,它们的类别如下。

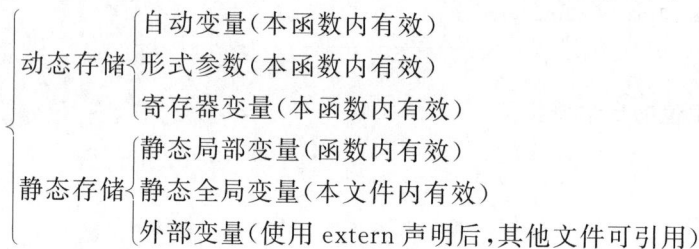

$$
\begin{cases}
\text{动态存储}
\begin{cases}
\text{自动变量(本函数内有效)} \\
\text{形式参数(本函数内有效)} \\
\text{寄存器变量(本函数内有效)}
\end{cases} \\
\text{静态存储}
\begin{cases}
\text{静态局部变量(函数内有效)} \\
\text{静态全局变量(本文件内有效)} \\
\text{外部变量(使用 extern 声明后,其他文件可引用)}
\end{cases}
\end{cases}
$$

③ 从变量值存储的位置来区分,它们的类别如下。

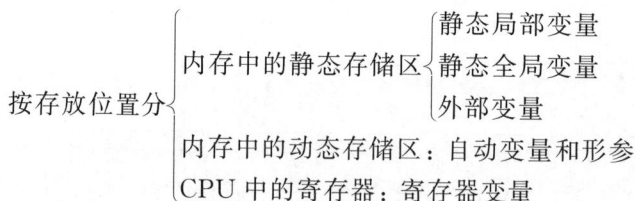

$$
\text{按存放位置分}
\begin{cases}
\text{内存中的静态存储区}
\begin{cases}
\text{静态局部变量} \\
\text{静态全局变量} \\
\text{外部变量}
\end{cases} \\
\text{内存中的动态存储区:自动变量和形参} \\
\text{CPU 中的寄存器:寄存器变量}
\end{cases}
$$

(6) 函数有内部函数和外部函数,函数的本质是外部的,可以供本文件或其他文件中的函数调用,但在其他文件调用时要用 extern 对函数进行声明。如果想让函数只在本文件中有效,用 static 声明,即把函数屏蔽起来不让其他文件调用。

(7) 利用自定义函数来实现"学生成绩管理系统"案例中查找学生信息、修改学生信息、删除学生信息等功能。

习题六

一、选择题

1. 下列叙述错误的是( )。
   - A. 主函数中定义的变量在整个程序中都是有效的
   - B. 在其他函数中定义的变量在主函数中也不能使用
   - C. 形参也是局部变量
   - D. 复合语句中定义的变量只在该复合语句中有效

2. 下列函数定义形式正确的是( )。
   - A. double fun(int x,int y)
   - B. double fun(int x;int y)
   - C. double fun(int x,int y);
   - D. double fun(int x,y)

3. 若有调用一个函数,且此函数中没有 return 语句,则正确的说法是该函数( )。
   - A. 没有返回值
   - B. 返回若干个系统默认值
   - C. 能返回一个用户所希望的函数值
   - D. 返回一个不确定的值

4. 下面函数调用语句含实参的个数是( )。

```
func((exp1,exp2),(exp3,exp4,exp5));
```

   - A. 1
   - B. 2
   - C. 4
   - D. 5

5. 在 C 语言中,函数的数据类型是指( )。
   - A. 函数返回值的数据类型
   - B. 函数形参的数据类型
   - C. 调用该函数时的实参的数据类型
   - D. 任意指定的数据类型

6. 在 C 语句中,形参的默认存储类型是( )。
   - A. auto
   - B. egister
   - C. static
   - D. extern

7. 在 C 语句中,函数的隐含存储类型是( )。
   - A. auto
   - B. static
   - C. extern
   - D. 无存储类别

8. 有下面程序:

```c
# include < stdio. h>
void fun( int a, int b, int c)
{
    a = b;b = c;c = a;
}
int main()
{
    int a = 10,b = 20,c = 30;
    fun(a,b,c);
    printf(" % d, % d, % d\n",c,b,a);
    return 0;
}
```

输出结果是(　　)。

    A. 10，20，30　　　　B. 30，20，10　　　　C. 20，30，10　　　　D. 0，0，0

9. 设函数 fun()的定义形式为 void fun(char ch,float x) {……}，则以下对函数 fun()的调用语句中，正确的是(　　)。

    A. fun("abc",3.0)　　　　　　　　　B. t＝fun("D",16.5)

    C. fun("65",2.8)　　　　　　　　　　D. fun(32,32)

10. 有下面程序：

```
int f(int n)
{
    if(n == 1) return 1;
    else return f(n - 1) + 1;
}
int main()
{
    int i,j = 0;
    for(i = 1;i < 3;i++)
        j += f(i);
    printf("%d\n",j);
    return 0;
}
```

输出结果是(　　)。

    A. 4　　　　　　　　B. 3　　　　　　　　C. 2　　　　　　　　D. 1

11. 下面程序的输出结果是(　　)。

```
int f()
{
    static int i = 0;
    int s = 1;
    s += i;
    i++;
    return s;
}
int main()
{
    int i,a = 0;
    for(i = 0;i < 5;i++)
        a += f();
    printf("%d\n",a);
    return 0;
}
```

    A. 20　　　　　　　　B. 24　　　　　　　　C. 25　　　　　　　　D. 15

12. 若用数组名作为函数调用的形参，传递给形参的是(　　)。

    A. 数组的首地址　　　　　　　　　　B. 数组中第一个元素的值

    C. 数组中全部元素的值　　　　　　　D. 数组元素的个数

13. 以下只有在使用时才为该类型的变量分配内存的存储类声明是(　　)。

　　A. auto 和 static 　　　　　　　　B. auto 和 register

　　C. register 和 static 　　　　　　D. extern 和 register

14. 下面程序的输出结果是(　　)。

```
# include < stdio.h>
int main()
{
    ming();
    ming();
    ming();
    return 0;
}
int ming()
{
    int x = 0;
    x += 1;
    printf(" % d",x);
}
```

　　A. 111　　　　　　B. 123　　　　　　C. 333　　　　　　D. 000

15. 设函数 fun()的定义形式为:

```
fun(char ch,float x)
{……}
```

则以下对函数 fun()的调用语句中,正确的是(　　)。

　　A. fun("abc",3.0)　　　　　　B. t=fun('D',16.5)

　　C. fun("65",2.8)　　　　　　D. fun(32,32)

二、填空题

1. 下面程序的输出结果是_____。

```
# include < stdio.h>
int d = 1;
fun(int p)
{
    static int d = 5;
    d += p;
    printf(" % d ",d);
    return(d);
}
int main()
{
    int a = 3;
    printf(" % d\n",fun(a + fun(d)));
    return 0;
}
```

2. 下面程序的输出结果是_____。

```c
# include < stdio. h >
int a = 3, b = 4;
void fun( int x, int y)
{
    printf(" % d, % d", x + y, b);
}
int main( )
{
    int a = 5, b = 6;
    fun(a, b);
    return 0;
}
```

3. 下面程序的输出结果是_____。

```c
# include < stdio. h >
int main( )
{
    int k = 4, m = 1, p;
    p = func(k, m);
    printf(" % d   ", p);
    p = func(k, m);
    printf(" % d\n", p);
    return 0;
}
int func( int a , int b)
{
    static int m, i = 2;
    i += m + 1;
    m = i + a + b;
    return(m);
}
```

4. 下面程序的输出结果是_____。

```c
# include < stdio. h >
int x, y;
num( )
{
    int a = 15, b = 10;
    int x, y;
    x = a - b;
    y = a + b;
    return;
}
int main( )
{
    int a = 7, b = 5;
    x = a + b;
    y = a - b;
```

```
        num();
        printf(" % d, % d\n",x,y);
        return 0;
    }
```

5. 下面程序的输出结果是_____。

```
# include < stdio. h >
num( )
{
    extern int x,y;
    int a = 15,b = 10;
        x = a - b;
    y = a + b;
    return;
}
int x,y;
int main()
{
    int a = 7,b = 5;
    x = a + b;
    y = a - b;
    num();
    printf(" % d, % d\n",x,y);
    return 0;
}
```

6. 下面程序的输出结果是_____。

```
# include < stdio. h >
int adds( int x, int y);
int main()
{
    int a = 5,b = - 1,c;
    c = adds(a,b);
    printf(" % d,",c);
    c = adds(a,b);
    printf(" % d\n",c);
    return 0;
}
int adds( int x, int y)
{
    static int m = 0,n = 3;
    n * = ++m;
    m = n % x + y++;
    return(m);
}
```

7. 下面程序的输出结果是_____。

```
# include < stdio. h >
f( int b[ ], int n)
```

```
{
    int i,r;
    r = 1;
    for(i = 0;i < = n;i++)
        r = r * b[i];
    return r;
}
int main()
{
    int x,a[ ] = {2,3,4,5,6,7,8,9};
    x = f(a,3);
    printf(" % d\n",x);
    return 0;
}
```

三、编程题

1. 编写一个函数,求圆的面积。要求:通过函数调用在屏幕上显示一些不同半径的圆的面积。

2. 编写一个函数,求三个整数中的最小数。要求:在主函数中输入和输出。

3. 编写一个函数,求 $1+1/2+1/3+\cdots+1/n$ 的值。要求:在主函数中输入 n 值并调用此函数。

4. 编写一个函数 fun(),其功能是,找出一个 3×4 矩阵的最大元素值。要求:在主函数中完成矩阵元素的输入。

5. 编写一个函数,使输入的一个字符串按反序输出,如输入"abcdefg",则输出"gfedcba"。要求:在主函数中输入和输出字符串,输入字符串时如遇到"!"则结束输入。

6. 编写一个判断素数的函数,通过调用函数,输出 $100\sim200$ 的所有素数。

7. 编写一个函数 fun(),其功能是,求 x 的 y 次方。要求:在主函数输入 x、y 的值并调用此函数。

8. 编写一个函数,计算 $s=1!+2!+3!+\cdots+n!$。要求:在主函数输入 n 值并调用此函数。

9. 编写一个函数,用冒泡排序法对 10 个整数按由小到大排列。要求:在主函数中输入 10 个整数,调用此函数。

10. 编写一个判断完数的函数。一个数,如果恰好等于它的因子之和,这个数就称为完数,如 $6=1+2+3$。要求:通过调用函数,找出 $3\sim1000$ 的所有完数并输出。

11. 编写一个函数,用递归方法计算斐波那契数列。

12. 编写一个函数,求一组整数的中位数。要求:在主函数中输入一组整数并调用此函数。

13. 用 $20\sim50$ 的偶数验证哥德巴赫猜想:一个大的偶数可以表示成两个素数和的形式。要求:(1)用函数实现素数的判断;(2)对每一个偶数,可能会有多种表示,如 $26=3+23,26=13+13$ 等,只要找出其中一种表示即可。

第7章

预处理命令

CHAPTER **7**

☆ 本章导读

预处理是指在进行编译的第一遍扫描（即词法扫描和语法分析）之前所作的工作，是 C 语言的一个重要功能，它由预处理程序负责完成。当对一个源文件进行编译时，系统将自动调用预处理程序处理源程序中的预处理部分，处理完毕后再自动进行对源程序的编译。在前面各章中，已多次使用过以"♯"号开头的预处理命令，如文件包含命令♯include，宏定义命令♯define 等。在源程序中这些命令都放在函数之外，而且一般都放在源文件的前面。

C 语言提供了多种预处理命令，如宏定义、文件包含、条件编译等。C 语言的预处理命令均以"♯"开始，末尾不加分号。合理地使用预处理命令编写的程序便于阅读、修改、移植和调试，也有利于模块化程序设计。本章介绍 3 种常用的预处理命令：宏定义命令、文件包含命令、条件编译命令，以及在"学生成绩管理系统"案例中这 3 种预处理命令的应用。

☆ 学习目标

- 了解预处理命令的功能。
- 理解宏定义，掌握宏的使用方法。
- 掌握文件包含命令的使用方法。
- 掌握条件编译的基本格式。
- 能够正确使用带参宏及条件编译。

🔑 7.1　宏定义

在 C 语言源程序中允许用一个标识符来表示一个字符串,称之为宏。被定义为宏的标识符称为宏名。在编译预处理时,对程序中所有出现的宏名,都用宏定义中的字符串去替换,这称为宏替换或宏展开。宏定义是由源程序中的宏定义命令完成的,宏替换是由预处理程序自动完成的。

宏定义是 C 语言提供的 3 种常用预处理命令中的一种,使用宏定义可以防止出错,并且能提高程序的可移植性和可读性。宏分为无参数和有参数两种。下面分别讨论这两种宏的定义和调用。

7.1.1　不带参数的宏定义

不带参数的宏定义的一般形式如下:

```
#define 标识符 字符串
```

其中的"#"表示这是一条预处理命令。"define"为宏定义命令。"标识符"就是所谓的符号常量,也称为宏名。"字符串"可以是常数、表达式、格式串等。在 2.2 节中介绍过的符号常量的定义就是一种不带参数的宏定义。此外,对那些在程序中要反复使用的表达式,也常常把它定义为宏。

预处理工作也称为宏展开,就是将宏名替换为字符串。掌握宏概念的关键是替换。一切以替换为前提、做任何事情之前先要替换,准确理解之前就要替换。也就是说,在对相关命令或语句的含义和功能作具体分析之前就要替换。例如:

```
#define PI 3.1415926
```

其作用是指定标识符 PI 来代替常量 3.1415926。在编写源程序时,所有 3.1415926 都可由 PI 代替。而对源程序作编译时,将先由预处理程序进行宏替换,即用 3.1415926 常量替换所有的宏名 PI,然后再进行编译。

对于宏定义还要说明以下几点。

(1) 习惯上宏名用大写字母表示,以便于与变量区别,但也允许用小写字母。

(2) 使用宏可提高程序的通用性和易读性,减少不一致性,减少输入错误,也便于修改。例如,数组大小常用宏定义。

(3) 预处理是在编译之前的处理,而编译工作的任务之一就是语法检查,预处理不做语法检查。

(4) 宏定义不是语句,在行末不必加分号,如加上分号则连分号也一起替换。

(5) 宏定义必须写在函数之外,默认其作用域为:从宏定义命令开始,一直到源程序结束。如要终止其作用域可使用 #undef 命令。例如:

```
#define PI 3.14
int main()
{ …… }
```

```
#undef PI
f1()
{ …… }
```

表示 PI 只在 main()函数中有效,在 f1()中无效。

(6) 宏定义允许嵌套,在宏定义的字符串中可以使用已经定义的宏名。在宏展开时由预处理程序层层替换。例如:

```
#define PI 3.14
#define L 2 * PI        //PI 是已定义的宏名
```

对语句:

```
printf(" %f",L);
```

进行宏替换后变为:

```
printf(" %f",2 * 3.14);
```

(7) 宏定义不分配内存,变量定义分配内存。

(8) 宏定义以回车符结束,如果宏定义超过一行,可以在行末加反斜杠"\"来续行。

(9) 宏定义中也可以没有替换的字符串,这种宏定义常作为条件编译检测的一个标志。例如:

```
#define FLAG
```

(10) 字符、字符串和注释中永远不包含宏,即宏名在源程序中若用引号括起来,预处理程序不对其进行宏替换;若宏名出现在注释中,预处理程序也不对其进行宏替换。

【例 7.1】　验证字符串中不能包含宏。

【问题分析】

先利用宏定义定义一符号常量,然后再输出一字符串,此字符串所含字符与符号常量名相同,观察输出的内容即可验证字符串中是否能包含宏。

【程序代码】

```
#include < stdio.h >            //将文件 stdio.h 包含进来
#define YES 100                 //利用宏定义定义符号常量 YES
int main()
{
    printf("YES\n");            //输出字符串 YES
    return 0;
}
```

【输出结果】

程序输出结果如图 7.1 所示。

说明:第二行代码利用宏定义了一个符号常量 YES。main()函数的第一条语句实现了输出字

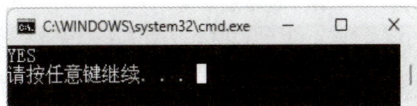

图 7.1　例 7.1 程序输出结果

符串 YES。

虽然定义符号常量 YES 表示 100，但在 printf 语句中 YES 被引号括起来，因此不会进行宏替换，而是把 YES 当字符串处理。

7.1.2　带参数的宏定义

C 语言允许宏带有参数。在宏定义中的参数称为形参，在宏调用中的参数称为实参。对于带参数的宏，在调用中，不仅要宏展开，还要用实参去替换形参。

带参数的宏定义一般形式如下：

#define 宏名(参数列表) 字符串

在字符串中可以含有多个形参。

带参数宏调用的一般形式如下：

宏名(实参列表)

例如：

```
#define S(a,b) a * b
area = S(3,2);              //第一步被换为 area = a * b,第二步被换为 area = 3 * 2
```

【例 7.2】　利用带参数的宏定义求 3 个数中的最小数。

【问题分析】

（1）先在函数外定义一个带参数的宏，求两个数的较小数。

（2）在主函数中，先定义变量，然后给变量赋值，接着进行两次宏调用，实现求 3 个数中的最小数的功能，最后把结果输出。

【程序代码】

```
# include < stdio.h >                    //将 stdio.h 头文件包含进来
#define  MIN(a,b) (a < b)?a:b            //带参数宏定义
int main()
{
    int x,y,z,min;                       //定义整型变量 x、y、z、min
    printf("Please enter three integers: ");  //输出屏幕提示语
    scanf("%d%d%d",&x,&y,&z);            //输入三个整数 x、y、z 的值
    min = MIN(x,y);                       //宏调用
    min = MIN(min,z);                     //宏调用
    printf("min = %d\n",min);            //输出 min 的值
    return 0;
}
```

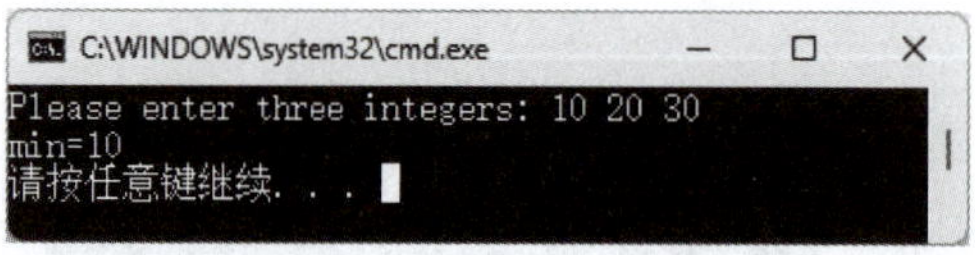

图 7.2　例 7.2 程序输出结果

【输出结果】

程序输出结果如图 7.2 所示。

说明：通过此示例可以体会如何定义和调用带参数的宏，求最小数并不一定总用上

面的方法,还有其他方法。

对于带参的宏定义需要注意以下几点。

(1) 宏名和参数的括号间不能有空格。

(2) 宏替换只作替换,不进行计算,不进行表达式求解。

(3) 在宏定义中的形参是标识符,而宏调用中的实参可以是表达式。

(4) 在宏定义中,字符串内的形参通常要用括号括起来以避免出错。

(5) 在带参宏定义中,形参不分配内存单元,因此不必进行类型声明,而宏调用中的实参有具体的值,要用它们去替换形参,因此必须进行类型声明。

(6) 带参的宏和带参函数很相似,但有本质上的不同,具体如下。

- 函数调用在编译后程序运行时进行,占运行时间(分配内存、保留现场、值传递、返回值);宏替换在编译前进行,不分配内存,不占运行时间,只占编译时间。
- 在函数中,形参和实参是两个不同的量,各有自己的作用域,调用时要把实参值赋予形参,进行"值传递";而在带参宏中,只是符号替换,不存在值传递的问题。
- 函数只有一个返回值,利用宏可以设法得到多个值;宏展开使源程序变长,函数调用则不会使源程序变长。

(7) 宏定义也可用来定义多条语句,在宏调用时,把这些语句代换到源程序内。

【例 7.3】　利用宏定义来定义多条语句,求长方体的面积和体积。

【问题分析】

(1) 先在函数外利用宏定义来定义多条语句。

(2) 在主函数中,先定义变量,接着进行宏调用,实现求长方体的面积和体积,最后输出结果。

【程序代码】

```
# include < stdio.h >              //将 stdio.h 头文件包含进来
# define SSSV(s1,v) s1 = l * w;v = w * l * h;   //带参数宏定义
int main()
{
    int l = 5,w = 6,h = 7,sa,vv;   //定义整型变量 l、w、h、sa、vv,并为 l、w、h 赋值
    SSSV(sa,vv);                   //宏调用
    printf("sa = % d\nvv = % d\n",sa,vv);   //输出 sa、vv 的值
    return 0;
}
```

【输出结果】

程序输出结果如图 7.3 所示。

说明:程序第二行是带参数宏定义,用宏名 SSSV 表示两条赋值语句。main()函数的第二条语句是宏调用,在宏调用时,把宏展开并用实参替代形参,把计算结果传递给实参。

图 7.3　例 7.3 程序输出结果

7.1.3　撤销宏定义命令

宏定义命令 # define 应该写在函数外面,通常写在一个文件之首,这样这个宏定义在整个文件范围内都有效,但可以使用命令 # undef 撤销已定义的宏,终止该宏定义的作用域。

【例7.4】 撤销已定义的宏。

【问题分析】 先通过宏定义定义一个符号常量,然后再撤销该符号常量,撤销后验证符号常量是否还有效。

【程序代码】

```
# include < stdio. h>              //将文件 stdio.h 包含进来
# define PI 3.1415926             //利用宏定义定义符号常量 PI
int main()
{
    void function();              //自定义函数 function()的原型声明
    printf("% f\n",PI);           //输出 PI 的值
    function();                   //函数调用
    return 0;
}
# undef PI                        //撤销宏定义
void function()                   //定义 function()函数
{
    printf("% f\n",PI);           //输出 PI 的值
}
```

【输出结果】

程序输出结果如图 7.4 所示。

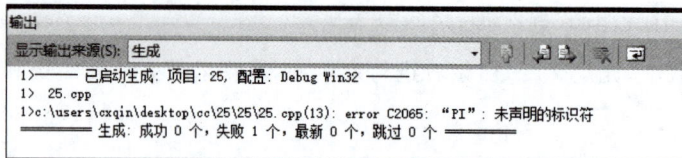

图 7.4   例 7.4 程序输出结果

说明:程序中用 # undef PI 撤销了宏定义,所以后面的 function()函数中输出 PI 的值时系统提示出现错误。

7.2   文件包含命令

文件包含是指一个源文件可以将另一个源文件的全部内容包含进来,即将另一个文件包含到本文件之中。文件包含命令是以“# include”开头的预处理命令,在前面各章中使用系统函数时,已经使用了文件包含命令。在程序设计中,文件包含命令是很有用的。一个大的程序可以分为多个模块,由多名程序员分别编写。有些公用的符号常量或宏定义等可单独组成一个文件,在其他文件的开头用文件包含命令包含该文件即可使用。这样,可避免在每个文件开头都去编写那些公用量,从而节省时间,并减少出错。本节主要介绍文件包含命令的基本格式和它的用途。

文件包含命令的形式如下。

形式 1:

```
# include "文件名"
```

形式 2:

include <文件名>

其中,文件名是由 C 语言的语句和预处理命令组成的文本文件。

形式 1:系统先在本程序文件所在的磁盘和路径下寻找包含文件;若找不到,再按系统规定的路径搜索包含文件。

形式 2:系统仅按规定的路径搜索包含文件:在包含文件目录中去查找(包含文件目录是由用户在设置环境时设置的),而不在源文件目录去查找。

注意事项如下:

(1) 一个#include 命令只能包含一个文件,若有多个文件要包含,则需要使用多个#include 命令。

(2) 为了减少寻找包含文件时出错,如果是包含系统头文件通常都使用形式 2,否则使用形式 1。

(3) 由于被包含文件的内容全部出现在源程序清单中,所以其内容必须是 C 语言的源程序清单,否则,在编译源程序时,会出现编译错误。

(4) 文件包含允许嵌套,即在一个被包含的文件中又可以包含另一个文件。

(5) 文件包含命令还有一个很重要的功能,即能将多个源程序清单合并成一个源程序后进行编译。

【例 7.5】 验证文件包含命令能将多个源程序清单合并成一个源程序。

【问题分析】 先创建 3 个单独的源程序 file1.c、file2.c 和 file3.c,互不包含,单独编译,观察提示信息。然后,再根据需要,使用文件包含命令将 3 个源程序清单合并成一个源程序后编译运行。

【程序代码】

源程序文件 file1.c 的内容如下:

```
# include < stdio.h>              //将 stdio.h 头文件包含进来
float max1(float x,float y)       //定义 max1()函数
{
    if(x> y) return(x);           //如果 x> y,返回 x 的值
    else return(y);               //否则返回 y 的值
}
```

源程序文件 file2.c 的内容如下:

```
# include < stdio.h>              //将 stdio.h 头文件包含进来
float max2(float x,float y,float z)   //定义 max2()函数
{
    float m;                      //定义实型变量 m
    m = max1(max1(x,y),z);        //嵌套调用 max1()函数
    return(m);                    //返回 m 的值
}
```

源程序文件 file3.c 的内容如下:

```
#include <stdio.h>                                //将 stdio.h 头文件包含进来
int main()
{
    float x1,x2,x3,max;                          //定义实型变量 x1、x2、x3、max
    scanf("%f,%f,%f",&x1,&x2,&x3);               //输入 3 个值,分别保存在 x1、x2、x3 中
    max = max2(x1,x2,x3);                        //调用 max2()函数
    printf("max(%f,%f,%f)=%f\n",x1,x2,x3,max);   //输出最大值
    return 0;
}
```

单独编译 file1.c 会出现没有主函数的错误;单独编译 file2.c 程序会出现没有主函数和没有 max1()函数的错误;单独编译 file3.c 会提示没有 max2()函数的错误。如果在 file3.c 的程序开头将 file1.c 和 file2.c 程序文件包含进去,再编译运行程序文件 file3.c 就能正确执行。例如:

```
#include <stdio.h>                                //将 stdio.h 头文件包含进来
#include "file1.c"                                //将 file1.c 文件包含进来
#include "file2.c"                                //将 file2.c 文件包含进来
int main()
{
    float x1,x2,x3,max;                          //定义实型变量 x1、x2、x3、max
    scanf("%f%f%f",&x1,&x2,&x3);                 //输入 3 个值,分别保存在 x1、x2、x3 中
    max = max2(x1,x2,x3);                        //调用 max2()函数
    printf("max(%f,%f,%f)=%f\n",x1,x2,x3,max);   //输出最大值
    return 0;
}
```

图 7.5　例 7.5 程序输出结果

【输出结果】

程序输出结果如图 7.5 所示。

说明:在编译预处理时,file3.c 程序清单中已经用文件 file1.c 和 file2.c 的内容替换两个文件包含命令,能够正确输出最大值。

7.3　条件编译命令

一般情况下,源程序的所有行都参加编译,但有时希望其中的部分内容只在满足一定条件时才进行编译,即对一部分内容指定编译条件,这就是条件编译(conditional compile)。

条件编译命令将决定哪些代码被编译,哪些是不被编译的。可将表达式的值或某个特定宏是否被定义作为编译条件。

条件编译有 3 种形式,下面分别介绍。

(1) 第一种形式如下:

```
#ifdef 标识符
    程序段 1
#else
    程序段 2
#endif
```

功能：如果标识符已被♯define命令定义，则对程序段1进行编译，否则对程序段2进行编译。如果没有程序段2，此形式也可以写为如下：

```
# ifdef 标识符
    程序段
# endif
```

（2）第二种形式如下：

```
# ifndef 标识符
    程序段 1
# else
    程序段 2
# endif
```

与第一种形式的区别是将ifdef改为ifndef。它的功能是：如果标识符未被♯define命令定义则对程序段1进行编译，否则对程序段2进行编译。

【例 7.6】　条件编译示例1。

【问题分析】　按照上面的形式写程序，验证条件编译的功能。

【程序代码】

```
# include < stdio. h>              //将文件 stdio.h 包含进来
int main()
{
    # ifdef DEBUG                   //如果 DEBUG 已定义，则编译下面的 printf 语句
        printf("yes\n");           //输出字符串 yes
    # endif                        //与上面 ifdef 配对出现
    # ifndef DEBUG                  //如果 DEBUG 未定义，则编译下面的 printf 语句
        printf("no\n");            //输出字符串 no
    # endif                        //与上面 ifndef 配对出现
    return 0;
}
```

【输出结果】

程序输出结果如图7.6所示。

说明：

由于标识符DEBUG没有使用♯define命令定

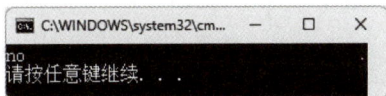

图 7.6　例 7.6 程序输出结果

义，所以只对printf("no\n")进行编译，所以也就只执行这条语句，其他的语句既不编译也不执行。

（3）第三种形式如下：

```
# if 常量表达式
    程序段 1
# else
    程序段 2
# endif
```

功能：若常量表达式的值为真（非零），则对程序段1进行编译，否则对程序段2进行编

译。因此可以使程序在不同条件下完成不同的功能。

【例 7.7】 条件编译示例 2。

【问题分析】 按照第三种形式写程序,验证条件编译的功能。

【程序代码】

```
# include < stdio. h >                              //将 stdio.h 头文件包含进来
# define H 0                                         //利用宏定义定义符号常量 R
int main()
{
    float r,v,s;                                     //定义实型变量 r、v、s
    printf("Enter a number: ");                      //输出提示信息
    scanf(" % f",&r);                                //输入值
    #if H                                            //如果 H 为非 0 值,则计算 v 的值并输出
        v = 3.14159 * r * r * H;                     //计算圆柱体的体积
        printf("The volume of cylinder is: % f\n",v); //输出 v 的值
    #else                                            //如果 H 为 0,则计算 s 的值并输出
        s = 3.14159 * r * r;                         //计算圆面积
        printf("The area of circle is: % f\n",s);    //输出 s 的值
    # endif                                          //与上面 if 配对出现
    return 0;
}
```

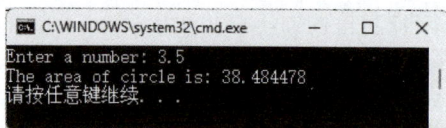

图 7.7 例 7.7 程序输出结果

【输出结果】

程序输出结果如图 7.7 所示。

说明: 此示例是先定义了符号常量,然后根据符号常量表达式的值决定对哪部分编译,也可以不定义符号常量,直接根据字面常量表达式的值决定对哪部分编译。

7.4 "学生成绩管理系统"案例分析与实现

在"学生成绩管理系统"案例中,使用不带参数的宏定义了符号常量 MAXSIZE,在定义学生信息结构体数组时作为数组的长度。使用文件包含命令包含自定义头文件,以便使用其中定义的宏、结构体、函数声明等。使用条件编译命令防止头文件被重复包含。

C 语言允许将一个大型程序分成多个文件进行编写,这样可以提高代码的可维护性、可重用性和可管理性。以下是组织文件内容的一般方法。

1. 头文件(.h 文件)

头文件一般包含以下内容。

(1) 函数声明:将函数原型放在头文件中,以便在其他源文件中引用这些函数。

(2) 宏定义:将全局的宏定义放在头文件中,如符合常量的定义。

(3) 类型定义:自定义的数据类型,例如结构体类型、枚举类型、共用体等,可以在头文件中声明,以便在多个源文件中使用相同的数据结构。

在"学生成绩管理系统"中，可以创建一个名为 student.h 的头文件，内容如下：

```
# ifndef STUDENT_H
# define STUDENT_H
# define MAXSIZE 30
typedef struct student              //学生信息结构体 student
{
    char num[10];                   //学号
    char name[15];                  //姓名
    int cgrade;                     //C 语言成绩
    int mgrade;                     //高数成绩
    int egrade;                     //英语成绩
    int total;                      //总分
    float ave;                      //平均分
}Student;
extern Student stud[MAXSIZE];       //学生信息结构体数组
extern int stu_num;                 //学生总人数

void append();                      //录入学生信息
//显示位序为 index 的学生信息，index 值为 -1 时显示所有学生的信息
void display(int index);
void modify();                      //按学号修改学生信息
void del();                         //按学号删除学生信息
void query();                       //按学号查询学生信息
void total();                       //统计某门课程成绩不及格学生人数、最高分、平均分
void sort();                        //按总成绩从高到低降序排序
int locate(char str[]);            //定位学生信息结构体数组中学号为 str 的学生
void stringInput(char t[],int lens); //输入字符串，并进行长度验证(长度<= lens)
int numberInput();                  //输入分数，并进行范围检查(0 <= 分数<= 100)
# endif
```

上述代码中，# define MAXSIZE 30 定义符号常量 MAXSIZE 的值为 30，该符号常量在定义 stud 数组时作为数组的长度。# ifndef STUDENT_H、# define STUDENT_H 和 # endif 是防止头文件被重复包含的预处理器指令，避免编译错误。

2. 源文件(.c 文件)

源文件一般包含以下内容。

(1) 函数实现：将函数的实现放在源文件中。

(2) 全局变量：全局变量的定义通常也放在源文件中，不过在头文件中可以使用 extern 关键字进行声明，以便在其他源文件中使用。

在"学生成绩管理系统"中，可以创建一个名为 functions.c 的源文件，包含 student.h 中所声明的函数的实现。也可以创建多个源文件，把系统中的所有自定义函数分门别类的放在不同的源文件中，具体参见本案例源代码。

3. 主程序文件(通常是 main.c)

主程序文件通常包含 main()函数。它可以包含所需的头文件并调用其他文件中的函数。

在"学生成绩管理系统"中,创建一个名为 main.c 的文件,内容如下:

```c
#include <student.h>
#include <stdio.h>
#include <stdlib.h>
#include <conio.h>
Student stud[MAXSIZE];              //定义全局数组 stud,存储所有学生的信息
int stu_num = 0;                    //定义全局变量,存储学生总人数
int main()
{
    int choice;
    stu_num = 0;
    while(1)                        //确保用户执行完一次功能操作后,不会退出系统
                                    //只能通过选择 0 号功能模块才能退出系统
    {
        system("cls");             //清屏
        printf(" ================================================ \n");
        printf("                 欢迎使用学生成绩管理系统                \n");
        printf(" ------------------------------------------------ \n");
        printf("\t1.录人学生信息    2.显示学生信息\n");
        printf("\t3.修改学生信息    4.删除学生信息\n");
        printf("\t5.查找学生信息    6.学生成绩统计\n");
        printf("\t7.学生成绩排序    8.保存学生信息\n");
        printf("\t            0.退出程序\n");
        printf(" ================================================ \n");
        printf("请选择功能模块,输入数字 0 - 8: ");
        while(1)                   //确保输入正确的菜单号
        {   scanf("%d",&choice);
            if(choice >= 0 && choice <= 8) break;
            else printf("输入数字不正确,请重输 0 - 8: ");
        }
        switch(choice){
            case 1: append(); printf("数据输入完毕!\n");system("pause"); break;
            case 2: display(-1);system("pause"); break;
            case 3: modify();system("pause"); break;
            case 4: del();system("pause"); break;
            case 5: query();system("pause"); break;
            case 6: total(); system("pause"); break;
            case 7: sort(); system("pause"); break;
            case 0: printf("谢谢使用,再见!\n");
                    printf("按任意键退出...\n");getch();exit(0);
        }
    }
    return 0;
}
```

在上述 main()函数代码中,使用文件包含命令 #include "student.h"包含自定义头文件,以便使用其中的结构体和函数声明。

在大型程序设计中,文件包含命令很有用。一个大型程序通常由多个模块组成,并且由多名程序员分头编写。这样可以把一些公用的符号常量、结构体的定义、全局变量的声明、自定义函数的声明等内容统一放在一个头文件中,如案例中头文件 student.h。程序员在需

要时,只需在文件的开头包含该头文件即可,这样可以避免每个程序员都要进行重复的定义,既节省了时间,也避免了数据定义的不一致。

　　一个大型程序包含了很多文件,那么这些文件如何有效地组织起来,以方便地进行编译、连接和执行呢? VC++2010 采用项目来管理多文件的编译和连接。在 VC++2010 中创建项目和添加文件的操作已在第 1 章中介绍,在此不再赘述。本案例项目中的多文件及文件内容组织请参见本书配套教学资源。

7.5　常见错误分析

1. 缺少宏定义标志符"♯"

```
define PI 3.1415926
```

【错误分析】　缺少宏定义标志符"♯",只要添加了"♯",就能消除错误。

2. 宏定义后面多加了分号";",连分号也一起替换

```
# include < stdio. h >
# define PI 3.14159;
int main()
{
    float area, r = 1.0;
    area = 2 * PI * r * r;
    return 0;
}
```

【错误分析】　宏定义后面多加了分号";",编译时把 PI 用"3.1415926;"替换,不是数据,不能参与运算。

3. 定义符号常量时,多加了赋值号"=",误以为是变量赋值

```
# define PI = 3.1415926
```

【错误分析】　定义符号常量时,多加了赋值号"=",误以为是给变量赋值。

本章小结

本章主要介绍了如下内容。

（1）预处理功能是 C 语言特有的功能,它是在对源程序正式编译前由预处理程序完成的。程序员在程序中用预处理命令来调用这些功能。

（2）宏定义是用一个标识符来表示一个字符串,这个字符串可以是常量、变量或表达式。在宏调用中将用该字符串替换宏名。

（3）宏定义可以带有参数，宏调用时是以实参替换形参，而不是值传递。

（4）文件包含是预处理的一个重要功能，它可用来把多个源文件连接成一个源文件进行编译，结果将生成一个目标文件。

（5）条件编译允许只编译源程序中满足条件的程序段，使生成的目标程序较短，从而减少了内存的开销并提高了程序的效率。

（6）使用预处理功能便于程序的修改、阅读、移植和调试，也便于实现模块化程序设计。

（7）将"学生成绩管理系统"案例程序分解成多个文件编写，采用文件包含命令来组织和管理这些文件。

习题七

一、选择题

1. 下面叙述正确的是(　　)。

　　A. 带参数的宏定义中参数是没有类型的

　　B. 宏展开将占用程序的运行时间

　　C. 宏定义命令只能定义无参宏

　　D. 使用♯include 命令包含的文件必须以".h"为后缀

2. 下面叙述正确的是(　　)。

　　A. 宏定义是 C 语句，所以要在行末加分号

　　B. 可以使用♯undef 命令来终止宏定义的作用域

　　C. 在进行宏定义时，宏定义不能层层嵌套

　　D. 对程序中用双引号括起来的字符串内的字符，与宏名相同的要进行置换

3. 当♯include 后面的文件名用双引号括起时，寻找被包含文件的方式为(　　)。

　　A. 直接按系统设定的标准方式搜索目录

　　B. 先在源程序所在目录搜索，若找不到，再按系统设定的标准方式搜索

　　C. 仅仅搜索源程序所在目录

　　D. 仅仅搜索当前目录

4. 下面叙述不正确的是(　　)。

　　A. 函数调用时，先求出实参表达式，然后带入形参；而使用带参的宏只是进行简单的字符替换

　　B. 函数调用是在程序运行时处理的，分配临时的内存单元；而宏展开则是在编译时进行的，在展开时也要分配内存单元，进行值传递

　　C. 对于函数中的实参和形参都要定义类型，两者的类型要求一致；而宏不存在类型问题，宏没有类型

　　D. 调用函数只可得到一个返回值，而用宏可以设法得到几个结果

5. 下面叙述不正确的是(　　)。

　　A. 使用宏的次数较多时，宏展开后源程序长度增长；而函数调用不会使源程序变长

    B. 函数调用是在程序运行时处理的,分配临时的内存单元;而宏展开则是在编译
      时进行的,在展开时不分配内存单元,不进行值传递

    C. 宏替换占用编译时间

    D. 函数调用占用编译时间

6. 以下叙述正确的是(　　)。

    A. 用#include 包含的文件的后缀不可以是".c"

    B. 若一些源程序中包含某个头文件,当该头文件有错时,只需对该头文件进行修
      改,包含此头文件所有源程序不必重新进行编译

    C. 宏命令行可以看作是一行 C 语句

    D. C 编译中的预处理是在编译之前进行的

7. 下面程序的输出结果是(　　)。

```c
#include <stdio.h>
#define R 3.0
#define PI 3.1415926
#define L 2 * PI * R
#define S PI * R * R
int main(){
    printf("L = % f S = % f\n",L,S);
    return 0;
}
```

    A. L=18.849 55 6 S=28.274 333

    B. 18.849 556=18.849 556 28.274 333=28.274 333

    C. L=18.849 556 28.274 333=28.274 333

    D. 18.849 556=18.849 556 S=28.274 333

8. 下面程序的输出结果是(　　)。

```c
#include <stdio.h>
#define MIN(x,y) (x)<(y)?(x):(y)
int main()
{
    int i,j,k;
    i = 10;
    j = 15;
    k = 10 * MIN(i,j);
    printf(" % d\n",k);
    return 0;
}
```

  A. 15   B. 100   C. 10   D. 150

9. 下面程序的输出结果是(　　)。

```c
#include <stdio.h>
#define MA(x) x * (x-1)
int main()
```

```
{
    int a = 1,b = 2;
    printf(" % d \n",MA(1 + a + b));
    return 0;
}
```

    A. 6   B. 8   C. 10   D. 12

10. 下面程序的输出结果是(　　)。

```
# include < stdio. h>
# define M(x,y,z) x * y + z
int main()
{
    int a = 1,b = 2,c = 3;
    printf(" % d\n",M(a + b,b + c,c + a));
    return 0;
}
```

    A. 19   B. 17   C. 15   D. 12

11. 程序中头文件 typel. h 的内容是：

```
# define N 5
# define M1 N * 3
```

程序如下：

```
# include < stdio. h>
# include "type1. h"
# define M2 N * 2
int main()
{
    int i;
    i = M1 + M2;
    printf(" % d\n",i);
    return 0;
}
```

上面程序的输出结果是(　　)。

    A. 10   B. 20   C. 25   D. 30

12. 请读如下程序：

```
# include < stdio. h>
# define SUB(X,Y) (X) * Y
int main()
{
    int a = 3,b = 4;
    printf(" % d",SUB(a++,b++));
    return 0;
}
```

上面程序的输出结果是(　　)。

    A. 12　　　　　　　　　B. 15　　　　　　　　　C. 16　　　　　　　　　D. 20

13. 执行下面的程序后,a 的值是(　　)。

```
# include < stdio.h >
# define SQR(X) X * X
int main()
{
    int a = 10,k = 2,m = 1;
    a/ = SQR(k + m)/SQR(k + m);
    printf(" % d\n",a);
    return 0;
}
```

    A. 10　　　　　　　　　B. 1　　　　　　　　　C. 9　　　　　　　　　D. 0

14. 设有以下宏定义

```
# define N 3
# define Y(n)((N + 1) * n)
```

则执行语句"z＝2 * (N＋Y(5＋1));"后,z 的值为(　　)。

    A. 出错　　　　　　　　　B. 42　　　　　　　　　C. 48　　　　　　　　　D. 54

二、填空题

1. C 语言提供了多种预处理功能,如_____、_____、_____等。

2. 在 C 语言中,宏分为_____和_____两种。

3. 文件包含命令的形式为_____。

4. 下面程序的输出结果是_____。

```
# include < stdio.h >
# define f(x) x * x
int main()
{
    int a = 6,b = 2,c;
    c = f(a)/f(b);
    printf(" % d\n",c);
    return 0;
}
```

5. 下面程序的输出结果是_____。

```
# include < stdio.h >
# define N 10
# define s(x) x * x
# define f(x) (x * x)
int main()
{
```

```
    int a,b;
    a = 1000/s(N);
    b = 1000/f(N);
    printf("%d,%d\n",a,b);
    return 0;
}
```

三、编程题

1. 定义一个求两数较大值的宏,从键盘输入 3 个数,利用该宏求这 3 个数的最大值。

2. 编写程序,新建一个 Console Application 项目 PointTest,将关于平面上点的结构体 Point 定义以及函数 double distance(Point p1,Point p2)的原型声明放在 Point.h 文件中,将求两点之间距离的 distance()函数实现放到 Point.c 文件中,然后在 main.c 文件中调用 distance()函数求两点之间距离。

3. 编写程序,输入一行字符,根据需要设置条件编译,将字符中的字母全部改为大写字母输出或全部改为小写字母输出。

第8章

指　针

CHAPTER 8

☆ 本章导读

　　C 语言中指针占据非常重要的地位，它是 C 语言的核心概念之一，也是其强大灵活性和复杂性的源泉。掌握指针对于深入理解 C 语言至关重要，它不仅在基础数据结构（如链表、树）中广泛应用，在复杂系统（如大型程序的数据索引与结构组织）中更是不可或缺。指针允许程序员直接按地址访问存储空间，并自由解释和操作数据，这一能力使 C 语言在操作系统、嵌入式系统等非常规访问需求的领域展现出非凡的灵活性与强大功能。因此，学习指针对于掌握 C 语言精髓、提升编程能力具有重要意义。

　　本章主要围绕指针的实质、表示、处理机制及其复杂应用展开，内容涵盖指针的基本语法语义、如何通过地址间接访问数据、指针与复杂类型及类型转换的交织关系等，并且借助指针实现"学生成绩管理系统"案例中单链表的创建、输出、查找、删除等基本操作。此外，本章还深入探讨了指针操作中常见的错误类型，如指向错误数据、地址越界或无效指针等，这些错误往往导致难以追踪的程序故障，甚至程序崩溃。因此，本章旨在帮助学习者建立扎实的理论基础，并通过实践积累指针操作的经验，从而驾驭这一强大而微妙的机制。

☆ 学习目标

- 掌握指针与指针变量的概念，熟练使用指针与地址运算符。
- 掌握指向变量、数组、字符串和函数的指针变量，通过指针引用以上各类型资源。
- 掌握用指针作为函数参数。
- 了解返回指针值的函数。

- 了解指针数组、指向指针的指针。
- 掌握指针与结构体。
- 了解链表。
- 能够正确使用指针解决一般应用问题。
- 进一步提升解决问题的能力。

8.1　变量的地址和指针

在 C 语言中定义变量时,首先需要指定其数据类型,这决定了变量在内存中占据的空间大小。接着,需要为变量命名。C 语言的编译系统会依据变量类型,在程序运行时为其分配相应的内存空间。例如,在 Visual C++环境下,int 类型占用 4 字节,而 double 类型占用 8 字节。

计算机内存中的每个单元都有一个唯一的地址,这是为了统一管理和访问。当定义一个变量时,系统就会为其分配一块内存空间,该内存空间第一个单元的地址为该变量的内存地址,这样变量名就与这个地址对应起来。给变量赋值,实际上就是把值存储到变量名对应的内存空间中。比如下面语句定义的变量:

```
int i,j,k;
```

编译程序可能会为它们在内存中进行如图 8.1(a)所示的存储分配。变量 i 占据以 2000 开始的 4 字节内存空间,j 占据从 2004 开始的 4 字节内存空间,k 占据从 2008 开始的 4 字节内存空间。在确定了变量的地址之后,就可以通过变量名对该变量所对应的内存空间进行操作。对编程者来说,可以使用变量名进行程序设计。程序运行需要进行运算时,要根据地址取出变量所对应的内存空间中存储的值,参与各种计算,计算结果最后还要存入变量名所对应的内存空间中。例如:

```
i = 10;
j = 20;
```

语句"i=10;"是将整数值 10 存入 2000 开始的 4 字节内存空间,语句"j=20;"是将整数值 20 存入 2004 开始的 4 字节内存空间。执行下面的赋值语句:

```
k = i + j;
```

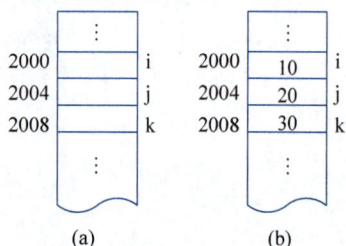

(a)　　(b)

图 8.1　直接访问

则是把地址 2000~2003 中存储的 i 变量值与地址 2004~2007 中存储的 j 变量值取出并相加,然后存入地址 2008~2011 的内存空间中。这个赋值语句执行完后的情况如图 8.1(b)所示。通过变量名获取变量的地址,再从变量的地址所对应的内存空间中取得值或将某值存入变量的地址所对应的内存空间中,称为直接寻址访问。

如果把变量 i 的地址存储在另一个变量 p 中,再通过访问变量 p,间接达到访问变量 i 的目的,这种方式称为变量的"间接访问"。保存其他变量地址的变量就称为指针变量。因此,可以认为:指针是用于指向其他变量的变量。

要取出变量 i 的值 10,既可以通过使用变量 i 直接访问,也可以通过指向变量 i 的指针变量 p 间接访问。

间接访问变量 i 的方法是:从指针变量 p 的地址为 3000~3003 的内存空间中(VC++2010 环境下指针变量的内存空间大小为 4 字节),先找到变量 i 在内存地址 2000,再从地址为 2000~2003 的内存空间中取出 i 的值 10,这种对应关系如图 8.2 所示。

指针变量是专门用于存储其他变量内存地址的变量。这种存储地址的能力体现了指针的间接存取特性。

指针变量 p 与整型变量 i 的区别在于:i 的值是 10,其内存地址是 2000;而指针变量 p 是存储变量 i 的地址,通过 p 可间接访问或操作变量 i 的值。

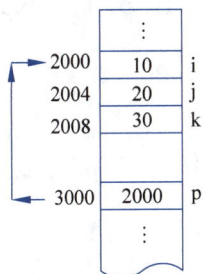

图 8.2　间接访问

⚠️ **注意**:理解"值"与"地址"的区别是掌握指针的关键。

- 值是存储在变量中的数据;地址是变量在内存中的存储位置。
- 通过指针,可以灵活地访问和操作这些数据和位置,从而实现更加复杂和高效的数据处理。

🔑 8.2　指针变量的定义

指针变量与一般变量一样,必须先声明后使用。定义一个指针变量需要解决两个问题:一是声明指针变量的名字,二是声明指针变量指向的数据类型,即指针变量指向的变量的数据类型。指针变量的定义形式如下:

```
类型声明符 *指针变量名;
```

例如,下面语句分别定义了指向整型变量的指针变量 p 和指向实型变量的指针变量 q。

```
int *p;          //定义 p 为指向整型变量的指针变量
float x, *q;     //定义实型变量 x 和指向实型变量的指针变量 q
```

说明:

(1) 在 C 语言中定义指针变量时,数据类型指的是指针所指向的数据的类型,也称为"基类型",指针变量名前的"*"在定义时不能省略,它是声明指针类型变量的标志。

(2) 其他类型的变量允许与指针变量在同一个语句中定义,例如:

```
int m,n, *p, *q;
```

此语句定义了 4 个变量,其中 m、n 是整型变量,p、q 是指向整型变量的指针变量。

8.3　指针运算

8.3.1　取地址运算符

在 C 语言中,"&"运算符为取地址运算符,属于单目运算符。其作用是获取其后操作数的内存地址,并且其结合方向为从右向左。例如:

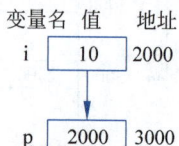

变量名　值　　地址

i　[10]　2000

p　[2000]　3000

图 8.3　指针变量 p 与整型变量 i 的关系

```
int i = 10, * p;
p = &i;
```

将变量 i 的地址(注意,不是 i 的值)赋值给 p。这个赋值语句可以理解为 p 接收 i 的地址,如图 8.3 所示。如果给 i 分配的内存地址是 2000 开始的 4 字节内存空间,则赋值后 p 的值是 2000。

> ! **注意**:在 C 语言中,需要明确区分取地址运算符"&"与按位与运算符"&"。
> - 取地址运算符"&"是单目运算符,其功能为获取紧跟其后的操作数在内存中的地址。
> - 按位与运算符"&"是双目运算符,它对两个操作数的每一位执行逻辑与操作。

8.3.2　指针运算符

"*"运算符是指针运算符,也称为间接运算符,它也是单目运算符。其功能是取该指针所指向的内存空间的值。例如:

```
int x = 10, * p,y;
p = &x;              //取变量 x 的地址赋给指针变量 p
y = * p;             // * p 表示取指针变量 p 所指内存空间的内容,即变量 x 的值,这里 y = 10
```

> ! **注意**:第 1 条语句与第 3 条语句都含有"* p",但它们承载的意义完全不同。
> - 在第 1 条语句中,"*"是一个类型声明符号,它清晰地指出 p 是一个存储内存地址的指针变量,而非普通变量。
> - 在第 3 条语句中,"*"是一个运算符,它的职责是访问指针 p 所指向的内存空间,并从中检索出存储的数据值,也就是通过 p 执行间接访问操作,以获取变量 x 的具体数值。

8.3.3　赋值运算

1. 指针变量的初始化

指针变量的初始化,就是在定义指针变量的同时为其赋初值。由于指针变量是指针类

型,所赋初值应是一个地址值。其一般形式如下:

> 数据类型 * 指针变量名 1 = 地址 1, * 指针变量名 2 = 地址 2;

其中的地址形式有多种,例如,& 变量名、数组名、其他的指针变量等。

& 运算符是取地址运算符,"& 变量名"也可以直接理解为变量的地址。例如:

```
int i;
int * p = &i;
```

这两条语句分别定义了整型变量 i 和指向整型变量 i 的指针变量 p,并且将变量 i 的地址作为 p 的初值。

```
char s[20];
char * str = s;
```

这两条语句分别定义了字符数组 s 和指向字符型变量的指针变量 str,并且将字符数组 s 的首地址作为 str 的初值。

!　**注意**:给指针变量初始化时需注意以下几点。

- **定义顺序**:不能用未定义的变量地址来初始化指针。例如,以下代码是错误的,因为 x 尚未定义,没有有效地址可供 q 指向:

```
float * q = &x;
float x;
```

正确的做法是先定义变量 x,再用其地址初始化指针 q。

- **类型匹配**:指针变量的基类型必须与被指向变量的类型一致。例如,以下代码是错误的,因为 p 是指向整型的指针,而 m 是浮点型,这会导致类型不匹配。

```
float m;
int * p = &m;
```

- **避免整数赋值**:除了 0(表示空指针)外,不能将其他整数作为指针的初值。在程序运行期间,变量的地址由系统分配,将整数赋给指针可能导致不可预测的结果。将指针初始化为 0,表示它是一个空指针,不指向任何对象。

---

2. 使用赋值语句赋值

在程序运行中,可以使用赋值语句为指针变量赋值,一般形式如下:

> 指针变量 = 地址;

例如:

```
int m = 100, * p;
p = &m;              //将变量 m 的地址赋给指针变量 p
```

另外,指针变量与一般变量一样,存储在它们之中的值是可以改变的,也就是说可以改变 z 指针变量的指向,假设:

```
int a = 10,b = 20, * p1, * p2;
p1 = &a;
p2 = &b;
```

则建立如图 8.4 所示的联系。

这时赋值语句:

```
p2 = p1;
```

就使 p2 与 p1 指向同一个变量 a,此时 * p2 就等价于 a,而不是 b,如图 8.5 所示。

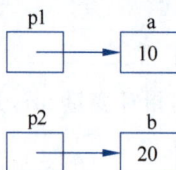

图 8.4   指针变量 p1、p2 与 a、b 的关系(1)   **图 8.5   指针变量 p1、p2 与 a、b 的关系(2)**

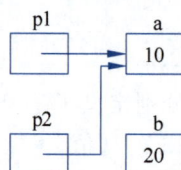

在图 8.4 基础上,如果执行如下语句:

```
* p2 = * p1;
```

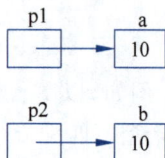

图 8.6   指针变量 p1、p2 与 a、b 的关系(3)

则表示把 p1 所指向的内容赋给 p2 所指向的存储单元,此时就变成图 8.6 所示。

通过指针访问其所指向的变量属于间接访问方式,相较于直接访问变量,这种方式通常耗时更多且不够直观。间接访问的目标变量取决于指针的指向。例如,语句" * p2 = * p1;"实质上等同于"b=a;",但前者在速度上可能较慢且意图不够明确。然而,指针作为变量,其指向可以灵活改变,从而间接地访问不同的变量。这种灵活性为程序员提供了极大的便利,使得代码编写更为简洁高效。在 C 语言编程中,指针的这一特性尤为重要。

8.3.4   空指针与 void 指针

1. 空指针

空指针是指未指向任何对象的指针,表明它不关联任何内存单元。构建空指针有两种常见方式:

(1)赋值为 0,这是唯一无需转换即可直接赋给指针的数值。例如:

```
int * p; p = 0;
```

（2）赋值为 NULL，由于 NULL 本质上定义为 0，因此这两种方式在效果上是等价的。例如：

```
int * p;   p = NULL;
```

引入空指针的初衷在于预防指针使用中的错误。它常用于指针的初始化，以避免产生野指针。野指针是指未初始化、可能指向任意内存位置的指针，使用它们极易引发错误。

值得注意的是，将指针变量赋值为 0 或 NULL 与未赋值有着本质区别。前者是将指针初始化为空指针，明确表明该指针不可使用；而后者则是使指针处于未初始化状态，可能指向任意位置，成为野指针。

为避免此类错误，通常建议在定义指针变量时立即将其初始化为空指针，并在使用前赋予具体指向。这样，指针在有了明确目标后再进行操作，可大大降低出错风险。

2. void 指针

C 语言规定，指针变量也可以定义为 void 型，例如：

```
void * p;
```

这里 p 仍然是一个指针变量，有自己的内存空间，但不指定 p 指向哪种类型的变量。在这种情况下，应该注意：

（1）任何指针都可以赋值给 void 指针。

```
int * q;
p = q;                 //不需要进行强制类型转换
```

（2）把 void 指针赋值给其他类型的指针时都要进行转换。

```
int * t = (int * )p;      //需要进行强制类型转换
```

（3）void 指针不能参与指针运算，除非进行转换。

如果对指针变量进行加法或减法就会导致编译错误，例如：

```
int main()
{
    void * pointer;
    pointer++;            //编译出错，原因是不知道 pointer 指向的类型
    return 0;
}
```

🔍 8.4　指针与函数

在 C 语言中，函数间不仅可以传递普通变量的值，还能传递变量的地址（即指针）。函数与指针关系紧密，主要体现在三个方面：指针作为函数的参数、指针作为函数的返回值、

指向函数的指针。

8.4.1 指针作为函数参数

前面 6.3 节中学习了函数参数的传递,有值传递和地址传递两种,示例 6.5 利用实参向形参单向值传递,实现交换两个数的值的功能。接下来,利用指针作为函数参数,编写一个交换两个数的值的函数,并分析主调函数和被调函数中实参和形参值的变化。

【例 8.1】 编写 swap(int * ,int *)函数交换两个变量的值,其中函数参数为指针变量。

【问题分析】

在 swap()函数中采用 * p1 和 * p2 作为形参,用来接收要交换的两个变量 a 和 b 的地址,在函数中使用指针变量 p1 和 p2 来对它们所指向的两个变量 a 和 b 中的数据进行交换。

【程序代码】

```c
# include < stdio. h>
void   swap(int * p1,int * p2)
{
    //借助 t,将指针 p1 和 p2 所指元素的值交换,注意这里交换的是值
    int t;                                        //定义整型变量 t
    //输出指针 p1 和 p2 所指元素的值
    printf("2:In swap. Before Swap:p1 = % d,p2 = % d\n", * p1, * p2);
    t = * p1;
     * p1 = * p2;
     * p2 = t;
    //输出指针 p1 和 p2 所指元素的值
    printf("3:In swap. After   Swap:p1 = % d,p2 = % d\n", * p1, * p2);
}
int main()
{
    int a, b;                                     //定义整型变量 a 和 b
    printf("please   enter   a and b:");          //输出提示语
    scanf(" % d % d",&a, &b);                      //输入 a 和 b
    printf("1:In main. Before Swap:a = % d,b = % d\n",a,b);    //输出 a 和 b
    //调用 swap()函数,其参数是整型变量 a 和 b 是地址
    swap(&a,&b);
    printf("4:In main. After   Swap:a = % d,b = % d\n",a,b);   //输出 a 和 b
    return 0;
}
```

【输出结果】

程序输出结果如图 8.7 所示。

```
C:\WINDOWS\system32\cmd.exe     —    □    ×
please   enter   a and b:3 5
1: In main. Before Swap:a=3,b=5
2: In swap. Before Swap:p1=3,p2=5
3: In swap. After   Swap:p1=5,p2=3
4: In main. After   Swap:a=5,b=3
请按任意键继续. . .
```

图 8.7   例 8.1 程序输出结果

在程序中,swap()函数的形参为指向整型变量的指针,调用 swap()函数的实参为整型变量的地址。这样的参数传递,使得指针变量 p1 中存储的是变量 a 的地址,指针变量 p2 中存储的是变量 b 的地址,指针变量 p1 指向变量 a,指针变量 p2 指向变量 b,其各个变量的状态和相互关系可用图 8.8

描述。

调用 swap()函数,首先执行语句"t= * p1;",将指针 p1 所指的内容存入临时变量 t 中;然后执行语句" * p1= * p2;",将指针 p2 所指的内容存入指针 p1 所指的变量中;最后执行语句" * p2=t;",将临时变量 t 暂存的数据存入指针 p2 所指的变量中,从而完成交换两个变量值的操作。swap()函数的整个执行过程和各个变量值的变化过程可用图 8.9 描述。

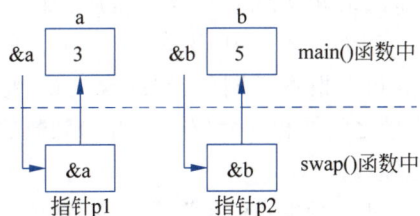

(a) 执行 "t=*p1;"语句

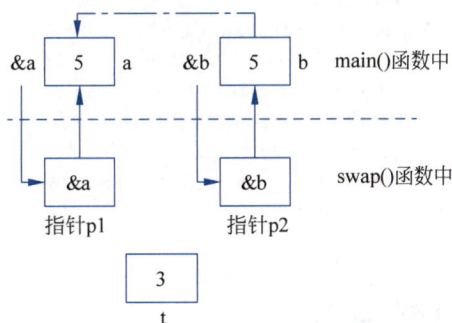

(b) 执行 "*p1=*p2;"语句

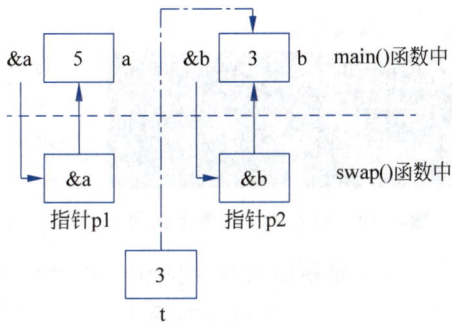

(c) 执行 "*p2=t;"语句

图 8.8　进入 swap()函数时的
参数传递情况

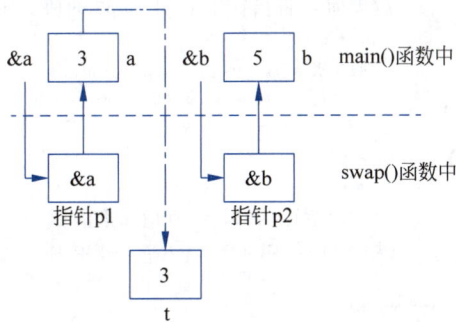

图 8.9　例 8.1 中 swap()函数的整个执行
过程和各个变量值的变化过程

如果把程序写成例 8.2,程序的输出结果又是怎样的呢?

【例 8.2】　编写 swap(int * ,int *)函数,实现两个变量值的交换,其中函数参数为指针变量。

【问题分析】

在 swap()函数中,两个指针变量 p1 和 p2 使用指针变量 t 完成地址交换。

【程序代码】

```c
# include < stdio.h>
void swap(int * p1,int * p2)
{
    //借助 t,将指针变量 p1 和 p2 的值交换,注意这里交换的是地址
    int * t;                              //定义整型指针变量 t
    //输出指针 p1 和 p2 所指元素的值
    printf("2:In swap.Before Swap:p1 = % d,p2 = % d\n", * p1, * p2);
    t = p1;
    p1 = p2;
    p2 = t;
    //输出指针 p1 和 p2 所指元素的值
    printf("3:In swap.After   Swap:p1 = % d,p2 = % d\n", * p1, * p2);
}
int main()
{
    int a, b;                            //定义整型变量 a 和 b
    printf("please   enter   a and b:");   //输出提示语
    scanf("% d % d",&a,&b);               //输入 a 和 b
    printf("1:In main.Before Swap:a = % d,b = % d\n",a,b);//输出 a 和 b
    //调用 swap()函数,参数是整型变量 a 和 b 的地址
    swap(&a,&b);
    printf("4:In main.After   Swap:a = % d,b = % d\n",a,b);//输出 a 和 b
    return 0;
}
```

【输出结果】

程序输出结果如图 8.10 所示。

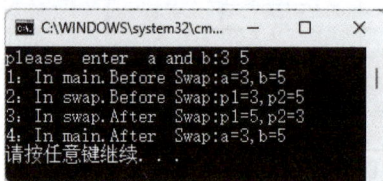

图 8.10 例 8.2 程序输出结果

同样是使用指针作为形参,为什么没有将 a 和 b 的值进行交换呢? 在例 8.2 中,语句"* p1 = * p2;"的含义是"取指针变量 p2 的内容赋给指针变量 p1 所指的变量中",即该语句实现对指针变量所指内容之间的相互赋值。而在例 8.3 中,语句"p1 = p2;"的含义与例 8.2 中语句是根本不同的,它的含义是"将指针变量 p2 的值赋给指针变量 p1",即实现的是指针变量之间的相互赋值。swap()函数的整个执行过程和各个变量值的变化过程可用图 8.11 描述。

"指针变量所指向的内容"(简称"指针内容")与"指针变量本身的值"(简称"指针值")是两个截然不同的概念。前者是指通过指针访问其指向的内存单元中所存储的数据值,而后者则是指针变量本身所持有的地址值。对于初学者而言,明确区分这两者至关重要。

从这个示例可以观察到:尽管 C 语言的函数参数传递均采用值传递方式,但可以通过传递变量的地址,在被调函数中使用形参指针间接访问和修改主调函数的某些变量值。这为在函数间传递数据提供了一种新的有效手段。

(a) 执行 "t=p1;"语句

(b) 执行 "p1=p2;"语句

(c) 执行 "p2=t;"语句

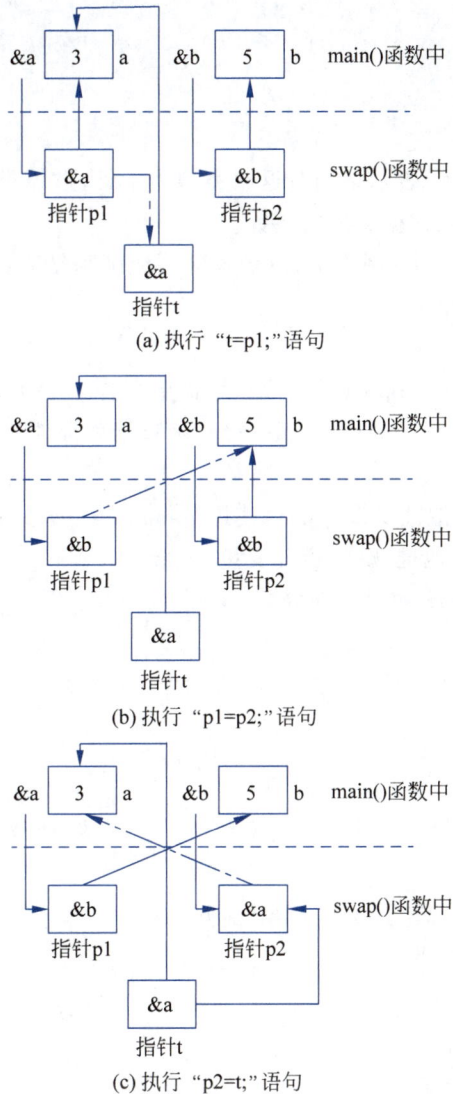

图 8.11 例 8.2 中 swap()函数的整个执行过程和各个变量值的变化过程

> **注意**：指针参数传递中应注意如下。
>
> - C 语言中从实参到形参的传递是值传递：无论什么参数都是传值方式。
> - 能够修改实参变量值的原因：形参和实参共用相同的存储单元。
> - 要从函数获得多个值的情况，可用多个指针变量作为函数参数，通过修改指针所指变量的值来返回多个值。

8.4.2 指针作为函数的返回值

除了可以将基本类型作为函数返回值类型之外，还可以将地址作为函数返回值，当把地址作为函数返回值时，该函数被称为指针函数。其定义形式如下：

```
数据类型 * 函数名(形参列表)
{
    函数体;
}
```

其中,函数名前面的"*"表示该函数返回类型为指针,数据类型表明指针指向的类型,函数的返回值是一个指向该数据类型的指针。

【例 8.3】 输入若干个百分制成绩,以输入非法成绩为结束(成绩大于 100 或者小于 0 为非法成绩),求最高分并输出。

【问题分析】

(1) 定义指针函数"int * input()"完成从键盘输入若干百分制成绩,并通过循环判断求出最高分。使用静态局部变量 max 记录最高分,函数结束前使用语句"return &max;",返回最高分的内存地址。

(2) 在主函数中,定义指针变量 pmax,使用"pmax＝input();"调用 input()函数,并将函数返回值(最高分的内存地址)赋给指针变量 pmax。

(3) 通过指针变量 pmax 输出最高分。

【程序代码】

```c
# include < stdio. h>
int * input()
{
    static int max;                          //定义静态整型变量 max,用于存储最大数
    int x;                                   //定义整型变量 x
    scanf(" % d",&x);                         //输入 x
    max = x;
    //输入若干个百分制成绩,以输入非法成绩为结束
    while(x < = 100&&x > = 0)
    {
        if(x > max)                          //x 比 max 大,则将 x 赋值给 max
            max = x;
        scanf(" % d",&x);                     //继续输入 x
    }
    return &max;                             //返回 max
}
int main()
{
    int * pmax;                              //定义整型指针变量 pmax
    printf("输入若干个百分制成绩(输入非法则结束):");//输入提示
    pmax = input();                          //调用 input()函数
    printf("最高分是: % d\n", * pmax);          //输出 pmax
    return 0;
}
```

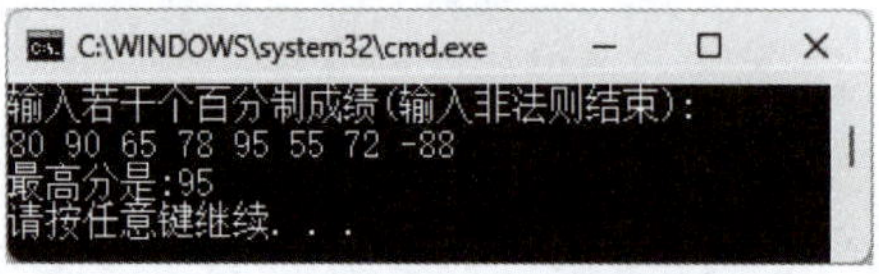

【输出结果】

程序输出结果如图 8.12 所示。

图 8.12　例 8.3 程序输出结果

> **⚠ 注意:**
>
> 如果函数的返回值是指针,一定不要返回局部变量的地址。因为在函数调用结束后,局部变量被释放。但这时函数返回值却是指向销毁内存的指针,成为了野指针。在函数 input()内部定义存储最大数的 max 变量时,使用语句"static int max;",max 就变成静态局部变量,生存期是整个程序执行期间,所以这时返回它的指针,主调函数可以读取这块空间。

8.4.3 指向函数的指针

在 C 语言中,指针的使用方法非常灵活,指向函数的指针是一个在其他的高级语言中非常罕见的功能。在定义一个函数之后,编译系统为每个函数确定一个入口地址,当调用该函数的时候,系统会从这个"入口地址"开始执行该函数。存储了函数的入口地址的指针就是一个指向函数的指针,简称函数的指针。

函数的指针的定义格式是:

```
类型标识符 ( * 指针变量名)();
```

类型标识符为函数返回值的类型。特别值得注意的是,由于在 C 语言中括号的优先级比 * 高,因此,"* 指针变量名"外部必须用括号,否则指针变量名首先与后面的括号结合,就成了 8.4.2 节中介绍的"返回指针的函数"。试比较下面两条声明语句:

```
int( * pf)();          //定义一个指向函数的指针,该函数的返回值为整型数据
int * f()              //定义一个返回值为指针的函数,该指针指向一个整型数据
```

与变量指针一样,必须给函数指针赋值,才能指向具体的函数。由于函数名代表了该函数的入口地址,因此,一个简单的方法是:直接用函数名为函数指针赋值,即:

```
函数指针名 = 函数名;
```

例如:

```
double fun();          //函数声明
double( * f)();         //函数指针声明
f = fun;               //f 指向 fun()函数
```

函数指针经定义和赋值之后,在程序中可以引用该指针,目的是调用被指针所指的函数,由此可见,使用函数型指针,增加了一种函数调用的方式。

【例 8.4】 使用函数指针,求两个整数的和。

【问题分析】

(1) 定义 add()函数,完成两个整数求和。

(2) 在主函数中,定义函数指针 p,并将 add()函数的入口地址赋值给 p,最后用函数指针 p 调用 add()函数。

【程序代码】

```
# include < stdio. h >
int add(int x, int y)                              //定义 add()函数,用于完成两个整数相加
{
    return x + y;
}
int main()
{
    int( * p)(int,int);                            //定义函数指针 p
    int a,b,c;
    p = add;                                       //将 add()函数入口地址赋值给函数指针 p
    printf("Please enter a and b:");               //输出屏幕提示语
    scanf("%d%d",&a,&b);                           //输入 a 和 b 的值
    c = ( * p)(a,b);                               //用函数指针 p 调用函数
    printf("a= %d,b= %d,a+b= %d\n",a,b,c);         //输出结果
    return 0;
}
```

【输出结果】

程序输出结果如图 8.13 所示。

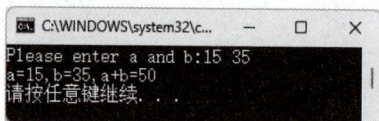

```
C:\WINDOWS\system32\c...    —    □    ×
Please enter a and b:15 35
a=15,b=35, a+b=50
请按任意键继续. . .
```

图 8.13   例 8.4 程序输出结果

程序中的语句"int (* p)(int,int);"声明 p 是指向函数的指针,int 表明函数的返回值为整型。赋值语句"p=add;"的作用是将函数 add()的入口地址赋给 p,也就是让 p 指向 add()函数。主函数中的语句"c=(* p)(a,b);"等价于"c=add(a,b);",不同的是用指针形式实现函数的调用,以上两种函数调用方法,其结果是一样的。

【例 8.5】   用函数指针实现整数算术运算。

【问题分析】

(1) 定义 5 个函数,分别完成两个整数的加、减、乘、除和取余运算。

(2) 定义函数 operation(),其形参有 3 个,分别是两个整型变量和一个函数指针 exp。在 operation()函数体内使用函数指针 exp 调用函数,并将调用函数得到的结果返回。

(3) 在主函数中,分别将两个整数的加、减、乘、除、取余函数名作为调用函数 operation()的第 3 个实参,以调用相应的函数。

【程序代码】

```
# include < stdio. h >
int add( int a, int b){   return a + b;   }       //求和函数
int sub( int a, int b){   return a − b;   }       //求差函数
int mul( int a, int b){   return a * b;   }       //求积函数
int dev( int a, int b)                            //求商函数
{
    if(b == 0)   return 0;
    else return a/b;
}
int mod( int a, int b)                            //求余函数
{
    if(b == 0) return 0;
    else return a % b;
```

```
}
int operation(int x,int y,int ( * exp)(int,int))
{
    int result;                        //定义整型变量 result
    result = ( * exp)(x,y);            //通过函数指针调用函数
    return result;                     //返回 result
}
int main()
{
    int a = 10,b = 5,x1,x2,x3,x4,x5;   //定义整型变量 a、b、x1、x2、x3、x4、x5
    x1 = operation(a,b,add);           //调用 operation()函数,并将返回值赋给 x1
    x2 = operation(a,b,sub);           //调用 operation()函数,并将返回值赋给 x2
    x3 = operation(a,b,mul);           //调用 operation()函数,并将返回值赋给 x3
    x4 = operation(a,b,dev);           //调用 operation()函数,并将返回值赋给 x4
    x5 = operation(a,b,mod);           //调用 operation()函数,并将返回值赋给 x5
    printf("%d+%d=%d\n",a,b,x1);       //输出结果
    printf("%d-%d=%d\n",a,b,x2);       //输出结果
    printf("%d*%d=%d\n",a,b,x3);       //输出结果
    printf("%d/%d=%d\n",a,b,x4);       //输出结果
    printf("%d%%%d=%d\n",a,b,x5);      //输出结果
    return 0;
}
```

【输出结果】
程序输出结果如图 8.14 所示。

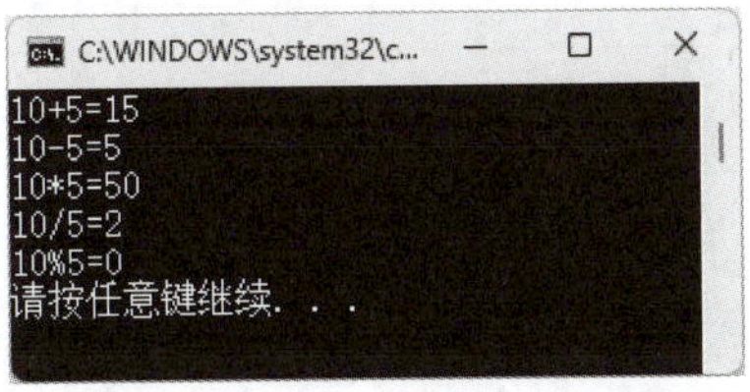

图 8.14 例 8.5 程序输出结果

> ! 注意:
> 通过把不同的函数名(如 add()、sub()、mul()等)作为参数传递给自定义函数 operation()的函数指针形参,增强了 operation()函数的通用性。函数指针的定义并不意味着它固定指向某个特定函数,而是定义了一个专门用于存储函数入口地址的变量类型。在程序中,把哪个函数的入口地址赋给这个函数指针,它就指向并调用哪个函数。

8.5 指针与数组

8.5.1 一维数组的指针表示

1. 定义指向一维数组的指针变量

在 C 语言中,指针和数组有着紧密的联系,其原因在于,凡是由数组下标完成的操作皆

可用指针来实现。在第 5 章中已介绍,可以通过数组的下标唯一确定某个数组元素在数组中的顺序和存储地址,这种访问方式称为下标表示法。例如:

```
int a[5] = {1,2,3,4,5},x,y;
x = a[2];          //通过下标将数组 a 下标为 2 的第 3 个元素的值赋给 x,x = 3
y = a[4];          //通过下标将数组 a 下标为 4 的第 5 个元素的值赋给 y,y = 5
```

对数组元素的引用,除了第 5 章中介绍的用下标表示法外,也可以用指针表示法来实现。由于每个数组元素相当于一个变量,因此指针变量既然可以指向一般的变量,同样也可以指向数组中的元素,也就是可以用指针表示法来访问数组中的元素。例如:

```
int a[5] = {1,2,3,4,5}, * p;
p = &a[0];
```

由于一维数组的数组名是一个地址常量,程序运行时其值是一维数组第 1 个元素的地址,所以可以通过数组名将数组的首地址赋给指针变量,即:

```
p = a;
```

经过上面的定义和赋值之后,就可以使用指针 p 对数组进行访问了。例如,由于 p 已经指向了 a[0]元素,要输出元素 a[0],就可以使用以下的方法:

```
printf(" % d", * p);
```

从图 8.15 中可以看出以下关系:p、a、&a[0]均指向同一单元,它们是数组 a 的首地址,也是数组 a 的 0 号元素 a[0]的首地址。应该说明的是,p 是变量,而 a 和 &a[0]是常量。在编程时应予以注意。

2. 通过指针引用数组元素

C 语言规定:如果指针变量 p 已指向数组中的某个元素,则 p+1 指向同一数组中该元素的下一个元素。

引入指针变量后,就可以用两种方法来访问数组元素了。

如果指针变量 p 的初值为 &a[0],则其对应的关系如图 8.16 所示。

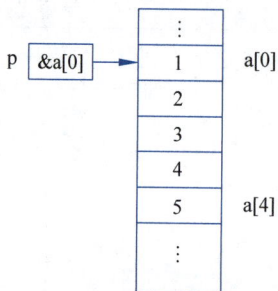

图 8.15   指针变量 p 与数组 a 的关系

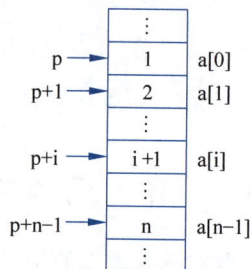

图 8.16   用指针变量 p 表示数组 a

（1）p＋i 和 a＋i 都是 a[i]的地址,或者说它们指向 a 数组的第 i 个元素。

（2）＊(p＋i)或＊(a＋i)就是 p＋i 或 a＋i 所指向的数组元素,即 a[i]。例如,＊(p＋5)或＊(a＋5)就是 a[5]。

（3）指向数组的指针变量也可以带下标,如 p[i]与＊(p＋i)等价。

根据以上叙述,引用一个数组元素可以用:

（1）下标法:即用 a[i]形式访问数组元素。在前面介绍数组时都是采用这种方法。

（2）指针法:即采用＊(a＋i)或＊(p＋i)形式,用间接访问的方法来访问数组元素,其中 a 是数组名,p 是指向数组的指针变量,其初值是 p＝a。

> ⚠ **注意:**
>
> 在 C 语言中,关于指针与数组的关系,有一个重要的概念需要澄清:＊(p＋i)和 a[i]不一定总是等价的,这取决于指针 p 的初始指向。例如,当执行以下赋值:
>
> p = &a[9];
>
> 此时,指针 p 被设定为指向 a[9],p＋1 将指向 a[10],而 p－1 指向 a[8]。
>
> 一旦指针被初始化为指向数组的某个元素,它便可以在数组中进行前后移动,指向数组中的其他元素。

【例 8.6】 使用指针法和下标法引用数组元素。

【程序代码】

```
#include <stdio.h>
int main()
{
    int a[5], * p,i;                                    //定义整型数组 a,整型指针 p,整型变量 i
    for(i = 0;i < 5;i++)                                //循环,当 i>= 5 结束循环
        a[i] = i + 1;                                   //为数组 a 中元素赋值
    p = a;                                              //初始化指针,使指针指向数组 a 的首地址
    for(i = 0;i < 5;i++)                                //循环,当 i>= 5 结束循环
        printf(" * (p+ % d): % d   ",i, * (p + i));     //使用指针法输出数组
    printf("\n");
    for(i = 0;i < 5;i++)                                //循环,当 i>= 5 结束循环
        printf(" * (a+ % d): % d   ",i, * (a + i));     //使用指针法输出数组
    printf("\n");
    for(i = 0;i < 5;i++)                                //循环,当 i>= 5 结束循环
        printf("p[ % d]: % d\t",i,p[i]);                //使用下标法输出数组
    printf("\n");
    for(i = 0;i < 5;i++)                                //循环,当 i>= 5 结束循环
        printf("a[ % d]: % d\t",i,a[i]);                //使用下标法输出数组
    printf("\n");
    return 0;
}
```

【输出结果】

程序输出结果如图 8.17 所示。

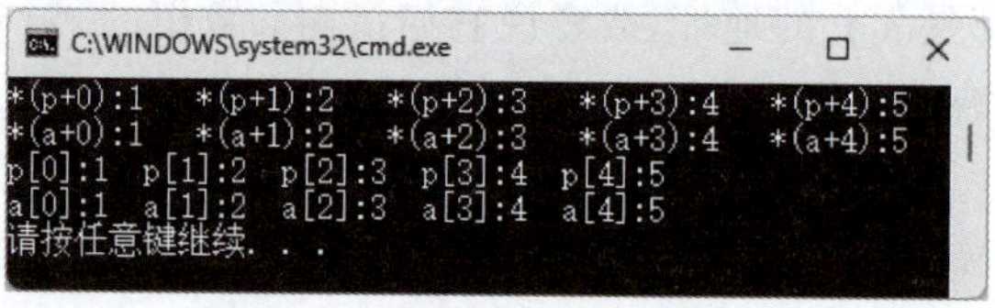

图 8.17   例 8.6 程序输出结果

> ! **注意：**
>
> 程序中 a 为数组名，p 为指向数组首地址的指针，访问数组可以用下标法 a[i]或 p[i]，也可以用指针法，即 *(a+i)或 *(p+i)。

3. 数组中的指针运算

（1）加减算术运算。

对于指向数组的指针变量，可以加上或减去一个整数 n。设 p 是指向数组 a 的指针变量，则 p+n、p−n、p++、++p、p−−、−−p 运算都是合法的。指针变量加或减一个整数 n 的意义是把指针所指向的当前位置（指向某数组元素）向前或向后移动 n 个位置，这里加减不是以字节为单位，而是以指向的数据类型所占用的字节数为单位，如 int 变量占 4 字节，double 型变量占 8 字节，因此，p+n 表示的实际地址为（假设 p 指针的类型为 type）：

```
p + n * sizeof(type)
```

【例 8.7】 指针算术运算示例程序（一）。

【程序代码】

```c
# include < stdio. h >
int main()
{
    int a[10] = {1,2,3,4,5,6,7,8,9,10};        //定义整型数组 a,并初始化
    //定义指针 p,并初始化使其指向数组 a 的首地址
    int * p = a;
    //使用数组名 a 输出数组的首地址和数组中第四个元素的地址
    printf("a is: 0x%X, a + 3 is: 0x%X\n",a, a + 3);
    //使用指针 p 输出指针指向的数组 a 的首地址和数组中第四个元素的地址
    printf("p is: 0x%X, p + 3 is: 0x%X\n",p, p + 3);
    //使用指针法用数组名 a 输出数组的第一个元素和数组中第四个元素的值
    printf(" * a is : %d, * (a+3) is : %d\n", * a, * (a+3));
    //使用指针法用指针 p 输出指针 p 指向的数组 a 的第一个元素和第四个元素的值
    printf(" * p is : %d, * (p+3) is : %d\n", * p, * (p+3));
    //使用下标法用指针 p 输出指针 p 指向的数组 a 的第一个元素和第四个元素的值
    printf("p[0] is : %d, p[3] is : %d\n",p[0], p[3]);
    return 0;
}
```

【输出结果】

程序输出结果如图 8.18 所示。

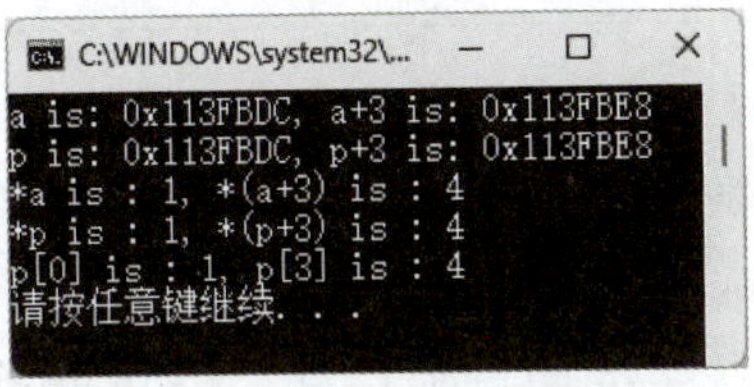

图 8.18　例 8.7 程序输出结果

> **注意**：指针变量需注意的如下几个问题。
> - 当指针变量 p 指向数组首地址 a 时，a＋i 等价于 p＋i，且有 ＊(a＋i) 等价于 ＊(p＋i)，并且等价于 a[i] 和 p[i]。
> - 指针变量的加减运算只能对数组指针变量进行，对指向其他类型变量的指针变量作加减运算是毫无意义的。
> - 指针变量可以实现本身的值的改变。如 p++ 是合法的，而 a++ 是错误的，因为 a 是数组名，它是数组的首地址，是常量。
> - 注意指针变量的当前值，见例 8.9。
> - 注意(＊px)++ 和 ＊px++ 的区别，见例 8.10 和例 8.11。
> - 注意 ＊++px 和 ＊px++ 的区别：都要修改 px 的值，但 ＊++px 是先修改 px 的值，再取出 px 当前所指向的元素的值。为了增加可读性，建议使用 ＊(++px) 和 ＊(px++)。

【例 8.8】 指针算术运算示例程序(二)。

【程序代码】

```
#include <stdio.h>
int main()
{
    int a[10], * p,i;               //定义整型数组 a,整型指针 p,整型变量 i
    p = a;                          //初始化指针 p,使指针 p 指向数组 a 的首地址
    for(i = 0;i < 10;i++)           //循环,当 i>=10 结束循环
        * p++ = i;                  //通过指针 p 为数组赋值
    for(i = 0;i < 10;i++)           //循环,当 i>=10 结束循环
        printf("a[ % d] = % d\n",i, * p++);   //通过指针 p 输出数组的值
    return 0;
}
```

【输出结果】

程序输出结果如图 8.19 所示。

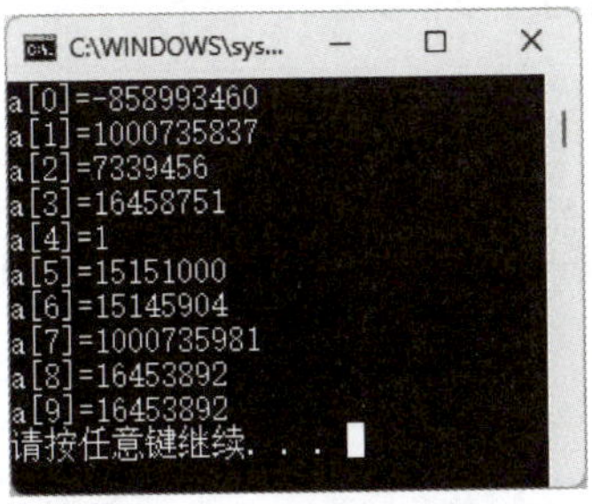

图 8.19　例 8.8 程序输出结果

> **! 注意：**
>
> 指针做加减运算时，应随时警惕，不要让指针指向数组以外。从上面程序可以看出，当第一个 for 循环结束时，指针 p 已指向 a[9]，当第二个 for 循环再做 p++，将使指针指向数组 a 的范围以外。修改此程序，需在第一个 for 循环后添加一个语句"p=a;"，使指针变量 p 指回到数组 a 的首地址。

【例 8.9】 指针算术运算示例程序(三)。

【程序代码】

```c
#include <stdio.h>
int main()
{
    //定义整型指针 px,整型数组 a,整型变量 i 和 x,并初始化 x 为 20
    int * px,a[5] = {2,4,6,8,10},i,x = 20;
    for(i = 0;i < 5;i++)                     //循环,当 i>=5 结束循环
        printf("a[%d] = %-5d",i,a[i]);       //输出数组 a 的值
    printf("\n");
    px = a;                                  //初始化指针 px,使指针 px 指向数组 a 的首地址
    //( * px)++表示对 px 所指向的变量加 1,px 仍指向原来的对象
    x = ( * px)++;
    printf("x = %d\n",x);                    //输出 x 的值
    printf(" * px = %d\n", * px);            //输出指针 px 所指向元素的值
    return 0;
}
```

【输出结果】

程序输出结果如图 8.20 所示。

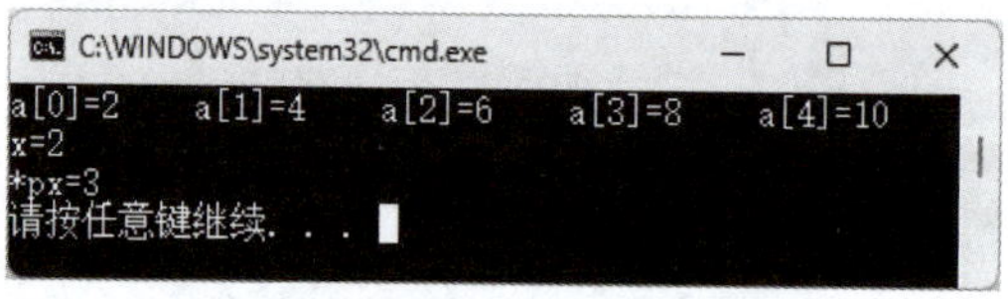

图 8.20　例 8.9 程序输出结果

> **! 注意：**
>
> 从程序输出结果可以看出，(* px)++表示对 px 所指向的变量加 1，px 仍指向原来的对象，即先取出 px 所指元素 a[0]的值(等于 2)赋给 x，然后将 px 所指元素 a[0]的值自加 1，运行结束时 px 仍指向 a[0]。

【例 8.10】 指针算术运算示例程序(四)。

【程序代码】

```c
#include <stdio.h>
int main()
{
```

```
//定义整型数组 a,整型指针 px,整型变量 i 和 y,并初始化 y 为 30
int a[5] = {2,4,6,8,10}, * px,i,y = 30;
for(i = 0;i < 5;i++)                        //循环,当 i > = 5 结束循环
    printf("a[ % d] = % - 5d",i,a[i]);      //输出数组 a 的值
printf("\n");
px = a;                                      //初始化指针 px,使指针 px 指向数组 a 的首地址
//先将指针 px 所指向的元素 a[0](等于 2)赋给 y,然后指针加 1,px 指向 a[1]
y = * px++;
printf("y = % d\n",y);                       //输出 y 值
printf(" * px = % d\n", * px);               //输出指针 px 所指向元素的值
return 0;
}
```

【输出结果】

程序输出结果如图 8.21 所示。

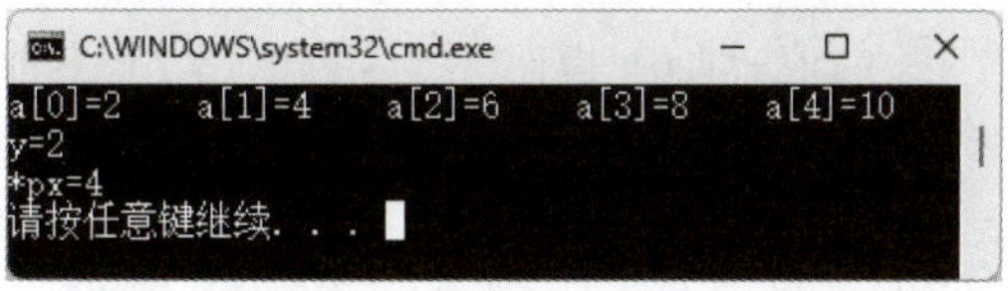

图 8.21　例 8.10 程序输出结果

> **注意:**
> - 当使用 * px++时,由于++和 * 的优先级相同且结合方向为从右至左,这等同于 * (px++)。这意味着首先会将指针 px 当前指向的元素(例如数组 a 的第一个元素 a[0],其值为 2)赋值给变量 y,随后指针 px 会递增,指向数组的下一个元素(即 a[1])。
> - 对比(* px)++与 * px++,两者的区别在于:(* px)++会修改指针 px 所指向的当前元素的值,并将该元素值加 1 后的结果作为整个表达式的值; * px++则不改变所指向元素的值,而是改变指针 px 本身,使其指向下一个元素。此时,整个表达式的值为指针 px 移动前所指向元素的值。

【例 8.11】　指针算术运算示例程序(五)。
【程序代码】

```
# include < stdio. h >
int main()
{
    //定义整型数组 a,整型指针 px,整型变量 i 和 x,并初始化 y 为 30
    int a[5] = {2,4,6,8,10}, * px,i,y = 30;
    for(i = 0;i < 5;i++)                    //循环,当 i > = 5 结束循环
        printf("a[ % d] = % - 5d",i,a[i]);  //输出数组 a 的值
    printf("\n");
    px = a;                                  //初始化指针 px,使指针 px 指向数组 a 的首地址
    y = * ++px;                              //修改例 8 - 11 的 y = * px++;为 y = * ++px;
    printf("y = % d\n",y);                   //输出 y 的值
```

```
        printf(" * px = % d\n", * px);              //输出指针 px 所指向元素的值
        return 0;
    }
```

【输出结果】

程序输出结果如图 8.22 所示。

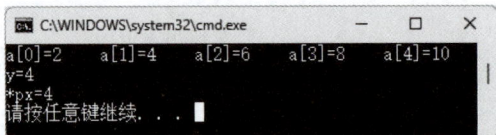

图 8.22   例 8.11 程序输出结果

> **! 注意：**
>
> ＊＋＋px 是先修改 px 的值,即 px 指向 a[1],再取出 px 当前所指向的元素的值赋给 y,因此 y 为 4。

(2) 两个指针变量之间的运算。

只有指向同一数组的两个指针变量之间才能进行运算,否则运算毫无意义。

① 两指针变量相减。两个指针变量相减所得之差是两个指针所指数组元素之间相差的元素个数。实际上是两个指针值(地址)相减之差再除以该数组元素的长度(字节数)。例如,p1 和 p2 是指向同一整型数组的两个指针变量,设 p1 的值为 2016H,p2 的值为 2000H,而整型数组每个元素占 4 字节,所以 p1－p2 的结果为(2016H－2000H)÷4＝4,表示 p1 与 p2 之间相差 4 个元素。

两个指针变量不能进行加法运算。例如,p1＋p2 是毫无实际意义的。

② 两指针变量进行关系运算。指向同一数组的两个指针变量进行关系运算可表示它们所指数组元素之间的关系。例如,当指针 p 和指针 q 指向同一数组中的元素时,则：

- p<q：当 p 所指的元素在 q 所指的元素之前时,表达式的值为 1；反之为 0。
- p>q：当 p 所指的元素在 q 所指的元素之后时,表达式的值为 1；反之为 0。
- p＝＝q：当 p 和 q 指向同一元素时,表达式的值为 1；反之为 0。
- p!＝q：当 p 和 q 不指向同一元素时,表达式的值为 1；反之为 0。

指针变量还可以与 0 或 NULL 进行比较。

设 p 为指针变量,则 p＝＝0 或 p＝＝NULL 表明 p 是空指针,它不指向任何变量；p!＝0 或 p!＝NULL 表示 p 不是空指针。

对指针变量赋 0 或 NULL 值与不赋值是不同的。指针变量赋 0 值后,该指针被初始化为空指针,空指针是不可以使用的。而指针变量未赋值时,可以是任意值,可能指向任何地方,该指针为野指针。不要使用野指针,否则将造成意外错误。

【例 8.12】 用指针变量的方式,编写程序从 10 个整数中找出最大值和最小值,以及它们在数组中的位置。

【问题分析】

(1) 从键盘输入 10 个整数并存储在数组 a 中。

（2）定义指针变量 p2，p2 指针变量指向数组 a 的最后一个元素。

（3）定义指针变量 p1，初始化 p1 指向数组的开始，通过指针 p1 访问数组中的元素，并使用"p1<=p2"来判断是否访问到数组的最后一个元素。

【程序代码】

```
#include<stdio.h>
int main()
{
    int a[10];                                      //定义整型数组 a
    int max,min,i,m,n;                              //定义整型变量 max、min、i、m、n
    int * p1, * p2;                                 //定义整型指针变量 p1 和 p2
    m = n = 0;                                      //m 和 n 初始化为 0
    p2 = a + 9;                                     //指针 p2 指向数组最后一个元素
    printf("请输入 10 个整数:");                     //输出提示语
    for(p1 = a;p1 <= p2;p1++)                        //数组初始化
        scanf(" % d",p1);
    max = min = a[0];                               //max 和 min 初始化
    printf("输入的 10 个整数为:");                    //输出提示
    for(p1 = a;p1 <= p2;p1++)                        //输出数组 a
        printf(" % 5d", * p1);
    for(p1 = a, i = 0;p1 <= p2;p1++,i++)             //循环,通过指针遍历数组元素
    {
        //若当前元素比 max 大,则将当前元素值赋给 max,并记录当前元素位置到 m 中
        if( * p1 > max)
        {
            max = * p1;
            m = i;
        }
        //若当前元素比 min 小,则将当前元素值赋给 min,并记录当前元素位置到 n 中
        if( * p1 < min)
        {
            min = * p1;
            n = i;
        }
    }
    printf("\n 最大元素为 % d,其下标是 % d!\n",max,m);   //输出最大元素
    printf("最小元素为 % d,其下标是 % d!\n",min,n);      //输出最小元素
    return 0;
}
```

【输出结果】

程序输出结果如图 8.23 所示。

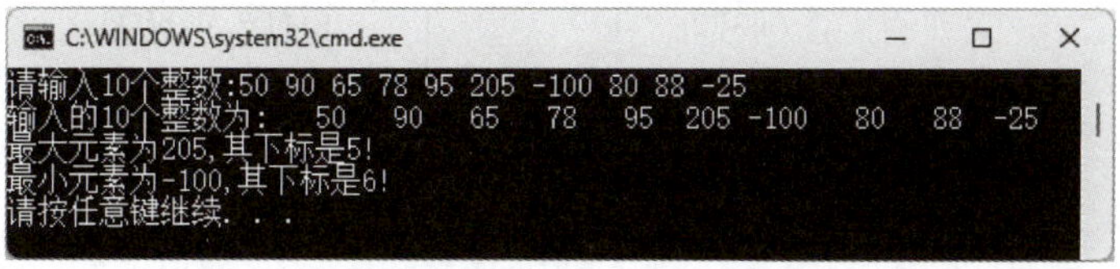

图 8.23　例 8.12 程序输出结果

8.5.2　二维数组的指针表示

1. 用二维数组名表示数组元素

在 C 语言中,二维数组是按行优先的规律转换为一维线性存储在内存中的,因此,可以通过指针访问二维数组中的元素。

如果有:

```
int a[M][N];
```

则将二维数组中的元素 a[i][j]转换为一维线性地址的一般公式是:

$$线性地址=a+i\times N+j$$

其中,a 为数组的首地址,M 和 N 分别为二维数组行和列的元素个数。

若有:

```
int a[4][3], * p;
p = &a[0][0];
```

则二维数组 a 的数据元素在内存中的存储顺序及地址关系如图 8.24 所示。

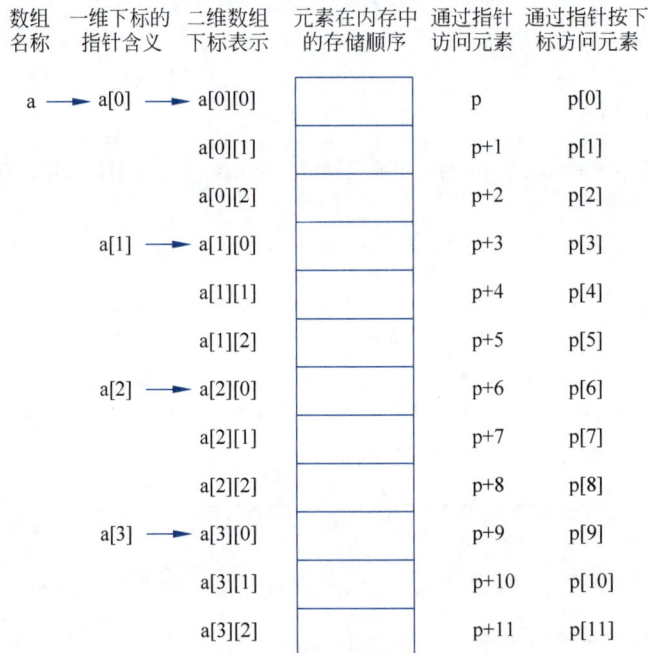

数组名称	一维下标的指针含义	二维数组下标表示	元素在内存中的存储顺序	通过指针访问元素	通过指针按下标访问元素
a →	a[0] →	a[0][0]		p	p[0]
		a[0][1]		p+1	p[1]
		a[0][2]		p+2	p[2]
	a[1] →	a[1][0]		p+3	p[3]
		a[1][1]		p+4	p[4]
		a[1][2]		p+5	p[5]
	a[2] →	a[2][0]		p+6	p[6]
		a[2][1]		p+7	p[7]
		a[2][2]		p+8	p[8]
	a[3] →	a[3][0]		p+9	p[9]
		a[3][1]		p+10	p[10]
		a[3][2]		p+11	p[11]

图 8.24　二维数组 a 的数据元素在内存中的存储顺序及地址关系

这里,a 表示二维数组的首地址;a[0]表示第 0 行元素的起始地址,a[1]表示第 1 行元素的起始地址,a[2]和 a[3]分别表示第 2 行和第 3 行元素的起始地址。同样,a 和 a[0]是数组元素 a[0][0]的地址,也是第 0 行的首地址。a+1 和 a[1]是数组元素 a[1][0]的地址,也是第 1 行的首地址,以此类推。因此,* a 与 a[0]等价,* (a+1)与 a[1]等价,* (a+2)与

a[2]等价,……,即对于 a[i]数组,由 * (a+i)指向。由此,对于数组元素 a[i][j],用数组名 a 的表示形式为:

```
* ( * (a + i) + j)
```

指向该元素的指针为:

```
* (a + i) + j
```

数组名虽然是数组的首地址,但它与指向数组的指针变量不完全相同。指针变量的值可以改变,即它可以随时指向不同的数组或同类型变量,而数组名自它定义时起就确定下来,不能通过赋值的方式使该数组名指向另外一个数组。

【例 8.13】 输出二维数组相关的值,以加深对地址和指针的理解。

【程序代码】

```
# include < stdio. h>
# define M 3
# define N 4
int main()
{
    int a[M][N] = {1,2,3,4,5,6,7,8,9,10,11,12};        //定义二维整型数组 a,并初始化
    printf("a 的首地址 % d, % d\n",a, * a);              //输出二维数组的首地址
    printf("a[0]的首地址 % d, % d\n",a[0], * (a + 0));   //输出第 0 行的首地址
    printf("a[0]的首地址 % d, % d\n",&a[0],&a[0][0]);    //输出第 0 行的首地址
    printf("a[1]的首地址 % d, % d\n",a[1],a + 1);        //输出第 1 行的首地址
    printf("a[1]的首地址 % d, % d\n",&a[1][0], * (a + 1)); //输出第 1 行的首地址
    printf("a[1][0] = % d\n", * ( * (a + 1)));          //输出第 1 行第 0 列元素的值
    return 0;
}
```

【输出结果】

程序输出结果如图 8.25 所示。

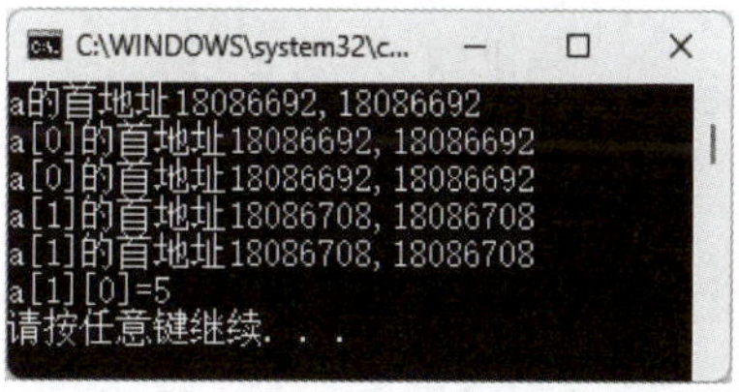

图 8.25 例 8.13 程序输出结果

2. 用指针表示二维数组元素

从图 8.24 中,可以看出指针和二维数组元素的对应关系,清楚了两者之间的关系,就能用指针处理二维数组了。

设 p 是指向数组 a 的指针变量,即有:

```
int * p = a[0];
```

则 p+j 将指向 a[0]数组中的 a[0][j]元素。

由于 a[0]、a[1]、…、a[M-1] 等各个行数组依次连续存储,则对于 a 数组中的任一元素 a[i][j],指针的一般形式如下:

```
p + i * N + j
```

元素 a[i][j]相应的指针表示为:

```
* (p + i * N + j)
```

同样,a[i][j]也可以使用指针下标法表示:

```
p[i * N + j]
```

对于如下定义的二维数组 a:

```
int a[4][3];
```

若有:

```
int * p = a[0];
```

则数组 a 的元素 a[1][2]对应的指针为 p+1 * 3+2。

元素 a[1][2]也就可以表示为 * (p+1 * 3+2)。

用下标表示法,a[1][2]表示为 p[1 * 3+2]。

> ⚠ **注意:**
> - 对于二维数组 a,虽然 a[0]和 a 都表示数组的首地址,但它们指向的对象有所不同。a[0]作为一维数组的名字,指向的是该一维数组的首地址,即 a[0][0]的地址。对 a[0]进行解引用(即 * a[0])操作,将得到该一维数组的首元素值,因此 * a[0]与 a[0][0]的值相同。
> - a 作为二维数组的名字,它指向的是整个二维数组的首元素,即第一个一维数组(或称为行数组)。因此,a 的指针移动单位是"行"。表达式 a+i 指向的是第 i 个一维数组(或 a[i])。对 a 进行解引用(即 * a)操作,将得到第一个一维数组的首地址,这与 a[0]的值相同。

【例 8.14】 用指针变量输出二维数组中的元素。

【问题分析】

(1) 定义 3 行 4 列二维整型数组 a,并初始化。

(2) 定义指针变量 p。

(3) 在外循环体中循环控制变量 i 从 0 到 M−1,用于控制二维数组的行;初始状态使 p 指向二维数组 a 每行的第一个元素。

(4) 内循环中循环控制变量 j 从 0 到 N−1,使用指针法 * (p+j)输出当前行的第 j 个元素。

【程序代码】

```
# include < stdio.h >
# define M 3
```

```
#define N 4
int main()
{
    int a[M][N] = {1,2,3,4,5,6,7,8,9,10,11,12}; //定义二维整型数组 a,并初始化
    int * p,i,j;                                 //定义整型指针 p,整型变量 i 和 j
    for(i = 0;i < M;i++)                         //循环,当 i >= M 结束循环
    {
        p = a[i];                               //指针 p 指向二维数组每行的第一个元素
        for(j = 0;j < N;j++)                     //循环,当 j >= N 结束循环
            printf(" % 5d", * (p + j));          //使用指针法输出二维数组中第 i 行的元素
        printf("\n");                            //换行
    }
    return 0;
}
```

【输出结果】

程序输出结果如图 8.26 所示。

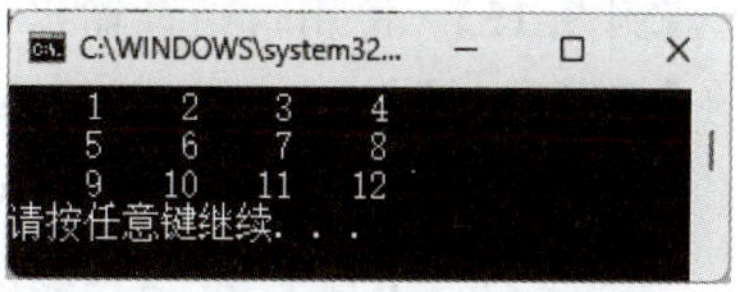

在例 8.14 中,p＝a[i]表示将每行数组的首地址赋给 p,再由偏移量法把每行数组中的元素输出。

由于二维数组在存储器中是线性存储的,因而可把二维数组看作一维数组,由指针 p 指向每一个元素,即 p＝a[0]或 p＝&a[0][0],再由 p++方式指向数组中的每一个元素。程序可改为:

图 8.26 例 8.14 程序输出结果

```
#include < stdio.h >
#define M 3
#define N 4
int main()
{
    int a[M][N] = {1,2,3,4,5,6,7,8,9,10,11,12}; //定义二维整型数组 a,并初始化
    int * p;                                     //定义整型指针 p
    //循环,当指针 p 的地址超出二维数组地址范围结束循环
    for(p = a[0];p < a[0] + N * M;p++)
    {
        if((p - a[0]) % N == 0)
            printf("\n");                        //用于分行显示
        printf(" % 5d", * p);                    //输出二维数组中的元素
    }
    printf("\n");                                //换行
    return 0;
}
```

在 C 语言中,可以把一个二维数组理解成是由若干个一维数组构成的一维数组。例如,有以下定义:

```
int a[3][4],i,j;         //i >= 0&&i < 3,j >= 0&&j < 4
```

可以把二维数组 a[3][4]看成是由 a[0]、a[1]和 a[2]三个元素组成的一维数组;而 a[0]、a[1]和 a[2]三个元素又分别是由 4 个整型元素组成的一维数组。例如,元素 a[0]可

将其看作是由元素 a[0][0]、a[0][1]、a[0][2]、a[0][3]组成的一维数组。

行指针是一种特殊的指针变量,它专门用于指向一维数组。定义一个行指针的一般形式是:

> 类型关键字(＊行指针名)[N];

其中,N 规定了行指针所指一维数组的长度,而类型关键字则指明了一维数组的类型。例如:

> int(＊p)[4];

定义了行指针 p,可以使该行指针 p 指向二维数组 a[3][4](语句为"p＝a;"),这样就可以通过＊(＊(p+i)+j))来引用二维数组元素 a[i][j]。

【例 8.15】 使用行指针输出二维数组任意一行一列的元素值。

【问题分析】

(1)定义 3 行 4 列二维整型数组 a,并初始化。

(2)定义行指针 p,初始状态使 p 指向二维数组 a 的首地址。

(3)从键盘输入 i 和 j,这是要访问二维数组的行号和列号,然后通过行指针 p 对二维数组进行访问。

【程序代码】

```
# include < stdio.h >
# define M 3
# define N 4
int main()
{
    int a[M][N] = {1,2,3,4,5,6,7,8,9,10,11,12};      //定义二维整型数组 a,并初始化
    int i,j;                                          //定义整型变量 i 和 j
    int(＊p)[4];                                      //定义行指针 p
    //初始化 p,使其指向二维数组 a
    p = a;
    printf("请输入 i(i 为 0 - 2)和 j(j 为 0 - 3)的值:");    //输出提示语
    scanf("％d％d",&i,&j);                            //输入 i 和 j 的值
    while(i < 0||j < 0||i > 2||j > 3)                  //循环,直到 i 和 j 的值合法
    {
        printf("输入有误!重新输入\n");                   //输出错误提示
        printf("请输入 i(i 为 0 - 2)和 j(j 为 0 - 3)的值:"); //输出屏幕提示语
        scanf("％d％d",&i,&j);                        //输入 i 和 j 的值
    }
    printf("a[％d][％d] = ％d\n",i,j,＊(＊(p + i) + j));  //输出 a[i][j]的值
    return 0;
}
```

【输出结果】

程序输出结果如图 8.27 所示。

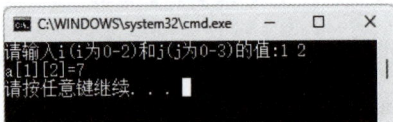

图 8.27 例 8.15 程序输出结果

> ⚠ **注意：**
>
> 　　在程序中，int（＊p）[4]表示 p 是一个行指针变量，它指向一个包含有 4 个整型元素的一维数组。这里括号的使用至关重要，因为它确保了 p 是一个指向数组的指针，而不是一个指针数组。如果遗漏了括号，写成 int ＊p[4]，那么 p 就变成了一个包含有 4 个整型指针的数组，这在概念上是完全不同的。关于指针数组的详细解释，将在后续 8.6 节中进一步探讨。

　　【例 8.16】　有 M 个学生，每个学生有 N 门课程（分别是语文、数学、英语、物理、历史和地理）成绩。编写程序，使用指针，输入所有学生的成绩，然后求出每个学生的平均成绩。

　　【问题分析】

　　（1）定义 M 行 N 列二维整型数组 a，用来存储学生的成绩。

　　（2）定义行指针变量 p，初始状态使 p 指向二维数组 a，通过指针 p 遍历二维数组 a。

　　（3）定义变量 sum，使用循环求到每个学生的总分。

　　（4）定义一维数组 b，长度为 M，用来存储每个学生的平均分，其值为 sum 除以课程门数 N。

　　（5）定义指针 q，初始状态使 q 指向数组 b 的首地址，通过指针 q 访问遍历数组 b。

　　【程序代码】

```c
#include<stdio.h>
#define M 5
#define N 6
int main()
{
    int a[M][N];                              //定义二维整型数组 a
    float b[M];                               //定义数组 b
    int(＊p)[N],i,j,sum;
    float ＊q;                                //定义单精度型指针变量 q
    //初始化 p,使其指向二维数组 a
    p = a;
    //循环输入每个学生每门课程的成绩
    for(i = 0;i < M;i++)
    {
        printf("请输入第 %d 个学生的成绩(%d 门):",i,N);   //输出提示语
        for(j = 0;j < N;j++)
            scanf("%d",＊(p + i) + j);
    }
    p = a;                                    //指针 p 指向二维数组 a
    q = b;                                    //指针 q 指向数组 b 的首地址
    //为学生求各门课程成绩的和及平均分
    for(i = 0;i < M;i++,q++)
    {
        for(j = 0,sum = 0;j < N;j++)
            sum += ＊(＊(p + i) + j);            //为学生求各门课程成绩的和
        //求成绩平均分,并存储在 q 所指向的 b 数组中
        ＊q = (float)sum/N;
    }
```

```
    printf("学生成绩如下:\n");                            //输出提示
    printf("语文　数学　英语　物理　历史　地理　平均分\n");
    //循环输出每个学生每门课程的成绩和平均分
    for(i = 0,q = b;i < M;i++,q++)
    {
        for(j = 0;j < N;j++)
            printf("% - 6d", * ( * (p + i) + j));
        printf("% - 6.1f\n", * q);
    }
    return 0;
}
```

【输出结果】

程序输出结果如图 8.28 所示。

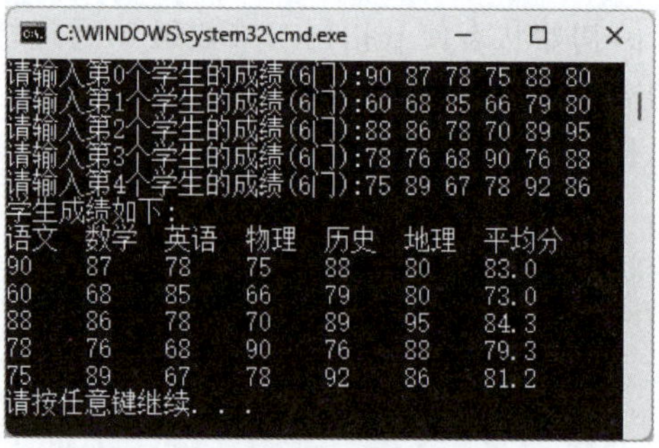

图 8.28　例 8.16 程序输出结果

本示例通过使用指针"int（＊p）[N]"来完成对二维数组的访问。从上面的介绍中知道，也可以通过使用指针"int ＊p"来访问二维数组，程序代码如下所示。

```
# include < stdio. h >
# define M 5
# define N 6
int main()
{
    int a[M][N];                              //定义二维整型数组 a
    float b[M];                               //定义数组 b
    int * p,i,j,sum;
    float * q;                                //定义双精度型指针变量 q
    //给指针变量 p 初始化为 a 的首地址
    p = * a;
    //循环输入每个学生每门课程的成绩
    for(i = 0;i < M;i++)
    {
        printf("请输入第 % d 个学生的成绩( % d 门):",i,N); //输出提示语
        for(j = 0;j < N;j++)
            scanf("% d",(p + i * N + j));
    }
    p = * a;                                  //指针 p 指向数组 a 的首地址
    q = b;                                    //指针 q 指向数组 b 的首地址
    //为学生求各门课程成绩的和及平均分
```

```
    for(i = 0;i < M;i++,q++)
    {
        for(j = 0,sum = 0;j < N;j++)
            sum += * (p + i * N + j);                    //为学生求各门课程成绩的和
        //求成绩平均分,并存储在 q 所指向的 b 数组中
        * q = (float)sum/N;
    }
    printf("学生成绩如下:\n");                              //输出提示
    printf("语文　数学　英语　物理　历史　地理　平均分\n");
    //循环输出每个学生每门课程的成绩和平均分
    for(i = 0,q = b;i < M;i++,q++)
    {
        for(j = 0;j < N;j++)
            printf("% - 6d", * (p + i * N + j));
        printf("% - 6.1f\n", * q);
    }
    return 0;
}
```

8.5.3　指针与字符串

正如在前面介绍的那样,C 语言中是没有字符串变量的,对字符串的访问有两种方法。
(1) 用字符数组存储一个字符串,然后采用字符数组来完成操作。例如:

```
char string [30] = "This is a string.";
```

string 是数组名,它代表字符数组的首地址。可使用下面语句进行输出:

```
printf("% s\n", string);
```

(2) 用字符指针指向一个字符串。如果把字符数组的首地址赋给一个指针变量,那么
这个指针变量则指向这个字符数组,使用该指针变量可以完成对字符数组的操作。可以用
字符串常量对字符指针进行初始化。例如,有声明语句:

```
char * str = "This is a string.";
```

是对字符指针进行初始化。此时,字符指针指向的是一个字符串常量的首地址,即指向字符
串的首地址。

【例 8.17】　编写程序完成字符串的输出。
【程序代码】

```
# include < stdio. h >
int main()
{
    char * a = "Hello World!";              //定义字符指针变量 a,并使它指向字符串
    int i;                                  //定义整型变量 i
    printf("第 7 个字符是 % c\n",a[6]);     //输出第 7 个字符
```

```
        printf("字符串是:");              //输出提示
        for(i = 0;a[i]!= '\0';i++)        //使用循环输出字符串
            printf("%c",a[i]);
        printf("\n");                     //换行
        return 0;
    }
```

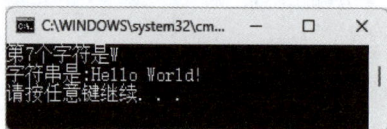

图 8.29　例 8.17 程序输出结果

【输出结果】

程序输出结果如图 8.29 所示。

【例 8.18】　编写程序,用指针实现字符串复制。

【问题分析】

(1) 定义字符数组 a 和 b,初始状态数组 a 中已存储要复制的字符串,数组 b 为空,等待复制。

(2) 定义指针变量 p1 和 p2,p1 指向数组 a 的首地址,指针 p2 指向数组 b 的首地址。

(3) 当 p1 不等于'\0'时,将指针 p1 所指元素赋值给指针 p2 所指元素,如此反复循环。

(4) 输出字符数组 a 和 b。

【程序代码】

```
# include < stdio. h >
int main()
{
    char a[] = "I am a student.";        //定义字符数组 a,并初始化
    char b[30], * p1, * p2;              //定义字符数组 b,字符型指针 p1 和 p2
    int i;                              //定义整型变量 i
    for(p1 = a,p2 = b; * p1!= '\0';p1++,p2++)  //循环,当 p1 等于'\0'结束循环
        * p2 = * p1;                    //将指针 p1 所指元素赋值给指针 p2 所指元素
    //给指针 p2 所指字符串末尾加上字符串结束标志'\0'
    * p2 = '\0';
    printf("string a is: %s\n",a);      //输出字符串 a 的值
    printf("string b is: ");            //输出屏幕提示语
    for(i = 0;b[i]!= '\0';i++)          //使用循环输出字符串 b 的值
        printf("%c",b[i]);
    printf("\n");                       //换行
    return 0;
}
```

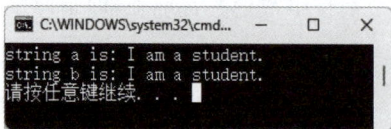

图 8.30　例 8.18 程序输出结果

【输出结果】

程序输出结果如图 8.30 所示。

本例中 p1 和 p2 是指向字符型数组的指针变量。先使 p1 和 p2 的值分别为字符串 a 和 b 第 1 个字符的地址。* p1 最初的值为'I',赋值语句" * p2 = * p1;"的作用是将字符'I'(a 中第 1 个字符)赋给 p2 所指向的元素,即 b[0],然后 p1 和 p2 分别加 1,指向其下一个位置,直到 * p1 的值为'\0'时结束。执行时,p1 和 p2 值不断改变,并且是同步变化的。

如果有:

```
char * str = "string", * str1 = "This is another string.";
char string[100] = "This is a string.";
```

则在程序中,可以使用如下语句:

```
str++;                                    //指针 str 加 1
str = "This is a NEW string.";            //使指针指向新的字符串常量
str = str1;                               //改变指针 str 的指向
strcpy(string,"This is a NEW string.")    //改变字符串的的内容
strcat(string,str)                        //进行串连接操作
```

在程序中,不能进行如下操作:

```
string++;                                 //不能对数组名进行++运算
string = "This is a NEW string.";         //错误的串操作
string = str1;                            //对数组名不能进行赋值
strcat(str,"This is a NEW string.")       //不能在 str 的后面进行串连接
strcpy(str,string)                        //不能向 str 进行串复制
```

> ⚠ **注意:**
>
> 　　字符指针 str 与字符数组 string 的主要区别在于它们的灵活性和指向内容的可变性。str 是一个变量,可以重新赋值以指向不同的字符串,但它不能改变所指向的字符串常量的内容。相反,字符数组 string 本身存储了字符串数据,因此可以直接修改数组中的字符内容。在使用时,请务必注意这两者的区别。

🔑 8.6　指针数组和指向指针的指针

8.6.1　指针数组

1. 指针数组的定义

　　数组中每个元素都具有相同的数据类型,数组元素的类型就是数组的基类型。如果一个数组中的每个元素均为指针类型,即由指针变量构成的数组,这种数组称为指针数组,它是指针的集合。

　　指针数组声明的形式如下:

　　类型 * 数组名[常量表达式]

　　例如:

```
int * pa[5];
```

表示定义一个由 5 个指针变量构成的指针数组,数组中的每个数组元素都是一个指向整型

值的指针变量。

【例 8.19】 指针数组应用。

【程序代码】

```
# include < stdio. h>
int main()
{
    int a1 = 1;                              //定义整型变量 a1
    int a2[3] = {2,3,4};                     //定义整型数组 a2
    int a3[4] = {5,6,7,8};                   //定义整型数组 a3
    int * pa[3],i;                           //定义整型指针数组 pa 和整型变量 i
    pa[0] = &a1,pa[1] = a2,pa[2] = a3;       //初始化整型指针数组 pa
    printf(" % 5d", ** pa);                  //通过指针数组 pa 输出 a1 的值
    printf("\n");                            //换行
    for(i = 0;i < 3;i++)                     //循环,当 i 等于 3 时结束循环
        printf(" % 5d", * (pa[1] + i));      //通过指针数组 pa 输出数组 a2 的元素值
    printf("\n");                            //换行
    for(i = 0;i < 4;i++)                     //循环,当 i 等于 4 时结束循环
        printf(" % 5d", * (pa[2]++));        //通过指针数组 pa 输出数组 a3 的元素值
    printf("\n");                            //换行
    return 0;
}
```

【输出结果】

程序输出结果如图 8.31 所示。

本示例程序代码中,pa 是一个指针数组,其中 pa[0]指向一个整型变量,pa[1]指向一个长度为 3 的整型数组,pa[2]指向一个长度为 4 的整型数组。数组的初始情况如图 8.32 所示。从本示例可以看出,指针数组中的元素既可以指向一般的变量,也可以指向数组,因此使用起来非常灵活。

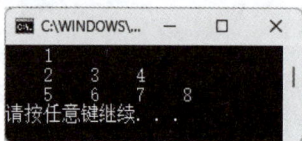

图 8.31   例 8.19 程序输出结果

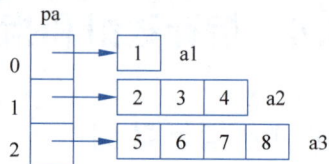

图 8.32   指针数组 pa

2. 指针数组在字符串中的使用

指针数组常用来表示一组字符串,这时指针数组的每个元素被赋予一个字符串的首地址。指向字符串的指针数组的初始化更为简单,例如:

```
char   * weekday[7] = {"Sunday", "Monday", "Tuesday", "Wednesday",
                       "Thursday", "Friday", "Saturday"};
```

也可以用一个二维数组来表示上面指针数组 weekday,其定义方法为

```
char   week[7][10] = {"Sunday", "Monday", "Tuesday", "Wednesday",
                      "Thursday", "Friday", "Saturday"};
```

它们在内存中的存储结构如图 8.33 所示。

S	u	n	d	a	y	\0		
M	o	n	d	a	y	\0		
T	u	e	s	d	a	y	\0	
W	e	d	n	e	s	d	a	y	\0
T	h	u	r	s	d	a	y	\0
F	r	i	d	a	y	\0		
S	a	t	u	r	d	a	y	\0

图 8.33　二维数组 week 的存储结构

该数组一共占用了 70 字节。从上面的例子可以看出,如果采用二维数组来定义将会造成一定的存储空间浪费。

如果用指针数组来表示,由于指针数组的每个元素都是指针,因此它们可以指向字符串的首地址,通过这个首地址可以访问该字符串。相对二维数组,指针数组可以节省内存空间,如图 8.34 所示。

图 8.34　指针数组 weekday 的存储结构

【例 8.20】　编写一程序,用星期的英文名称初始化一个字符指针数组,输入一个整数,当该数为 0~6 时,输出对应的星期的英文(输入 0,输出星期日),否则显示错误信息。用指针数组实现。

【问题分析】

(1) 定义字符指针数组 week_day[7],并初始化。

(2) 从键盘输入 day 值为 0~6 时,输出对应星期的英文,否则显示错误信息。

【程序代码】

```
# include < stdio. h>
int main()
{
    int day;                         //定义整型变量 day
    //定义字符指针数组 week_day[7],并初始化
    char * week_day[7] = {"Sunday","Monday","Tuesday","Wednesday",
                        "Thursday", "Friday", "Saturday"};
    printf("Enter day: ");           //输出屏幕提示语
    scanf(" % d",&day);              //输入 day 的值
    if(day > = 0&&day < 7)           //当输入的数为 0~6 时,输出对应星期的英文,否则报错
        printf("The day is : % s\n",week_day[day]);
```

```
        else
             printf("Input error!\n");
        return 0;
}
```

【输出结果】

程序输出结果如图 8.35 所示。

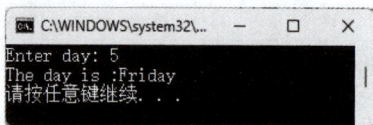

图 8.35　例 8.20 程序输出结果

8.6.2　指向指针的指针

一个指针可以指向任何一种数据类型,包括指向另一个指针。当指针变量 p 中存储另一个指针 q 的地址时,则称 p 为指针型指针,也称多级指针。本节介绍二级指针的定义及应用。

指针型指针的定义形式如下:

类型标识符 ** 指针变量名;

由于指针变量的类型是被指针所指的变量的类型,因此,上述定义中的类型标识符应为:被指针型指针所指的指针变量所指的那个变量的类型。

为指针型指针初始化的方式是用指针的地址为其赋值,例如:

```
int x ;              //定义整型变量 x
int * p;             //定义指向整型变量的指针 p
int ** q;            //定义多级指针 q
```

若有:

```
p = &x;              //指针 p 指向变量 x
```

则在程序中,使用 * p 等价于使用 x,即是对 x 的间接访问。

对二级指针,若有:

```
q = &p               //指针型指针 q 指向指针 p
```

则使用 * q,即间接访问二级指针等价于使用 p。再次间接访问二级指针,则有:

```
** q = * ( * q) = * p = x
```

由此看来,对一个变量 x,在 C 语言中,可以通过变量名对其进行直接访问,也可以通过变量的指针对其进行间接访问(一级间接),还可以通过指针型指针对其进行多级间接访问。

图 8.36 显示了变量 x、指针 p 和二级指针 q 的关系。

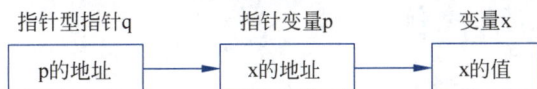

指针型指针q　　　　　指针变量p　　　　　变量x

```
┌──────────┐      ┌──────────┐      ┌──────────┐
│  p的地址  │ ───→ │  x的地址  │ ───→ │  x的值    │
└──────────┘      └──────────┘      └──────────┘
```

图 8.36　指针型指针、指针变量和变量

【例 8.21】　指向指针的指针应用。

【程序代码】

```c
# include < stdio. h >
int main()
{
    int x = 10, * p = &x;           //定义整型变量 x、整型指针变量 p,并使 p 指向 x
    int ** q = &p;                  //定义二级指针 q,并使 q 指向指针 p
    //分别通过整型变量 x、指针变量 p 和二级指针 q 输出 x 的值
    printf("x = % d, * p = % d, * * q = % d\n",x, * p, * * q);
    return 0;
}
```

【输出结果】

程序输出结果如图 8.37 所示。

【例 8.22】　使用二级指针引用字符串。

【程序代码】

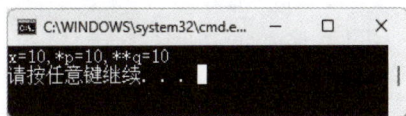

图 8.37　例 8.21 程序输出结果

```c
# include < stdio. h >
# define SIZE 7
int main()
{
    int i;                          //定义整型变量 i
    //定义字符指针数组 week_day[7],并初始化
    char * week_day[7] = {"Sunday","Monday","Tuesday","Wednesday",
                          "Thursday", "Friday", "Saturday"};
    char ** p;                      //定义二级字符指针变量 p
    for(i = 0;i < SIZE;i++)         //循环,当 i > = SIZE 时结束循环
    {
        p = week_day + i;           //使用 week_day + i 将指针向后移动
        printf("% s  ",* p);        //输出字符串 p
    }
    printf("\n");                   //换行
    return 0;
}
```

【输出结果】

程序输出结果如图 8.38 所示。

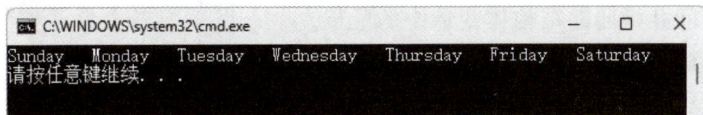

图 8.38　例 8.22 程序输出结果

8.7　指针与结构体

在 5.4 节中已经介绍了结构体数组。接下来,将探讨指针与结构体的结合使用。

8.7.1　指向结构体变量的指针

声明一个结构体数据类型 STU。

```
typedef struct student
{
    int sID;                //学号
    char sSex;              //性别
    int sC;                 //C 语言成绩
}STU;
```

则定义一个指向该类型的指针变量的方法为:

```
STU * pt;
```

这里只是定义了一个指向 STU 结构体类型的指针变量 pt,此时的 pt 并没有指向一个确定的存储单元,其值是一个随机值。为使 pt 指向一个确定的存储单元,需要对指针变量进行赋值。例如:

```
STU S1;                 //定义结构体变量 S1
pt = &S1;               //为结构体指针变量 pt 赋值
```

指针 pt 指向结构体变量 S1 所占内存空间的首地址,即 pt 是指向结构体变量 S1 的指针。

当然也可在定义结构体指针变量时对其初始化,例如:

```
STU * pt = &S1;
```

在 C 语言中,访问结构体变量成员的运算符主要有两种:成员运算符(.)和指向运算符(->)。通过成员运算符(.)访问结构体变量成员已在 5.4.2 节做过介绍。通过指向运算符(->)访问结构体变量成员的形式如下:

结构体指针变量名 ->成员名

成员运算符(.)通常用于直接访问结构体变量的成员,而指向运算符(->)则是用于通过结构体指针来访问其指向的结构体变量中的成员。

如要给结构体指针变量 pt 指向的结构体变量中的 sC 成员赋值 90,可以使用语句:

```
pt -> sC = 90;
```

它与语句

```
( * pt).sC = 90;
```

是等价的。

因此，"."运算符和"->"运算符的本质区别在于它们操作的对象类型不同："."运算符直接操作结构体变量，而"->"运算符则操作指向结构体变量的指针。在使用时，需要根据具体的上下文环境选择合适的运算符来访问结构体变量成员。

8.7.2　指向结构体数组的指针

若有一个结构体数组语句：

STU s[30];

若要定义结构体指针变量 pt 将其指向结构体数组 s，有以下 3 种方法：

```
(1)STU * pt = s;
(2)STU * pt = &s[0];
(3)STU * pt;
      pt = s;
```

这 3 种方法是等价的，指针变量 pt 中存储的是数组 s 的首元素 s[0]的地址。

如图 8.39 所示，因为指针 pt 指向 STU 结构体数组 s 的第 1 个元素 s[0]的地址，因此，可用指向运算符来引用 pt 指向的结构体数组元素中的成员。

例如，pt-> sC 引用的是 s[0]. sC 的值，表示第 1 个学生的 C 语言成绩；(pt+1)-> sC 引用的是 s[1]. sC 的值，表示第 2 个学生的 C 语言成绩，其他情况以此类推。

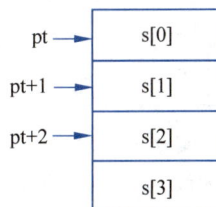

图 8.39　指向结构体数组的指针

8.7.3　结构体变量和结构体指针变量作为函数参数

与其他普通的数据类型一样，既可以定义结构体类型的变量、数组、指针，也可以将结构体类型作为函数参数的类型和返回值的类型。把一个结构体变量的值传递给另一个函数，有 3 种方法：

（1）用结构体的单个成员作为函数参数，向函数传递结构体变量的单个成员。

用结构体变量的单个成员作为函数实参，与其他普通数据类型的变量作为函数实参完全一样，都是传值调用，在函数内部对其进行操作，不会引起实参结构体变量成员值的变化。这种传递方式较少使用。

（2）用结构体变量作为函数参数，向函数传递结构体变量的值。

用结构体变量作为函数实参，向函数传递的是结构体变量的值，即将整个结构体变量的内容复制给被调函数。在函数内可用成员运算符引用其结构体变量成员。因这种传递方式也是传值调用，所以，在函数内对形参结构体变量成员值的修改不会影响相应的实参结构体变量成员的值。

这种传递方式要求实参、形参的结构体数据类型必须一致。在函数调用期间形参也要占用内存单元，在空间和时间上开销大，若结构体的规模很大，则时空开销大；此外，因为采用值传递方式，若在执行被调用函数期间改变了形参的值，该值不能返回主调函数，这造成使用上的不方便，因此这种传递方式也不常用。

（3）用结构体指针或结构体数组作为函数参数，向函数传递结构体变量的地址或结构体数组首地址。

用指向结构体变量的指针变量作为函数实参的实质是向函数传递结构体变量的地址。因为是传地址调用，所以在函数内部通过结构体指针形参可以间接访问和修改实参结构体变量的值。由于仅复制结构体变量首地址一个值给被调函数，并不是将整个结构体变量的内容复制给被调函数，因此相对于第（2）种方式，这种传递方式效率更高。

用结构体数组名作为函数实参的实质是向函数传递结构体数组首地址，借助传递结构体数组的首地址，函数能够直接操作主调函数中的结构体数组，读取和修改结构体数组中的数据，从而实现数据在函数间的共享。

【例 8.23】　现有一组学生成绩信息如表 8.1 所示。

表 8.1　一组学生的成绩信息

学　　号	高等数学成绩	英 语 成 绩
101	87	80
102	59	69
103	97	83

要求在主函数中输入学生信息，编写一个自定义函数，将高等数学成绩为 59 分的同学成绩改为 60，将修改后的学生信息在主函数中输出。

【问题分析】

（1）首先定义学生信息结构体数据类型。

（2）在主函数中定义用于存储学生信息的结构体数组 s，并完成学生信息的输入。

（3）编写自定义函数 modifyMath()，实现修改学生高等数学成绩的功能，形参为指向学生信息结构体类型的指针，以便实现函数调用时实参与形参之间数据的双向传递。

（4）本例需要查找高数成绩为 59 分的同学，注意高等数学成绩是学生信息结构体变量的成员，在程序中不存在 math 这样的变量，而应依次检查 s[i]. math 是否是 59。

（5）编写自定义函数 output()，实现学生信息的输出显示，形参为学生信息结构体数组。

【程序代码】

```
# include < stdio. h >
# define N 3
typedef struct student
{
    int num;
    int math;
    int eng;
```

```
}STU;                                  //结构体数据类型声明
void modifyMath(STU * sx)               //自定义函数,将 sx 的数学成绩改为 60
{   sx -> math = 60;   }
void output(STU stu[])
{
    int i;
    printf("\t 学号\t 数学成绩   英语成绩\n");
    for(i = 0;i < N;i++)                //在屏幕上输出三名学生的初始信息
        printf(" % 12d % 10d % 10d\n",stu[i].num,stu[i].math,stu[i].eng);
    return;
}
int main()
{
    STU s[N];                           //定义一个结构体数组用于存储学生信息
    int i;
    s[0].num = 101;s[0].math = 87;s[0].eng = 80;    //将第一名学生信息存储到 s[0]
    s[1].num = 102;s[1].math = 59;s[1].eng = 69;    //将第二名学生信息存储到 s[1]
    s[2].num = 103;s[2].math = 97;s[2].eng = 83;    //将第三名学生信息存储到 s[2]
    printf("修改前的学生信息为:\n");
    output(s);
    //逐一查找每位同学的数学成绩,若为 59 则调用 modifyMath()函数修改成绩
    for(i = 0;i < N;i++)
        if(s[i].math == 59)
            modifyMath(&s[i]);
    printf("修改后的学生信息为:\n");
    output(s);
    return 0;
}
```

【输出结果】

程序输出结果如图 8.40 所示。

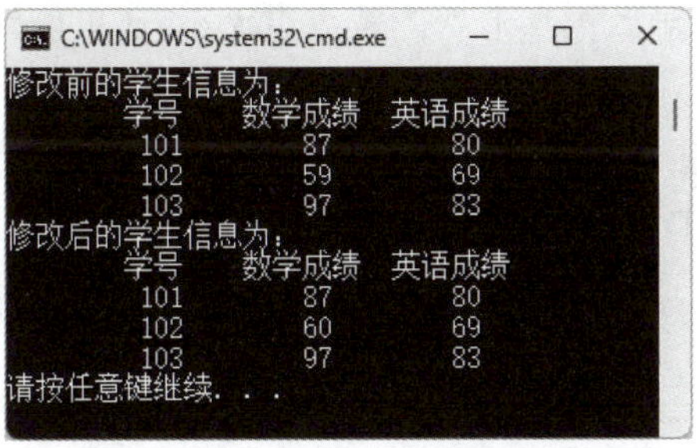

图 8.40　例 8.23 程序输出结果

本例用结构体指针作为函数参数,向函数传递结构体变量的地址,属于传地址调用,若改用结构体变量作为函数参数,即将自定义函数改为:

```
void modifyMath(STU sx)   //自定义函数,将 sx 的数学成绩改为 60
{
    sx.math = 60;
}
```

调用函数时,程序语句改为:

```
modifyMath(s[i]);
```

则修改后程序输出结果如图 8.41 所示。

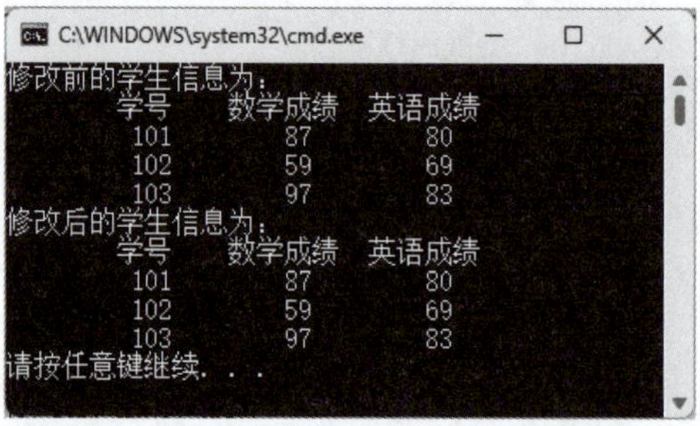

图 8.41　例 8.23 改为传值调用时程序输出结果

由此输出结果可以看出,此处用结构体变量作为函数参数,是传值调用,调用自定义函数时,只是将 s[i]的值传给了自定义函数中的 sx,在自定义函数中对 sx 所做的修改不能传回到主函数中,所以此处不能用传值函数来改变结构体变量成员的值。

8.8　链表

想象一下,如果要记录一个班级学生的分数,使用数组可能会这样定义:

```
float score[30];
```

但这里有个问题:如何确定数组大小? 如果班级人数未知或可能变化,将不得不定义一个足够大的数组,这可能导致内存浪费。若数组太小,还可能引发下标越界错误。这就是静态内存分配的问题:大小固定,不够灵活。

链表则解决了这一难题。它通过动态内存分配,在程序运行时根据需要分配内存。数据存储在链表中的"节点"中,每个节点通过指针指向下一个节点,形成链式结构。

因此,链表是一种非常适合处理数据数量不确定或频繁变动的场景的数据结构。

8.8.1　链表的类型及定义

链表是一种通过指针连接节点,实现数据的非连续存储和线性逻辑关系的数据结构,具有动态性和灵活性等特点。链表又分为单链表、双向链表和循环链表等。

链表一般采用图形方式来形象直观地描述节点之间的连接关系。这种描述链表逻辑结构的图形称为链表图。下面介绍链表中最简单的单链表。

单链表是最简单的一种链表,其数据元素是单向排列的,如图 8.42 所示。

从图 8.42 可看出,单链表有一个"头指针"变量,图中用 h 表示,它存储一个地址,该地址指向单链表中的第一个节点。单链表中的每个节点用一个方框表示,每个节点都包括两部分:一部分是数据域——存储用户要用的实际数据;另一部分是指针域——存储下一个

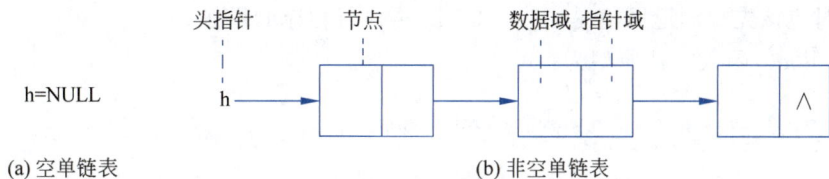

图 8.42　单链表结构示意图

节点的地址,用指针变量表示。单链表中的最后一个节点的指针域为空(NULL),表明单链表到此结束。

空链表表示单链表中没有节点信息,它用一个值为 NULL 的指针变量表示,如图 8.42(a)所示。

单链表中各元素在内存中可以不是连续存储的。要查找某一元素,必须先找到上一个元素,根据它的指针域找到下一个元素的存储地址。如果不提供"头指针",则整个单链表都无法访问。

单链表中的节点的数据结构可以用如下结构体来实现。

```
struct node
{
    int data;
    struct node * next;
};
```

以上定义实现了一个数据域为整型变量的节点类型,成员变量 next 是一个指针变量,一般称为后继指针,该指针所指向的数据类型是该结构体类型。

可以利用 typedef 给该结构体类型起一个新名字:

```
typedef struct node Node;
```

一个单链表就是由内存中若干个 Node 类型的结构体变量构成的。在实际应用时,单链表的数据域不限于单个的整型、实型或字符变量,它可能由若干个成员变量组成。在单链表中,知道指向某个节点的指针,很容易得到该节点的后继节点位置,但如果要得到该节点的直接前驱节点位置,就必须从头指针出发进行查找。

8.8.2　单链表的基本操作

链表结构通常采用动态分配存储空间的,即在需要时才开辟一个节点的存储空间。动态分配和释放存储空间需要用到以下几个库函数。

(1) malloc()函数。其原型为:

```
void * malloc(unsigned int size);
```

其作用是在内存的动态存储区中分配一个长度为 size 的连续空间。其参数是一个无符号整型数,返回值是一个指向所分配的连续存储区域的起始地址的指针。还有一点必须注意的是,当函数未能成功分配存储空间(如内存不足)就会返回一个 NULL 指针,所以在调用该函数时应该先检测返回值是否为 NULL,再执行相应的操作。

（2）calloc()函数。其原型为:

```
void * calloc(unsigned int n, unsigned int size);
```

其作用是在内存的动态区存储中分配 n 个长度为 size 的连续空间。函数返回一个指向分配域起始地址的指针；如果分配不成功（如内存空间不足），返回 NULL。

用 calloc()函数可以为一维数组开辟动态存储空间,n 为数组元素个数,每个元素长度为 size。

（3）free()函数。由于内存区域是有限的,不能无限制地分配下去,而且一个程序要尽量节省资源,所以当所分配的内存区域不再需用时,就要释放它,以便其他的变量或程序使用。这时就要用到 free()函数。其原型为:

```
void free(void * p);
```

其作用是释放由 p 指向的内存区,使这部分内存区能被其他变量使用。p 是调用 calloc()或 malloc()函数返回的指针值,free()函数无返回值。

接下来,将深入探讨单链表中的基本操作原理。为了保持内容的循序渐进,本节将侧重于阐述这些操作的基本理论,而具体的实现细节,则留到 8.9 节中详细展开。

1. 单链表的创建

创建单链表是在程序执行过程中从无到有创建起一个链表,即一个一个地申请节点空间和输入各节点数据,并创建起前后相连的关系。

单链表的创建方式可分为两种:带头节点和不带头节点。本节主要介绍带头节点的单链表构建方法。在此方法中,在单链表的起始位置引入一个特殊节点,即"头节点"。

头节点的引入主要是为了简化操作过程。在没有头节点的情况下,处理单链表的第一个节点会相对复杂,因为它在加入时链表为空,没有直接前驱节点,且其地址需直接存储在链表的头指针变量中。而其他节点由于拥有直接前驱节点,其地址则存储在前驱节点的指针域内。这种"第一个节点"的特殊处理在后续的插入和删除操作中同样存在。

为解决这一问题,引入了头节点的概念。头节点的类型与链表中其他节点相同,其地址被保存在链表的头指针变量 h 中。即便链表为空,头指针变量 h 也不会为空,因为头节点始终存在。头节点的引入使得"第一个节点"的问题得以避免,同时确保了"空表"与"非空表"在处理上的一致性。

值得注意的是,头节点的数据域并无实际意义,其指针域则用于存储第一个数据节点的地址。在链表为空时,该指针域为空。综上所述,头节点的引入主要是为了运算的便捷性。带头节点的单链表结构示意图如图 8.43 所示。

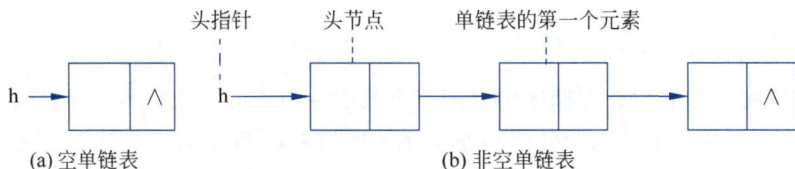

图 8.43　带头节点的单链表结构示意图

2. 单链表的输出

要输出单链表中的所有元素,需要从链表的第一个元素节点开始,依次访问每个节点,并输出其数据域的值,直到链表的末尾。

3. 单链表的查找运算

对单链表进行查找的思路为:从单链表中第一个节点开始依次向后扫描,检测其数据域是否是所要查找的值,若当前数据域的值是要查找的值则查找成功,否则继续向后找直到单链表的末尾。

因为在单链表的链域中包含了后继节点的存储地址,所以在实现时,只要知道该单链表的头指针,即可依次对每个节点的数据域进行检测。

4. 单链表的插入操作

单链表插入操作示意图如图 8.44 所示。

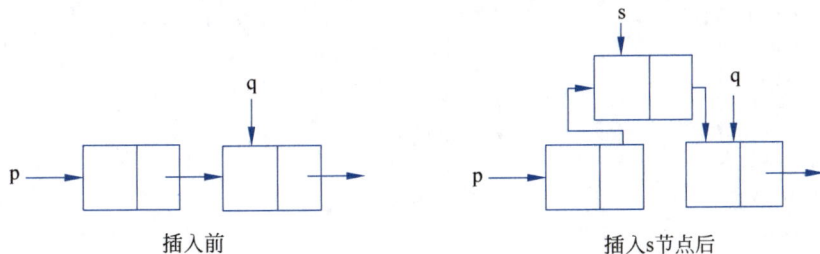

图 8.44 单链表插入操作示意图

完成插入操作的主要语句为:

```
s -> next = q;
p -> next = s;
```

5. 单链表的删除操作

有时需要使用单链表的删除操作,例如某班级有同学转学了,需要在单链表中删除该同学的信息。

假如已经知道了要删除的节点 q 的位置,那么要删除 q 节点时,只要令 q 节点的前驱节点的指针域由存储 q 节点的地址改为存储 q 的后继节点的地址,并回收 q 节点即可,如图 8.45 所示。

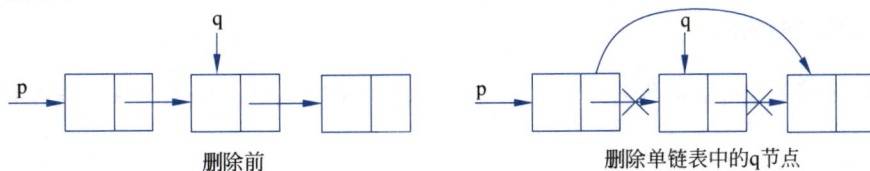

图 8.45 单链表的删除操作示意图

删除操作的主要语句为:

```
p -> next = q -> next; free(q);
```

8.9　"学生成绩管理系统"案例分析与实现

下面基于单链表这种存储结构,实现"学生成绩管理系统"案例中的学生信息的录入、显示、查找和删除四个功能模块。

8.9.1　学生信息结构体类型定义

学生信息的结构体类型声明与 5.5 节中的一致。

```
typedef struct student            //学生信息结构体 student
{
    char num[10];                 //学号
    char name[15];                //姓名
    int cgrade;                   //C 语言成绩
    int mgrade;                   //高数成绩
    int egrade;                   //英语成绩
    int total;                    //总成绩
    float ave;                    //平均成绩
}Student;
```

8.9.2　单链表中节点数据类型的声明

单链表由一系列相互串联的节点构成,因此首先需要声明节点的数据类型。

```
typedef struct node
{
    struct student data;          //数据域
    struct node * next;           //指针域
}ListNode, * LinkList;            //ListNode 为结构体类型名,LinkList 为结构体指针类型名
```

8.9.3　案例中部分功能模块的实现

下面借助于指针来实现单链表的创建、输出、查找、删除等基本操作。

1. 单链表的创建

【例 8.24】　从键盘输入若干名学生的信息。请编写在学生人数未知情况下的数据输入程序。

【问题分析】

由于事先不知道学生人数,因此不能通过设定循环次数来控制输入过程。可以检查输

入的学号：如果输入的学号为 0，则表示输入结束；否则，会继续输入学生的信息。每次输入的学生信息会被存储在一个新节点中，然后把这个新节点加入到单链表中。

　　在创建单链表时，有两种主要的方法：头插法和尾插法。使用尾插法时，新输入的数据会按照其输入的顺序被添加到链表的末尾，因此链表中的元素顺序与输入顺序一致。使用头插法时，新输入的数据会被添加到链表的开头，这意味着链表中元素的顺序与输入顺序相反。

　　下面程序代码为尾插法创建单链表，读者可以考虑头插法单链表的创建过程。

【程序代码】

```
LinkList CreateList()              //尾插法创建单链表,返回值为单链表的头指针
{
    LinkList head;                 //head 为单链表的头指针
    ListNode * s, * r;            //s 指向当前要插入单链表的节点, r 为单链表的尾指针
    int i = stu_num;
    if((head = (ListNode * )malloc(sizeof(ListNode))) == NULL)
                                   //为头节点申请内存空间,并检测是否分配成功
    {
        printf("error!");
        return NULL;
    }
    head -> next = NULL;           //创建空的单链表
    r = head;
    while(1)
    {
        student p;                 //用于接收输入的学生信息
        printf("请输入学号:");
        scanf("%s",p.num);
        if(strcmp(p.num,"0") == 0) break;
        printf("请输入姓名:");
        scanf("%s",p.name);
        printf("请输入 C 语言成绩:");
        scanf("%d",&p.cgrade);
        printf("请输入数学成绩:");
        scanf("%d",&p.mgrade);
        printf("请输入英语成绩:");
        scanf("%d",&p.egrade);
        p.total = p.cgrade + p.mgrade + p.egrade;
        p.ave = p.total/3.0;
        if((s = (ListNode * )malloc(sizeof(ListNode))) == NULL)
        {
            printf("error!");
            return NULL;
        }
        s -> data = p;
        s -> next = NULL;          //构建要插入到单链表中的节点 s
        r -> next = s;             //将尾指针 r 的指针域指向 s,s 插入到单链表的最后
        r = s;                     //尾指针 r 指向单链表的最后一个节点
    }
    return head;
}
```

【输出结果】

程序输出结果如图 8.46 所示。

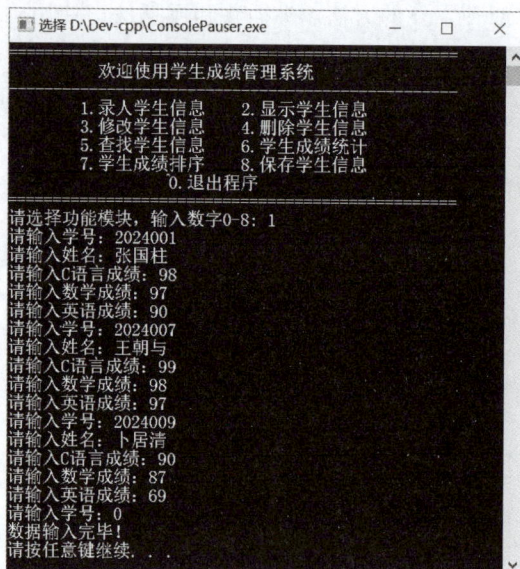

图 8.46　例 8.24 程序输出结果

2. 单链表的输出

【例 8.25】 输出"学生成绩管理系统"案例中所有学生的信息。

【问题分析】

单链表数据的输出，只需要从第一个元素节点开始，依次访问每个节点，把这些节点的数据域中的信息输出，直到链表的尾部（即指针指向 NULL）。

【程序代码】

```
int DisplayList(LinkList head)                    //输出所有学生的信息
{
    ListNode * p;
    p = head -> next;
    if(!p)                                        //若单链表为空,无须输出
    {
        printf("该单链表为空!\n");
        return 0;
    }
    else
    {
        printf("全部学生信息如下:\n");
        printf("学号\t 姓名\tC 语言\t 数学\t 英语\t 总成绩\t 平均成绩\n");
        while(p)
        {
            printf("% s\t % s\t % d\t % d\t % d\t % d\t % .1f\n",p-> data.num,
                p -> data.name,p -> data.cgrade,p -> data.mgrade,p -> data.egrade,
                p -> data.total,p -> data.ave);
```

```
            p = p -> next;
        }
    }
    return 1;
}
```

【输出结果】

程序输出结果如图 8.47 所示。

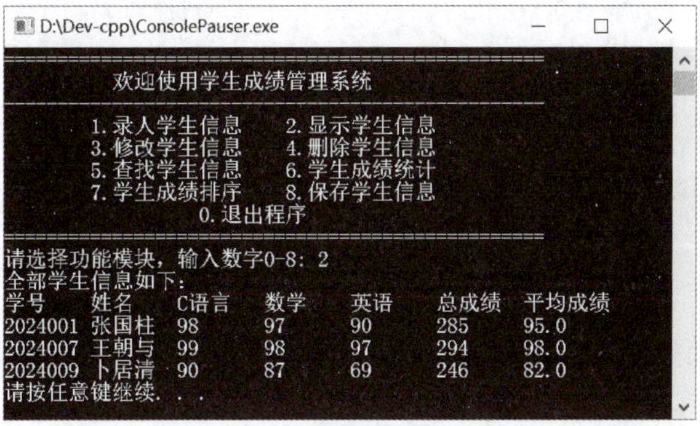

图 8.47 例 8.25 程序输出结果

3. 单链表中查找运算的实现

在"学生成绩管理系统"案例中,查找操作是一种常见且频繁使用的功能。

【例 8.26】 在已创建的单链表中,查找指定学号学生的所有信息,若未找到则给出相应提示。

【问题分析】

(1) 初始化指针:定义一个指针变量 p,开始时让它指向单链表的第一个元素节点。然后,利用这个指针 p 来逐个检查每个节点,寻找与给定学号相匹配的节点。

(2) 遍历节点:在单链表中,每个元素都通过后继指针连接到下一个元素。因此,当查找某个元素时,如果当前节点的数据不符合条件,就需要继续检查它的后继节点。

(3) 查找结束条件:查找过程有两个可能的结束点:一是找到了目标节点,此时返回该节点的信息;二是遍历到链表的末尾(即 p 变为 NULL)仍未找到目标节点,此时返回 0 表示未找到。

【程序代码】

```
int LocateList(LinkList head)                //按学号查找学生信息
{
    ListNode * p = NULL;                     //定义指针变量 p,并初始化为空指针
    char x[10];
    p = head -> next;                        //让 p 向第一个学生
    printf("请输入要查找的学生学号:\n");
    scanf(" % s",x);
    //顺链域向后查找,直到 p 为空或 p 所指节点的数据域为 x
    while(p && strcmp(p -> data.num,x))
```

```
            p = p -> next;                                      //p指向下一个节点
        if(p == NULL)
        {
            printf("链表中没有要查找的学生!\n");
            return 0;
        }
        else
        {
            printf("学号为%s的学生信息如下:\n",x);
            printf("学号\t姓名\tC语言\t数学\t英语\t总成绩\t平均成绩\n");
            printf("%s\t%s\t%d\t%d\t%d\t%d\t%.1f\n",p->data.num,p->data.name,
                    p->data.cgrade,p->data.mgrade,p->data.egrade,
                    p->data.total,p->data.ave);
            return 1;
        }
    }
```

【输出结果】

程序输出结果如图 8.48 和图 8.49 所示。

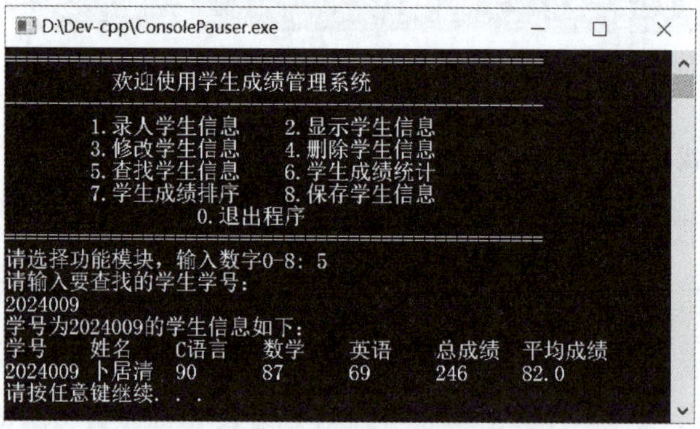

图 8.48　例 8.26 程序输出结果(查找成功)

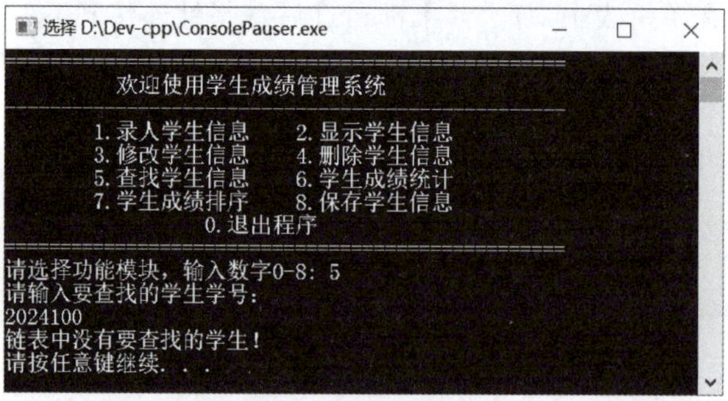

图 8.49　例 8.26 程序输出结果(查找不成功)

4. 单链表中删除运算的实现

在实际学习生活中,如果一个班级的学生转班或转学,需要从该班级的学生名单中移除这名学生的信息。

【例 8.27】　在已创建的单链表中,删除指定学号的学生,并且验证是否删除成功。

【问题分析】

(1) 在单链表中删除元素需要知道该元素的前驱节点位置。

(2) 本示例要查找并删除一个元素,在查找时,从单链表的第一个元素开始一个一个地往后查找,在后移指针之前需要记住当前元素位置,若下一个元素即为要查找的元素,则可通过改变其前驱节点的后继指针来删除该元素。

【程序代码】

```c
int DeleteList(LinkList head)              //按学号删除学生信息
{
    ListNode * p = NULL, * q = NULL;
    char x[10];
    p = head;
    q = head -> next;
    printf("请输入要删除学生的学号:\n");
    scanf("%s",x);
    while(q &&strcmp(q -> data.num,x))
    {
        p = q;
        q = q -> next;
    }
    if(q == NULL)
    {
        printf("链表中没有要删除的学生!\n");
        return 0;
    }
    else
    {
        p -> next = q -> next;              //改变删除节点前驱节点的指针域
        free(q);                           //释放删除节点的空间
        printf("删除学号%s后\n",x);
        DisplayList(head);
        return 1;
    }
}
```

【输出结果】

程序输出结果如图 8.50 所示。

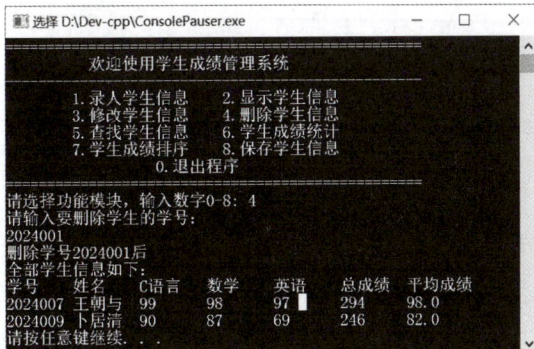

图 8.50　例 8.27 程序输出结果

在实际学习生活中,如果一个学生退学,需要从该班级的学生名单中移除这位学生的信息,所以实现了"学生成绩管理系统"案例中的删除操作。鉴于篇幅,本节只介绍了学生信息录入、显示、查找和删除四个功能模块的实现,案例完整代码请参见本书配套教学资源。

8.10　常见错误分析

1. 对指针变量赋予非指针值

例如:

```
int i, * p;
p = i;
```

【错误分析】

由于 i 是整型,而 p 是指向整型的指针,它们的类型并不相同,p 所要求的是一个指针值,即一个变量的地址,因此应该写为:

```
p = &i;
```

2. 使用指针之前没有让指针指向确定的存储区

例如:

```
char * str;
scanf("% s",str);
```

【错误分析】

这里 str 没有具体的指向,接收的数据是不可控制的。应该特别记住:指针不是数组!上面的语句可改为:

```
char c[80], * str;
str = c;
scanf("% s",str);
```

3. 为字符数组赋字符串

由于看到字符指针指向字符串的写法,例如:

```
char * str;
str = "This is a string! ";
```

就以为字符数组也可以如此,写为:

```
char s[80];
s = "This is a string! ";
```

【错误分析】

为字符数组赋字符串,需要使用字符串复制函数来完成:

```
strcpy(s, "This is a string! ");
```

或者在定义字符数组时,对数组进行初始化:

```
char s[80] = "This is a string! ";
```

4. 指针做非法操作

例如:

```
int * l, * r, * x;
x = (l + r)/2;
```

【错误分析】

由于 l 和 r 都是指针,它们不能相加。

5. 指针超越数组范围

例如:

```
int a[10], i, * p;
p = a;
for(i = 0; i < 10; i++)
{
    scanf(" % d", p);
    p++;
}
for(i = 0; i < 10; i++)
{
    printf(" % 5d", p);
    p++;
}
```

【错误分析】

第一个 for 循环已使指针 p 移出了数组 a 的范围,第二个 for 循环操作时 p 始终处在数组 a 之外。使用指针操作数组元素时,应注意不要让指针越界。上面程序可以在两个 for 循环之间加上下面这条语句:

```
p = a;
```

使 p 重新指向数组 a 的开始处。

🔍 本章小结

指针是 C 语言中的核心且极具挑战性的部分,它虽然灵活但学习难度较高。正确使用指针可以显著提升程序的运行效率。以下是本章的重点内容。

1. 指针变量的定义和赋值

指针存储的是内存地址,所有指针变量所需的存储空间大小相同,但通过指向的数据类型来区分。

定义指针变量时,一个" * "符号用于声明一个指针变量。使用指针前,需要给它赋值,通常是变量的地址、数组名或函数名,使其指向相应的目标。

2. 指针变量的使用及指针运算

指针变量遵循"先赋值后使用"的原则,通过指针访问其所指向的对象。

运算符"&"获取变量的地址,用于给指针赋值;" * "通过指针访问所指向的对象。

指针的加减运算和关系运算常用于数组访问,这些运算以指针所指向的数据类型为单位,而非字节。

3. 指针与数组的关系

数组名代表数组首元素的地址,可通过指向数组的指针访问数组元素。

访问数组元素的方式包括下标、偏移量和指针遍历。

访问二维数组时,可使用指向元素的指针或行指针(指向数组的指针),需要理解它们之间的区别并正确使用。

4. 指针与函数的关系

把指针作为函数参数,可以突破函数只能返回一个值的限制,实参通常为变量地址或数组名。

函数也可返回指针,但不能返回局部变量的地址。

函数名代表函数的首地址,可定义指向函数的指针,通过它调用函数。

5. 指针与结构体的关系

结构体是将不同类型的数据成员组合在一起的数据结构,适用于处理关系密切、逻辑相关且属性相同或不同的数据。使用关键字 struct 声明结构体类型。

指针在结构体中的应用非常广泛,如指向结构体变量的指针、指向结构体数组的指针。通过指针可以灵活地访问和修改结构体变量的成员。

6. 链表

链表是一种动态数据结构,由一系列节点组成,每个节点包含数据和指向下一个节点的指针。

链表的类型包括单向链表、双向链表和循环链表等。通过指针的操作,可以实现链表的创建、插入、删除和遍历等操作。

链表在 C 语言中常用于实现动态内存管理、数据缓存和队列等功能。

基于单链表这种存储结构,实现了"学生成绩管理系统"案例中的录入学生信息、显示学生信息、查找学生信息、删除学生信息等功能模块。

习题八

一、选择题

1. 若有定义语句"int * p, a;",则语句"p=&a;"中的运算符"&"的含义是( )。
   A. 位与运算　　　　B. 逻辑与运算　　　C. 取指针内容　　　D. 取变量地址

2. 若有定义语句"int x=0, * p=&x;",则语句"printf("%d\n", * p);"的输出结果是( )。
   A. 随机值　　　　　B. 0　　　　　　　　C. x 的地址　　　　D. p 的地址

3. 声明语句"int(* p)();"的含义是( )。
   A. p 是一个指向一维数组的指针变量
   B. p 是指针变量,指向一个整型数据
   C. p 是一个指向函数的指针,该函数的返回值是一个整型
   D. 以上都不对

4. 下面程序的输出结果是( )。

```
char * s = "abcde";
s += 2;
printf("%s",s);
```

   A. cde　　　　　　B. 字符'c'　　　　　C. 字符的'c'地址　　D. 无法确定

5. 若有定义语句"char b[5], * p=b;",则下列赋值语句正确的是( )。
   A. b="abcd";　　　　　　　　　　B. * b="abcd";
   C. p="abcd";　　　　　　　　　　D. * p="abcd";

6. 若有定义语句"int k=2, * ptr1, * ptr2;",且 ptr1 和 ptr2 均已指向变量 k,下面不能正确执行的语句是( )。
   A. k= * ptr1+ * ptr2;　　　　　　B. ptr2=k;
   C. ptr1=ptr2;　　　　　　　　　　D. k= * ptr1 * (* ptr2);

7. 若有定义语句"int * p[4];",以下选项中与此语句等价的是( )。
   A. int p[4];　　　B. int ** p;　　　C. int (* p)[4];　　D. int * (p[4]);

8. 若有以下声明和语句:

```
int a[] = {1,2,3,4,5,6,7,8,9,0}, * p, i;
p = a;
```

且 $0 \leqslant i < 10$,则下面对数组元素地址的正确表示的是(　　)。

　　A. &(a+1)　　　　　　B. a++　　　　　　C. &p　　　　　　D. &p[i]

9. 若有下面程序

```
# include < stdio. h>
void fun1(char * p)
{
    char * q;
    q = p;
    while( * q!= '\0')
    {
        ( * q)++;
        q++;
    }
}
int main()
{
    char a[] = {"Program"}, * p;
    p = &a[3];
    fun1(p);
    printf(" % s\n",a);
    return 0;
}
```

程序的输出结果是(　　)。

　　A. Prohsbn　　　　　B. Prphsbn　　　　C. Progsbn　　　　D. Program

10. 以下语句或语句组中,能正确进行字符串赋值的是(　　)。

　　A. char * sp; * sp="right!";　　　　　　B. char s[10]; s="right!";

　　C. char s[10]; * s="right!";　　　　　　D. char * sp="right!";

11. 若有"char str[]="OK!";"语句,对指针变量 ps 的声明和初始化正确的是(　　)。

　　A. char ps=str;　　　　　　　　　　B. char * ps=str;

　　C. char ps=&str;　　　　　　　　　D. char * pa=&str;

12. 下面程序的输出结果是(　　)。

```
# include < stdio. h>
void sum(int * a)
{
    a[0] = a[1];
}
int main()
{
    int aa[10] = {1,2,3,4,5,6,7,8,9,10},i;
    for(i = 2;i >= 0;i-- )
        sum(&aa[i]);
    printf(" % d\n",aa[0]);
    return 0;
}
```

　　A. 4　　　　　　　　B. 3　　　　　　　　C. 2　　　　　　　　D. 1

13. 设变量 p 是指针变量,语句"p＝NULL;"是给指针变量 p 赋 NULL 值,它等价于( )。

    A. p＝"";   B. p＝'0';   C. p＝0;   D. ＊p＝'';

14. 下面程序中关于指针输入格式正确的是( )。

    A. int ＊p; scanf("%d",&p);

    B. int ＊p; scanf("%d", p);

    C. int k,＊p＝&k; scanf("%d",p);

    D. int k,＊p; ＊p＝&k; scanf("%d",&p);

15. 若有如下结构体变量的定义:

```
struct person
{
    int id;
    char name[10];
};
struct person per, ＊s = &per;
```

则以下对结构体成员的引用中错误的是( )。

    A. per. name   B. s-> name[0]

    C. (＊per). name[6]   D. (＊s). id

二、填空题

1. 若有定义语句"int n,＊k＝&n;",以下语句将利用指针变量 k 读写变量 n 中的内容,请把语句补充完整。

```
scanf("%d, " _____ );
printf("%d\n", _____);
```

2. 下面的函数是求两个整数之和,并通过形参传回结果。

```
void add( int x, int y, _____ z)
{
    _____ = x + y;
}
```

3. 若有以下定义,不移动指针 p,且通过指针 p 引用值为 98 的数组元素的表达式是_____。

```
int w[10] = {23,54,10,33,47,98,72,80,61}, ＊p = w;
```

4. 以下定义的结构体类型拟包含两个成员,其中成员变量 info 用来存入整型数据,成员变量 link 是指向自身结构体的指针。请将定义补充完整。

```
struct node
{
```

```
        int info;
        _____;
    };
```

5. 若有下面程序

```
# include < stdio. h >
struct stu{
    int num;
    char name[10];
    int age;
};
void fun(struct stu * p)
{
    printf(" % s\n",( * p). name);
}
int main()
{
    struct stu student[3] = {{1,"Za",20},{2,"Wa",19},{3,"Zhao",18}};
    fun(student + 2);
    return 0;
}
```

程序的输出结果是_____。

6. 若有下面程序：

```
# include < stdio. h >
void f( int y, int  * x)
{
    y = y +  * x;
     * x =  * x + y;
}
int main()
{
    int x = 2, y = 4;
    f(y,&x);
    printf(" % d  % d\n",x,y);
    return 0;
}
```

程序的输出结果是_____。

7. 下面程序的功能是判断输入的字符串是否是"回文"(顺读和倒读都一样的字符串称为"回文",如 level)。请填空。

```
# include < stdio. h >
# include < string. h >
int main()
{
    char s[81],  * p1,  * p2;
    int n;
```

```
        gets(s);
        n = strlen(s);
        p1 = s;
        p2 = _____①_____ ;
        while(____②____)
        {
            if( * p1 != * p2)
                break;
            else
            {
                p1++;
                ____③____ ;
            }
        }
        if(p1 < p2)
            printf("No\n");
        else
            printf("Yes\n");
        return 0;
    }
```

8. 下面程序的输出结果是_____。

```
# include < stdio. h >
int sub( int * s)
{
    static int t = 0;
    t = * s + t;
    return t;
}
int main( )
{
    int i,k;
    for( i = 0; i < 4; i++)
    {
        k = sub(&i);
        printf(" % 5d ",k);
    }
    printf("\n");
    return 0;
}
```

9. 下面程序的功能是将八进制正整数字符串转换为十进制整数。请填空。

```
# include < stdio. h >
# include < string. h >
int main( )
{
    char s[9], * p = s;
    int n;
    gets(s);
```

```
    n = ___①___ ;
    while( ___②___ != '\0')
        n = n * 8 + * p - '0';
    printf(" % d\n",n);
    return 0;
}
```

10. 下面的程序输出从键盘上输入的 3 个正整数中的最大数和最小数。

```
# include < stdio. h>
void getmaxmin(int a, int b, int c, int * max, int * min)
{
    int max1, min1;
    max1 = ____①____ ;
    min1 = a < b ? a : b ;
    * max = max1 > c? max1 : c ;
    * min = ____②____ ;
}
int main( )
{
    int x,y,z;
    ____③____ ;
    printf("please enter three integers:");
    scanf(" % d % d % d", ____④____ );
    getmaxmin(x,y,z,&max,&min);
    printf(" % d % d  \n", max, min);
    return 0;
}
```

11. 函数 void fun(float * sn, int n)的功能是根据以下公式计算 s：

$$s = 1 - \frac{1}{3} + \frac{1}{5} - \frac{1}{7} + \cdots$$

计算结果通过形参指针 sn 传回；n 通过形参传入，n 的值大于等于 0，请填空。

```
# include < stdio. h>
void fun(float * sn, int n)
{
    float s = 0.0, w, f = - 1.0;
    int i = 0;
    for(i = 0; i < = n; i++)
    {
        f = ___①___ * f;
        w = f/(2 * i + 1);
        s += w;
    }
    ____②____ ;
}
```

12. 若有 5 名学生，每名学生考 4 门课。下面程序能检查这些学生有无考试不及格的课程。若某一学生有一门或一门以上课程不及格，就输出该学生的序号(序号从 0 开始)和其全部课程成绩。要求使用指针变量 p 访问数组 score,请填空。

```
# include < stdio. h>
int main()
{
    int score[5][4] = {{62,87,67,95},{95,85,98,73},{66,92,81,69},
                        {78,56,90,99},{60,79,82,89}};
    int ( * p)[4],j,k,flag;
    p = score;
    for(j = 0;j < 5;j++)
    {
        flag = 0;
        for(k = 0;k < 4;k++)
            if(    ①    )
                flag = 1;
        if(flag == 1)
        {
            printf("No. % 2d is fail, scores are : ",j);
            for(k = 0;k < 4;k++)
                printf("% 5d",    ②    );
            printf("\n");
        }
    }
    return 0;
}
```

三、编程题(要求用指针方法实现)

1. 编写函数 void swap(int * pa,int * pb)来实现两个整数的交换,在 main()函数中输入 3 个整数,调用 swap()函数把它们按由小到大的顺序输出。

2. 编写函数 void max_min(int * x, int n, int * max, int * min)来实现找出指针 x 所指向数组中的最大数和最小数,n 为数组中元素个数。两个指针变量参数实现主调函数和被调函数之间"传递"数据,在 main()函数中调用 max_min()函数找出数组中的最大数和最小数,并输出。

3. 编写函数 void inv(int * x,int n)来实现指针 x 所指向数组元素的逆置(即以相反顺序存储),n 为数组中元素个数(不要使用递归方法)。在 main()函数中调用 inv()函数完成数组元素的逆置,并输出。

4. 有字符串 a 和 b,编写程序,使用指针将字符串 b 连接到字符串 a 的后面。

5. 使用字符指针数组表示一组学生姓名,并按字典顺序排序。

6. 编写程序,从键盘输入一个字符串,使用指针求字符串的长度,要求不能使用 strlen() 函数。

7. 编写程序,使用指针求二维数组元素的最大数,并确定最大数元素所在的行和列。

8. 编写函数 void insert(int * p,int x)实现将整数 x 插入指针 p 所指向的已经按升序排好序的一维数组中,插入后该数组依旧保持升序。在 main()函数中输入一组已排好序的数组和预备插入的整数,调用 insert()函数后,输出结果。

9. 现有 5 名学生,每名学生信息包括学号(char num[10])、成绩(float sc),要求用户从键盘输入 5 名同学信息,用单链表存储这 5 名同学的信息,并从屏幕输出这些信息,然后删除所有成绩不及格的学生信息。

10. 假设有两个有序(按从小到大排序)的单链表 A 和 B,试编写程序将 A 和 B 合并成一个链表 C 并保证其有序性。

第9章

文 件

☆ 本章导读

在 C 语言中,文件是数据处理的重要手段,也是程序设计中的一个重要概念。

本章介绍 C 语言中的文件操作,包括文件的打开、读取、写入和关闭等,实现了"学生成绩管理系统"案例中的数据文件读写功能。这些技能对于开发实用程序、处理大量数据以及实现数据持久化存储至关重要。

☆ 学习目标

- 理解文件的概念,了解文件的分类。
- 理解文件指针的概念,掌握文件指针的使用。
- 掌握文件的打开、读写和关闭方法,能够正确定位文件位置指针。
- 能够正确使用文件,实现数据的持久化存取。

9.1　文件概述

9.1.1　文件的定义

文件是指存储在外部介质(如磁盘等)上的有序的数据集合,如前面章节中所提到的头文件 stdio.h、math.h 等,以及程序源代码文件(.c 文件)、编译后生成的目标文件(.obj 文件)、链接后生成的可执行文件(.exe 文件)等。

9.1.2　文件的分类

(1) 文件分为普通文件与设备文件。
* 普通文件:存储在磁盘或外部介质上的有序数据,分为程序文件(如源文件、可执行文件等)和数据文件(存储输入或输出数据)。
* 设备文件:系统将外部设备(如显示器、键盘)视为文件。显示器为标准输出文件(用 printf()函数实现),键盘为标准输入文件(用 scanf()函数实现)。
(2) 文件以二进制形式存储,但从编码方式可分为二进制码文件和 ASCII 码文件。
* 二进制码文件:以二进制编码存储。例如数值 5678 存储的二进制表示为 0001011000101110,只占了 2 字节。二进制文件的优点在于节省存储空间,但可读性较差。
* ASCII 码文件:也称为文本文件(如源程序文件、头文件)。以 ASCII 编码存储,每字节表示一个字符。例如,对数值 5678 存储为对应字符 5、6、7、8 的 ASCII 码,共占用 4 字节。

9.2　文件类型指针

在 C 语言中,文件操作通过文件类型指针(简称为文件指针)进行。在 C 语言标准库中,定义了一个名为 FILE 的结构体类型,这个结构体类型用来存储与文件操作相关的各种信息,如文件的当前读写位置、文件状态、缓冲区状态等。文件类型指针就是指向 FILE 结构体类型的指针

FILE 结构体类型的定义包含在头文件 stdio.h 中,具体定义大致如下:

```
typedef struct
{
    short _level            //缓冲区满空的程度
    unsigned int _flag;     //文件号
    char _fd;               //文件描述符
    short _size;            //缓冲区的大小
    char * _buffer;         //数据缓冲区首地址
    int _cleft;             //缓冲区中剩下的字符
    int _mode;              //文件的操作模式
    char * _curp;           //指针当前位置(下一个待处理字节地址)
```

```
    char * _nextc;                   //下一个字符的位置
    unsigned int _istemp;            //临时文件指示
    short _token                     //有效性标记
}FILE;
```

不同 C 系统的 FILE 类型的定义会有少许不同。文件指针的定义如下：

```
FILE * 指针变量标识符;
```

例如：

```
FILE * fp;
```

通过指针 fp 指向某个具体文件来对文件进行操作。

9.3　文件的打开、读写和关闭

在对文件读写之前需要先打开文件，读写完毕之后则必须关闭文件，打开与关闭是文件必不可少的操作。打开文件即是创建文件指针与文件的关联；关闭则是释放指针与文件的关联，同时保证缓冲区中的数据写入文件。

9.3.1　文件的打开函数 fopen()

文件打开函数 fopen()的原型如下：

```
FILE * fopen(const char * filename,const char * mode);
```

利用 fopen()函数打开文件的方式：

```
FILE * fp;
fp = fopen("文件名或文件路径","文件操作方式表示符");
```

例如：

```
fp = fopen("myfile.txt","w");
```

调用 fopen()函数以"只写"方式打开文件 myfile.txt，并将返回的文件类型指针赋值给 fp。可以通过 fp 操作文件 myfile.txt。如果文件打开失败，fopen()函数会返回 NULL(其值为 0)。

文件名亦可包含文件路径，例如：

```
fp = fopen("c:\\documents:\\myfile.txt","w");
```

上述打开文件的方式为 ANSI C 标准规定的方式。

文件打开方式符如表 9.1 所示。

表 9.1 文件打开方式符

文件使用方式	意　　义
"r"	只读,打开一个文本文件,该文件必须已经存在,否则出错,只允许读数据
"w"	只写,打开或创建一个文本文件,若文件存在,原文件内容消失,只允许写数据
"a"	追加,打开一个文本文件,并在文件末尾增加数据,文件不存在则出错
"rb"	只读,打开一个二进制文件,只允许读数据
"wb"	只写,打开或创建一个二进制文件,只允许写数据
"ab"	追加,打开一个二进制文件,并在文件末尾写数据
"r+"	读写,打开一个文本文件,允许读和写
"w+"	读写,打开或创建一个文本文件,允许读写
"a+"	读写,打开一个文本文件,允许读,或在文件末尾追加数据
"rb+"	读写,打开一个二进制文件,允许读和写
"wb+"	读写,打开或创建一个二进制文件,允许读和写
"ab+"	读写,打开一个二进制文件,允许读,或在文件末尾追加数据

9.3.2 文件的关闭函数 fclose()

文件打开成功并操作完毕后,如不关闭文件,文件读写的数据可能丢失。因为文件的操作是通过缓冲区进行的,读写数据先放入缓冲区,缓冲区满时才写入文件,如操作后缓冲区未满,又未关闭文件,则缓冲区中的数据将丢失,因此必须使用文件关闭命令,将缓冲区的数据写入文件。文件关闭函数 fclose()的原型如下:

```
int fclose(FILE * fpoint);
```

fclose()函数的调用形式如下:

```
fclose(fp);
```

fp 为前面定义过的文件指针。关闭成功,则 fclose()函数返回 0,否则返回 EOF(-1)。文件关闭不仅可以保存数据,同时释放相关的资源。

9.3.3 文件的读写

除打开、打开判断、关闭文件操作三要素外,对文件实际的改变操作是中间对文件的读和写。C 语言提供多种文件读写函数,亦包含在头文件 stdio.h 中,主要如下:

(1) 字符读写函数:fgetc()、fputc()。

(2) 字符串读写函数:fgets()、fputs()。

(3) 格式化读写函数:fscanf()、fprintf()。

(4) 数据块读写函数:fread()、fwrite()。

1. 文件字符读写函数

(1) 文件字符读函数 fgetc()的原型如下:

```
int fgetc(FILE * fpoint);
```

fgetc()函数的调用形式如下：

```
c = fgetc(fp);
```

其中 c 为字符变量。打开文件后，fgetc()函数读取的是第一个字符，再调用 fgetc()函数则依次读取下一个字符，如读至结束则返回 EOF。实际上，读写位置是由文件内部位置指针控制的，打开时，位置指针指向第一字节，并随函数的调用后移，该位置指针由系统自动设置，不需用户定义，这与文件指针不同，文件指针需定义且定义后不变。

（2）文件字符写函数 fputc()的原型如下：

```
int fputc(FILE *fpoint);
```

fputc()函数的调用形式如下：

```
fputc(字符量,文件 fp);
```

字符量可以是字符常量也可是字符变量，如：

```
char c = 'a';
fputc(c,fp);或 fputc('a',fp);
```

fputc()函数往文件写入一个字符，写入成功则返回字符的 ASCII 码值，失败则返回 EOF。

【例 9.1】 显示文件 myfile.txt 中内容，然后输入一段字符，以换行符为结束符，把这些字符写入文件 myfile 之后，再将文件内容读出显示在屏幕上。

【问题分析】

（1）使用 fgetc()函数从文件 myfile.txt 中读取内容并显示。

（2）输入一段字符，将其追加到文件 myfile.txt 末尾，重新读取文件内容并显示。

【程序代码】

```
#include <stdio.h>
#include <stdlib.h>
int main()
{
    FILE *fp;
    char c;
    if((fp = fopen("myfile.txt","a+")) == NULL)      //判断文件是否打开成功
    {
        printf("\nerror:fail in opening myfile.txt!");   //打印失败信息
        getch();                                      //从键盘任意输入一个字符
        exit(1);                                       //退出程序
    }
    do
    {
        c = fgetc(fp);                                //从文件读取一个字符
        putchar(c);                                   //在屏幕上显示该字符
```

```
            }while(c!= EOF);                    //文件未到末尾则循环进行
            printf("Please input the words:\n");  //打印提示信息
            c = getchar();                        //从键盘输入一个字符
            while(c!= '\n')                       //如未碰到换行符则循环进行
            {
                fputc(c,fp);                      //将字符写入文件
                c = getchar();                    //从键盘输入一个字符
            }
            rewind(fp);                           //将 fp 所指的文件的内部位置指针移至文件头
            c = fgetc(fp);
            while(c!= EOF)
            {
                putchar(c);
                c = fgetc(fp);
            }
            printf("\n");
            fclose(fp);                           //关闭文件
            return 0;
        }
```

图 9.1　例 9.1 程序输出结果

假设执行程序之前 myfile. txt 文件内容为 good。

【输出结果】

程序输出结果如图 9.1 所示。

2. 文件字符串读写函数

（1）文件字符串读函数 fgets()的原型如下：

```
char * fgets(char * s, int n, FILE * fpoint);
```

fgets()函数的调用形式如下：

```
fgets(字符数组名,n,文件指针);
```

其功能是从文件指针所指文件中读一个长度为 n−1 的字符串,在最后一个字符后加上字符串结束标志'\0'后,存到一个字符数组中。例如：

```
char str[20];或 char * str;
int n = 9;
fgets(str,n,fp);
```

（2）文件字符串写函数 fputs()的原型如下：

```
int fputs(char * string, FILE * fpoint);
```

fputs()函数的调用形式如下：

```
fputs(字符串,文件指针);
```

其功能是向文件中写入一个字符串,此字符串可以是字符串常量也可是有赋值的字符数组。例如:

```
fputs("china",fp);或 fputs(str,fp);
```

说明:字符串末尾的'\0'不输出。若输出成功,函数值为 0,失败时,函数值为 EOF。

【例 9.2】 读取文件 myfile.txt 中的前 5 个字符并显示,然后输入一段字符串,重写入文件 myfile.txt 中,覆盖原有内容,再读取文件中的前 7 个字符并输出。

【问题分析】

(1) 使用 fgets()函数从文件 myfile.txt 中读取前 5 个字符并显示。

(2) 输入一段字符串,写入文件 myfile.txt 中,覆盖原有内容。从更新后的文件 myfile.txt 中读取前 7 个字符并输出。

【程序代码】

```
# include < stdio.h >
# include < string.h >
# include < stdlib.h >
int main()
{
    FILE * fp;
    char str[15];
    if((fp = fopen("myfile.txt ","r + ")) == NULL)        //判断文件是否打开成功
    {
        printf("\nerror:fail in opening myfile.txt!");
        getch();                                           //从键盘任意输入一个字符
        exit(1);                                           //退出程序
    }
    fgets(str,5,fp);                                       //从文件中读 5 个字符
    puts(str);
    printf("Please input less than 14 words:\n");
    gets(str);
    rewind(fp);                          //将 fp 所指的文件的内部位置指针移至文件头
    fputs(str,fp);
    rewind(fp);
    fgets(str,7,fp);                                       //从文件中读 7 个字符
    puts(str);
    fclose(fp);                                            //关闭文件
    return 0;
}
```

假设执行程序之前 myfile.txt 文件的内容为 goodhello world!。

【输出结果】

程序输出结果如图 9.2 所示。

图 9.2 例 9.2 程序输出结果

3. 文件格式化读写函数

(1) 文件格式化读函数 fscanf()。

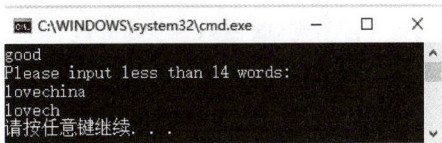

fscanf()与 scanf()函数功能类似,区别只在于 scanf()函数从标准输入文件(即键盘)读

入,fscanf()函数则从文件中读入。fscanf()函数的原型如下:

```
int fscanf(FILE * fpoint,char * format,[argument...]);
```

fscanf()函数的调用形式如下:

```
fscanf(文件指针,格式控制字符串,输入项列表);
```

(2) 文件格式化写函数 fprintf()。

fprintf()与 printf()函数功能类似,区别只在于 printf()函数输出到标准输出文件(即显示器),fprintf()函数则输出到文件。fprintf()函数的原型如下:

```
int fprintf(FILE * fpoint,char * format,[argument...]);
```

fprintf()函数的调用形式如下:

```
fprintf(文件指针,格式控制字符串,输出项列表);
```

例如:

```
fprintf(fp,"%c%d",c,a);
```

【例 9.3】 从文件 myfile.txt 中读取两个字符,赋给字符变量 a 和 b,然后分别计算两者 ASCII 码值的和与差,把和与差写入在文件 myfile.txt 中,重新读取文件并输出。

【问题分析】

(1) 使用 fscanf()函数从文件 myfile.txt 读取两个字符,赋值给变量 a 和 b。

(2) 计算 a 和 b 的 ASCII 码值的和与差,把和与差写入文件 myfile.txt 中。

(3) 使用 fscanf()函数从文件中读取并输出更新后的内容。

【程序代码】

```
# include < stdio.h >
# include < stdlib.h >
int main()
{
    FILE * fp;
    char a,b;
    int sum, sub;
    if((fp = fopen("myfile.txt ","r + ")) == NULL)   //打开文件失败
    {
        perror("无法打开文件");
        exit(1);
    }
    fscanf(fp,"%c%c",&a,&b);                 //读取两个字符
    sum = a + b;                             //计算和与差
    sub = a - b;
    rewind(fp);                              //将 fp 所指的文件的内部位置指针移至文件头
    fprintf(fp,"%d %d",sum,sub);             //写文件
```

```
        rewind(fp);                              //将 fp 所指的文件的内部位置指针移至文件头
        int x,y;
        fscanf(fp,"%d %d",&x,&y);                //读取两个整数
        printf("%d %d",x,y);
        fclose(fp);                              //关闭文件
        return 0;
    }
```

假设执行程序之前 myfile.txt 文件的内容为 love。

【输出结果】

程序输出结果如图 9.3 所示。

4. 文件数据块读写函数

数据块读写是指可以一次读入一组数据，如数组、结构体变量等。

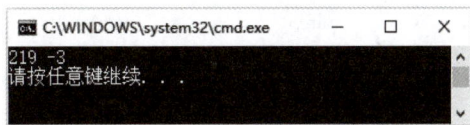

图 9.3　例 9.3 程序输出结果

数据块读写函数的调用形式如下：

```
fread(buffer,size,count,fp);
fwrite(buffer,size,count,fp);
```

fread()函数及 fwrite()函数的返回值都是整型，其中 buffer 为输入或输出数据首地址，为指针变量，size 为数据块长度(字节数)，count 表示要读写的数据块的个数，fp 为文件指针。例如：

```
char str[20];
fread(str,3,5,fp);
```

即从 fp 所指文件中每次读取 3 字节，读取 5 次，存入数组 str 中。

【例 9.4】　输入三个日期，写入文件 myfile.txt 中，再从文件中读取并输出。

【问题分析】

(1) 输入三个日期，利用 fwrite()函数写入文件 myfile.txt 中。

(2) 利用 fread()函数读取文件并输出。

【程序代码】

```
# include <stdio.h>
# include <stdlib.h>
struct date                                      //定义结构体变量
{
    int day;
    int month;
    int year;
};
int main()
{
    FILE * fp;                                   //定义文件指针
```

```
        struct date date1[3], date2[3];
        int i;
        if((fp = fopen("myfile.txt","w + ")) == NULL)        //打开文件失败
        {
            perror("无法打开文件");
            exit(1);
        }
        printf("请输入三个日期(格式:DD MM YYYY):\n");        //输入三个日期
        for(i = 0;i < 3;i++)
        {
            scanf("% d % d % d",&date1[i].day,&date1[i].month,&date1[i].year);
        }
        fwrite(date1,sizeof(struct date),3,fp);              //写入文件
        rewind(fp);                                          //将 fp 所指的文件的内部位置指针移至文件头
        fread(date2,sizeof(struct date),3,fp);              //读取文件
        printf("文件中的日期为:\n");                          //显示日期
        for(i = 0;i < 3;i++)
        {
            printf("% d % d % d\n",date2[i].day,date2[i].month,date2[i].year);
        }
        fclose(fp);                                          //关闭文件
        return 0;
    }
```

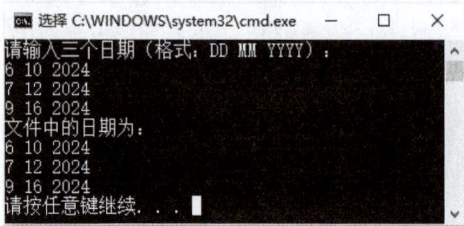

图 9.4　例 9.4 程序输出结果

【输出结果】

程序输出结果如图 9.4 所示。

5. 文件读写函数的选择

（1）fgetc() 和 fputc()：用于读写单字符,适合精细操作。

（2）fgets() 和 fputs()：用于读写字符串,效率较高,适合文本段处理。

（3）fscanf() 和 fprintf()：支持格式定义,用于需要严格匹配输入输出的场景。

（4）fread() 和 fwrite()：用于直接读写二进制块(如数组、结构体),可批量处理,效率最高,适合复杂数据或大规模操作。

前三类函数无格式约束,需要手动管理数据关联；而 fread() 和 fwrite() 函数能自动处理内在关联的数据块。用户需要根据数据类型(字符、格式、结构)及需求(效率、灵活性)选择合适的函数。

【例 9.5】　文件 cyfile.txt 中含有小写字母,编程实现把文件中的小写字母转换为大写字母。

【问题分析】

（1）读取 cyfile.txt 文件,检测小写字母(a~z)。

（2）将小写字母转换为大写字母(A~Z)。

（3）将修改后的内容写入 cyfile.txt 中。

【程序代码】

```
# include < stdio. h >
# include < stdlib. h >
int main()
{
    FILE * fp;
    char c,str1[100];
    int i = 0;
    if((fp = fopen("cyfile.txt","r + ")) == NULL)
    {                                    //判断文件是否打开
        printf("\nerror:fail in opening cyfile.txt!");
        exit(1);
    }
    while((c = fgetc(fp))!= EOF)
    {                                    //读取并转换小写字母
        if(c > = 'a'&&c < = 'z')
        {
            c -= 32;                     //转换为大写字母
        }
        str1[i++] = c;
    }
    str1[i] = '\0';                      //添加字符串结束符
    rewind(fp);                          //将 fp 所指的文件的内部位置指针移至文件头
    fputs(str1,fp);                      //写文件
    rewind(fp);                          //读取并显示文件内容
    while((c = fgetc(fp))!= EOF)
    {
        putchar(c);
    }
    fclose(fp);                          //关闭文件
    return 0;
}
```

假设执行程序之前 cyfile. txt 文件的内容为 china。

【输出结果】

程序输出结果如图 9.5 所示。

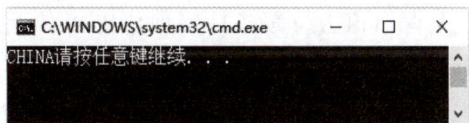

图 9.5　例 9.5 程序输出结果

9.4　文件的定位

文件位置指针由系统设置,用于指向当前读写位置。因为文件操作是跟随该指针的,因此需要清楚其位置。文件定位函数用于判断和指定文件位置指针的位置,以便在不同位置进行操作。文件定位函数都包含在头文件 stdio. h 中。

1. rewind()函数

rewind()函数的功能是把文件位置指针重新定位到文件的起始位置,适用从头开始读

写的情景。其函数的原型如下：

```
void rewind(FILE * fpoint);
```

rewind()函数的调用形式如下：

```
rewind(fp);
```

2. fseek()函数

fseek()函数用于把文件位置指针移动到指定位置上,适用于二进制文件。其函数的原型如下：

```
int fseek(FILE * fpoint, long offset, int origin);
```

fseek()函数的调用形式如下：

```
fseek(fp,位移量,起始点);
```

起始点有 3 种取值：0 为文件开始；1 为当前位置；2 为文件末尾。位移量表示从起始点开始所移动的字节数,为长整型。位移量为正时表示文件位置指针往文件末尾移动,位移量为负时表示往文件头移动。

3. ftell()函数

ftell()函数用于寻找位置指针的当前位置,如函数调用出错,则返回 -1。其函数的原型如下：

```
long ftell(FILE * fpoint);
```

其返回值为位置指针当前位置相对于文件首的偏移字节数。ftell()函数的调用形式如下：

```
long n;
n = ftell(fp);
```

4. feof()函数

feof()函数用于判断文件位置指针是否在文件末尾,feof()函数返回值为 1 表示在文件末尾,否则返回 0。其函数的原型如下：

```
int feof(FILE * stream);
```

feof()函数的调用形式如下：

```
feof(fp);
```

9.5 "学生成绩管理系统"案例分析与实现

为了持久化保存"学生成绩管理系统"中的学生信息,可以把已输入到学生成绩管理系统中的学生信息以文本方式或二进制方式保存到文件中。每次启动系统时,自动从文件中读取学生信息。退出系统时,如果用户对系统数据修改之后没有专门进行"保存学生信息"操作,系统会询问用户是否存盘。

【例 9.6】 把已输入到学生成绩管理系统中的学生信息以文本方式保存到文件 student.txt 中。

【问题分析】

(1) 调用 fopen()函数,以"写"模式打开文本文件 student.txt。

(2) 采用循环语句,通过 fprintf()函数把结构体数组 stud 中的学生信息写入文本文件 student.txt 中。

【程序代码】

```c
void save_txt()
{
    FILE * fp;                              //定义文件指针
    int i;
    if((fp = fopen("student.txt","w")) == NULL)  //以"写"模式打开文本文件
    {
        printf("不能打开文件,文件保存失败!\n");
        return;
    }
    for(i = 0;i < stu_num;i++)              //往文件中写数据
        fprintf(fp,"%s %s %d %d %d %d %5.2f\n", stud[i].num,stud[i].name,
            stud[i].cgrade,stud[i].mgrade,stud[i].egrade,
            stud[i].total,stud[i].ave);
    printf("文件保存成功!\n");
    fclose(fp);                             //关闭文件
    change = 0;                             //change 为标志变量,标记学生信息是否有变化
}
```

student.txt 文件保存在源程序文件所在的目录下,可以用"记事本"打开该文件,查看其内容。

首次使用系统时,需要先执行"录入学生信息"操作。若用户在使用系统的过程中,修改了学生信息,并且对信息修改之后没有进行"保存学生信息"操作,那么在退出系统时,系统会询问用户是否存盘。

【例 9.7】 把保存在文件 student.txt 中的学生信息读取出来。

【问题分析】

(1) 调用 fopen()函数,以"只读"模式打开文本文件 student.txt。

(2) 采用循环语句,通过 fscanf()函数把学生信息从 student.txt 文件中依次读取到结构体数组 stud 中,直至文件末尾。到达文件末尾时 fscanf()函数的返回值为 EOF。

【程序代码】

```
void load_txt()
{
    FILE * fp;                           //定义文件指针
    int i = 0,flag;
    if((fp = fopen("student.txt","r")) == NULL)  //以"只读"模式打开文本文件
    {
        printf("不能打开文件,文件读取失败!\n");
        printf("无学生信息,请先录入学生信息!\n");
        system("pause");
        return;
    }
    while(1)                             //使用 fscanf()函数从文件中读取学生信息
    {
        flag = fscanf(fp,"%s %s %d %d %d %d %f", stud[i].num,stud[i].name,
                    &stud[i].cgrade,&stud[i].mgrade,&stud[i].egrade,
                    &stud[i].total,&stud[i].ave);
        if(flag == EOF)                  //如果读取到文件末尾(EOF),退出循环
            break;
        i++;
    }
    stu_num = i;                         //把学生人数保存到全局变量 stu_num 中
    printf("从文件中成功读取%d 条记录!\n",i);
    fclose(fp);                          //关闭文件
    system("pause");                     //暂停程序,等待用户按任意键继续
}
```

每次启动"学生成绩管理系统"时,首先调用 fscanf()函数从 student.txt 文件读取学生信息。如果需要显示已读取的学生信息,则可以执行"显示学生信息"的操作。

【例 9.8】 把已输入到"学生成绩管理系统"中的学生信息以二进制方式保存到文件 student.dat 中。

【问题分析】

(1) 调用 fopen()函数,以"二进制写"模式打开 student.dat 文件。

(2) 调用"fwrite(stud,sizeof(struct student),stu_num,fp);"语句,一次把结构体数组 stud 中的所有数据写入 student.dat 文件中。写入时,数据块的个数为学生人数(stu_num),每个数据块的大小为学生信息结构体的长度,该长度通过 sizeof(struct student)运算求得。

【程序代码】

```
void save_bin()
{
    FILE * fp;                           //定义文件指针
    if((fp = fopen("student.dat","wb")) == NULL)  //以"二进制写"模式打开文件
    {
        printf("不能打开文件,文件保存失败!\n");
        return;
    }
```

```
    fwrite(stud,sizeof(struct student),stu_num,fp);        //写数据到文件
    printf("文件保存成功!\n");
    fclose(fp);                                            //关闭文件
    change = 0;
}
```

写入数据后用"记事本"打开 student.dat 文件时,看到的将是乱码。

【例 9.9】 把以二进制方式保存在 student.dat 文件中的学生信息读取出来。

【问题分析】

(1) 调用 fopen()函数,以"二进制读"模式打开 student.dat 文件。

(2) 使用"fread(&stud[i],sizeof(struct student),1,fp);"语句从 student.dat 文件中一次读取一个学生的信息,存放到学生结构体数组 stud 中,直至文件末尾。到达文件末尾时 fread()函数的返回值为 0。

【程序代码】

```
void load_bin()
{
    FILE * fp;                                    //定义文件指针
    int i = 0,flag;
    if((fp = fopen("student.dat","rb")) == NULL)    //以"二进制读"模式打开文件
    {
        printf("不能打开文件,文件读取失败!\n");
        printf("无学生信息,请先录入学生信息!\n");
        system("pause");
        return;
    }
    while(1)                                      //进入循环,逐条读取文件中的学生数据
    {
        flag = fread(&stud[i],sizeof(struct student),1,fp);
        if(flag == 0)    break;
        i++;                                      //成功读取一条记录,学生数量加 1
    }
    stu_num = i;                                  //记录读取的学生数
    printf("从文件中成功读取 %d 条记录!\n",stu_num);
    fclose(fp);                                   //关闭文件
    system("pause");                             //暂停程序,等待用户按任意键继续
}
```

顺序存储结构的"学生成绩管理系统"案例中有关文件操作的完整代码请参见本章提供的电子版教学资料。链表存储结构的"学生成绩管理系统"案例中有关文件操作的完整代码请参见本书配套教学资源。

9.6 常见错误分析

1. 要素不全

文件操作三要素为打开、判断和关闭。初学者常遗漏判断打开是否成功或忘记关闭文

件,这类错误在编译时不报错,容易被忽略。建议先写好三要素,再添加其他操作。

2.打开模式有误

注意不同打开模式的区别:只写模式不可读,只读模式不可写。写方式(只写、读写)会新建文件,若需保留原内容,应选择追加方式。处理二进制文件时,使用带'b'后缀的二进制读写模式更准确。

3.文件位置指针混乱

编程时应明确位置指针的位置。若需从文件首操作,确保文件位置指针在文件首或用 rewind()函数强制定位。可通过 ftell()函数查找指针位置并调整,避免读写文件内容混乱。

本章小结

本章介绍了文件的概念、文件的分类,以及文件的打开、关闭、读写和定位文件位置指针等常见操作函数。主要内容如下。

(1) C 语言中,文件可按用户使用角度分为普通文件和设备文件,亦可按编码方式分为文本文件和二进制文件,后二者为重点讨论对象。文本文件、二进制文件都有逻辑数据流组成,亦称为"流文件"。

(2) 文件操作三要素:打开、判断和关闭,缺一不可。文件操作通过指向文件的文件指针来完成。

(3) 文件读写函数:字符读写函数 fgetc()和 fputc(),字符串读写函数 fgets()和 fputs(),格式读写函数 fscanf()和 fprintf(),以及数据块读写函数 fread()和 fwrite(),这些函数读写文件的方式不同,用户可根据操作目的和效率来考虑使用何种读写函数。

(4) 文件读写位置由文件位置指针确定,文件位置指针由系统设置,不需用户定义,但会随操作发生改变。可通过文件定位函数来查找和定位位置指针。

(5) 对"学生成绩管理系统"案例中的学生信息,使用文件永久保存数据,实现了"学生成绩管理系统"案例中的文本文件和二进制文件的读写功能模块。

习题九

一、选择题

1. 系统的标准输入文件是指(　　)。
   A. 键盘　　　　　　　　B. 显示器　　　　　　C. 软盘　　　　　　D. 硬盘
2. 若执行 fopen()函数时发生错误,则函数的返回值是(　　)。
   A. 地址值　　　　　　　B. 0　　　　　　　　　C. 1　　　　　　　　D. EOF
3. 在 C 语言中,下面对文件的叙述正确的是(　　)。
   A. 用"r"模式打开的文件只能向文件写数据

B. 用"R"模式也可以打开文件

C. 用"w"模式打开的文件只能用于向文件写数据,且该文件可以不存在

D. 用"a"模式可以打开不存在的文件

4. fscanf()函数的正确调用形式是(　　　)。

　　A. fscanf(fp,格式字符串,输出表列);

　　B. fscanf(格式字符串,输出表列,fp);

　　C. fscanf(格式字符串,文件指针,输出表列);

　　D. fscanf(文件指针,格式字符串,输入表列);

5. 函数调用语句"fseek(fp,－20L,2);"的含义是(　　　)。

　　A. 将文件位置指针移到距离文件头 20 字节处

　　B. 将文件位置指针从当前位置向后移动 20 字节

　　C. 将文件位置指针从文件末尾处后退 20 字节

　　D. 将文件位置指针移到离当前位置 20 字节处

6. 在 C 语言中,当文件指针变量 fp 已指向文件末尾时,则函数 feof(fp)的返回值是(　　　)。

　　A. t　　　　　　　　　　B. F　　　　　　　　　　C. 0　　　　　　　　　　D. 1

7. 在 C 语言中,若按照数据的格式划分,文件可分为(　　　)。

　　A. 程序文件和数据文件　　　　　　　　　B. 磁盘文件和设备文件

　　C. 二进制文件和文本文件　　　　　　　　D. 顺序文件和随机文件

二、填空题

1. 在 C 语言中,用于打开文件的函数是_____,关闭文件的函数是_____。

2. 文件指针的数据类型是_____,它定义在头文件_____中。

3. 使用 fopen()函数时,以只读模式打开文本文件的模式字符串是_____,以追加模式打开二进制文件的模式字符串是_____。

4. 若文件打开失败,fopen()函数会返回_____。

5. 从文本文件中读取一个字符的函数是_____,写入一个字符的函数是_____。

6. 若用"r＋"模式打开文件,该文件必须_____,否则打开失败。

三、编程题

1. 编写程序,把两个文本文件 file1.txt 和 file2.txt 的内容合并到 file3.txt 中,要求保留原始行顺序且没有重复行(区分大小写)。

2. 从键盘输入若干行字符(最后一行按 Enter 键时表示输入结束),把它们存入磁盘文件中,再读出这些字符,将其中的大写字母转换成小写字母后写入另一磁盘文件中。

3. 编程求 100 以内的所有素数。把所得数据存入文本文件 prime.txt 和二进制文件 prime.dat。对写入文本文件中的素数,要求存储格式是每行 10 个素数,每个数占 6 个字符宽度,左对齐;可用任一文本编辑器将它打开阅读。二进制文件整型数的长度请用 sizeof()函数来获得,要求可以正序读出,也可以逆序读出(利用文件定位指针移动实现),读出的数据按文本文件中的格式输出显示。

4. 某公司 n 位职工的工资信息包括职工编号(id)、姓名(name)、基本工资(basicSalary)、岗位工资(postSalary)、绩效奖金(PRP)、保险(insurance)、个税(individualIncomeTax)、应发工资(salary)、实发工资(actualSalary)、发放时间(payDay),应发工资和实发工资通过计算得出,把原有的数据、计算得出的应发工资和实发工资存储在二进制文件 employee.dat 中。

附　录

APPENDIX

附录 A　常用字符与 ASCII 码对照表

码值	字符	码值	字符	码值	字符	码值	字符	码值	字符	码值	字符	码值	字符	码值	字符
0	NUL	16	DLE	32	SP	48	0	64	@	80	P	96	'	112	p
1	SOH	17	DC1	33	!	49	1	65	A	81	Q	97	a	113	q
2	STX	18	DC2	34	"	50	2	66	B	82	R	98	b	114	r
3	ETX	19	DC3	35	#	51	3	67	C	83	S	99	c	115	s
4	EOT	20	DC4	36	$	52	4	68	D	84	T	100	d	116	t
5	ENQ	21	NAK	37	%	53	5	69	E	85	U	101	e	117	u
6	ACK	22	SYN	38	&	54	6	70	F	86	V	102	f	118	v
7	BEL	23	ETB	39	`	55	7	71	G	87	W	103	g	119	w
8	BS	24	CAN	40	(	56	8	72	H	88	X	104	h	120	x
9	HT	25	EM	41	)	57	9	73	I	89	Y	105	i	121	y
10	LF	26	SUB	42	*	58	:	74	J	90	Z	106	j	122	z
11	VT	27	ESC	43	+	59	;	75	K	91	[	107	k	123	{
12	FF	28	FS	44	,	60	<	76	L	92	\	108	l	124	|
13	CR	29	GS	45	-	61	=	77	M	93	]	109	m	125	}
14	SO	30	RS	46	.	62	>	78	N	94	^	110	n	126	~
15	SI	31	US	47	/	63	?	79	O	95	-	111	o	127	DEL

附录 B 运算符的优先级和结合性表

优先级	运 算 符	含 义	运算符类型	结 合 方 向
1	( ) [ ] -> .	圆括号、函数形参表 数组元素下标 指向结构体成员 结构体成员	—	从左到右
2	! ~ ++ —— — * & (类型名) siziof( )	逻辑非 按位取反 自增1 自减1 求负数 取内容运算符 取地址运算符 强制类型转换 计算字节数运算符	单目运算符	从右到左
3	* / %	乘法 除法 整除求余	双目算术运算符	从左到右
4	+ —	加法 减法	双目算术运算符	从左到右
5	<< >>	左移位 右移位	双目位运算符	从左到右
6	< <= > >=	小于 小于或等于 大于 大于或等于	双目关系运算符	从左到右
7	== !=	等于 不等于	双目关系运算符	从左到右
8	&	按位与	双目位运算符	从左到右
9	^	按位异或	双目位运算符	从左到右
10	|	按位或	双目位运算符	从左到右
11	&&	逻辑与	双目逻辑运算符	从左到右
12	||	逻辑或	双目逻辑运算符	从左到右
13	?:	条件运算符	三目运算符	从右到左
14	= +=、—=、*=/=、%= &=、^=、|=、<<=、>>=	赋值运算符 算术复合赋值运算符 位复合运算符	双目运算符	从右到左
15	,	逗号运算符	顺序求值运算符	从左到右

附录C　常用标准库函数

库函数并非 C 语言编译系统的一部分,而是由编译程序根据用户需求提供的一组程序。不同 C 语言编译系统的库函数数量、名称和功能可能有所不同。ANSI C 标准推荐了一批标准库函数,涵盖了多数 C 编译系统的库函数,但并非所有系统都完全实现。本书列出了 ANSI C 标准建议的常用库函数,适用于大多数编译系统。限于篇幅,本附录仅介绍最基本的库函数,更多函数请参考系统手册。

1. 数学函数

在使用数学函数时,应该在源文件中使用如下命令:

include "math.h"

函数名	函 数 原 型	功　　能
abs	int abs(int x)	求整数 x 的绝对值
acos	double acos(double x)	计算 $\cos^{-1}(x)$ 的值 $-1 \leqslant x \leqslant 1$
asin	double asin(double x)	计算 $\sin^{-1}(x)$ 的值 $-1 \leqslant x \leqslant 1$
atan	double atan(double x)	计算 $\tan^{-1}(x)$ 的值
atan2	double atan2(double x,double y)	计算 $\tan^{-1}(x/y)$ 的值
cos	double cos(double x)	计算 $\cos(x)$ 的值,x 的单位为弧度
cosh	double cosh(double x)	计算 x 的双曲余弦 $\cosh(x)$ 的值
exp	double exp(double x)	求 e^x 的值
fabs	double fabs(double x)	求 x 的绝对值
floor	double floor(double x)	求不大于 x 的最大整数
fmod	double fmod(double x,double y)	求整除 x/y 的余数
frexp	double frexp(double val,int * eptr)	把双精度数 val 分解成数字部分(尾数)和以 2 为底的指数,即 $val = x * 2^n$,n 存储在 eptr 指向的变量中
log	double log(double x)	求 $\log_e x$ 即 lnx
log10	double log10(double x)	求 $\log_{10} x$
modf	double modf(double val, double * iptr)	把双精度数 val 分解成整数部分和小数部分,并把整数部分存储在 ptr 指向的变量中
pow	double pow(double x,double y)	求 x^y 的值
rand	int rand(void)	产生 $-90 \sim 32\,767$ 的随机整数
sin	double sin(double x)	求 $\sin(x)$ 的值,x 的单位为弧度
sinh	double sinh(double x)	计算 x 的双曲正弦函数 $\sinh(x)$ 的值
sqrt	double sqrt (double x)	计算 $\sqrt{x}$,$x \geqslant 0$
tan	double tan(double x)	计算 $\tan(x)$ 的值,x 的单位为弧度
tanh	double tanh(double x)	计算 x 的双曲正切函数 $\tanh(x)$ 的值

2. 字符函数

在使用字符函数时,应该在源文件中使用如下命令:

include "ctype.h"

函　数　名	函　数　原　型	功　　能
isalnum	int isalnum(int ch)	检查 ch 是否为字母或数字
isalpha	int isalpha(int ch)	检查 ch 是否为字母
iscntrl	int iscntrl(int ch)	检查 ch 是否为控制字符(其 ASCII 码值为 0~0xlF)
isdigit	int isdigit(int ch)	检查 ch 是否为数字
isgraph	int isgraph(int ch)	检查 ch 是否为可打印字符(其 ASCII 码值为 0x21~0x7e),不包括空格
islower	int islower(int ch)	检查 ch 是否为小写字母(a~z)
isprint	int isprint(ch) int ch	检查 ch 是否为可打印字符(其 ASCII 码值为 0x21~0x7e),不包括空格
ispunct	int ispunct(int ch)	检查 ch 是否为标点字符(不包括空格)即除字母、数字和空格以外的所有可打印字符
isspace	int isspace(int ch)	检查 ch 是否为空格、跳格符(制表符)或换行符
issupper	int isalsupper(int ch)	检查 ch 是否为大写字母(A~Z)
isxdigit	int isxdigit(int ch)	检查 ch 是否为一个十六进制数字(即 0~9,A~F,或 a~f)
tolower	int tolower(int ch)	把 ch 字符转换为小写字母
toupper	int toupper(int ch)	把 ch 字符转换为大写字母

3. 字符串函数

在使用字符串函数时,应该在源文件中使用如下命令:

＃include "string.h"

函数名	函　数　原　型	功　　能
memchr	void memchr(void ＊ buf,char ch, unsigned int count)	在 buf 的前 count 个字符中查找字符 ch 首次出现的位置
memcmp	int memcmp(void ＊ buf1,void ＊ buf2,unsigned count)	按字典顺序比较 buf1 和 buf2 指向的数组的前 count 个字符
memcpy	void ＊ memcpy(void ＊ to,void ＊ from,unsigned count)	把 from 所指向的数组中的前 count 个字符复制到 to 所指向的数组中。from 和 to 所指向的数组不允许重叠
memove	void ＊ memove(void ＊ to,void ＊ from,unsigned count)	把 from 所指向的数组中的前 count 个字符复制到 to 所指向的数组中。from 和 to 所指向的数组允许重叠
memset	void ＊ memset(void ＊ buf,char ch,unsigned count)	把字符 ch 复制到 buf 所指向的数组的前 count 个字符中
strcat	char ＊ strcat(char ＊ str1,char ＊ str2)	把字符 str2 连接到 str1 后面,去除原来 str1 最后面的串结束符'\0'
strchr	char ＊ strchr(char ＊ str1,int ch)	找出 str 所指向的字符串中第一次出现字符 ch 的位置
strcmp	int ＊ strcmp(char ＊ str1,char ＊ str2)	按字典顺序比较字符串 str1 和 str2
strcpy	char ＊ strcpy(char ＊ str1,char ＊ str2)	把 str2 所指向的字符串复制到 str1 中去
strlen	unsigned int strlen(char ＊ str)	统计字符串 str 中的字符个数(不包括结束符'\0')
strncat	char ＊ strncat(char ＊ str1, char ＊ str2,unsigned count)	把字符串 str2 所指向的字符串中前 count 个字符连接到串 str1 后面,并以 NULL 结尾

续表

函数名	函 数 原 型	功　　能
strncmp	int strncmp(char * str1,char * str2,unsigned count)	比较字符串 str1 和 str2 中最多前 count 个字符
strncpy	char * strncpy(char * str1,char * str2,unsigned count)	把 str2 所指向的字符串中最多前 count 个字符复制到串 str1 中去
strnset	void * setnset(char * buf,char ch,unsigned count)	把字符 ch 复制到 buf 所指向的数组的前 count 个字符中
strset	void * setnset(void * buf,char ch)	把 buf 所指向的字符串中的全部字符都变为字符 ch
strstr	char * strstr(char * str1,char * str2)	查找 str2 所指向的字符串在 str1 所指向的字符串中首次出现的位置

4. 输入输出函数

在使用输入输出函数时,应该在源文件中使用如下命令:

＃include "stdio.h"

函数名	函 数 原 型	功　　能
clearerr	void clearer(FILE * fp)	清除文件指针错误指示器
close	int close(int fp)	关闭文件(非 ANSI C 标准)
creat	int creat(char * filename,int mode)	以 mode 所指定的模式创建文件(非 ANSI C 标准)
eof	int eof(int fp)	判断 fp 所指向的文件是否结束
fclose	int fclose(FILE * fp)	关闭 fp 所指向的文件,释放文件缓冲区
feof	int feof(FILE * fp)	检查文件是否结束
ferror	int ferror(FILE * fp)	测试 fp 所指向的文件是否有错误
fflush	int fflush(FILE * fp)	将 fp 所指向的文件的全部控制信息和数据存盘
fgets	char * fgets(char * buf,int n,FILE * fp)	从 fp 所指向的文件读取一个长度为(n−1)的字符串,存入起始地址为 buf 的空间
fgetc	int fgetc(FILE * fp)	从 fp 所指向的文件中取得下一个字符
fopen	FILE * fopen(char * filename,char * mode)	以 mode 指定的模式打开名为 filename 的文件
fprintf	int fprintf(FILE * fp,char * format,args,…)	把 args 的值以 format 指定的格式输出到 fp 所指向的文件中
fputc	int fputc(char ch,FILE * fp)	把字符 ch 输出到 fp 所指向的文件中
fputs	int fputs(char str,FILE * fp)	把 str 指定的字符串输出到 fp 所指向的文件中
fread	int fread(char * pt,unsigned size,unsigned n,FILE * fp)	从 fp 所指向的文件中读取长度为 size 的 n 个数据项,存到 pt 所指向的内存区
fscanf	int fscanf(FILE * fp,char * format,args,…)	从 fp 所指向的文件中按 format 给定的格式读取数据,并存入 args 所指向的内存变量中(args 是指针)
fseek	int fseek(FILE * fp,long offset,int base)	把 fp 所指向的文件的位置指针移到以 base 指定的位置为基准、以 offset 为位移量的位置
ftell	long ftell(FILE * fp)	返回 fp 所指向的文件中的读写位置

续表

函数名	函 数 原 型	功　　能
fwrite	int fwrite（char ＊ ptr，unsigned size，unsigned n，FILE ＊ fp）	把 ptr 所指向的 n＊size 字节输出到 fp 所指向的文件中
getc	int getc(FILE ＊ fp)	从 fp 所指向的文件中读取下一个字符
getchar	int getchat(void)	从标准输入设备中读取下一个字符
gets	char ＊ gets(char ＊ str)	从标准输入设备中读取字符串并存放到 str 所指向的数组中
open	int open(char ＊ filename,int mode)	以 mode 指定的模式打开已有的名为 filename 的文件（非 ANSI C 标准）
printf	int printf(char ＊ format,args,…)	在 format 指定的字符串的控制下，把列表 args 输出到标准设备
prtc	int prtc(int ch,FILE ＊ fp)	把一个字符 ch 输出到 fp 所指向的文件中
putchar	int putchar(char ch)	把字符 ch 输出到 fp 所指向的标准输出设备
puts	int puts(char ＊ str)	把 str 所指向的字符串输出到标准输出设备，并把'\0'转换为回车符
putw	int putw(int w,FILE ＊ fp)	将一个整数 w（即一个字）写到 fp 所指向的文件中（非 ANSI C 标准）
read	int read(int fd,char ＊ buf,unsigned count)	从 fp 所指向的文件中读取 count 字节到由 buf 所指向的缓冲区（非 ANSI C 标准）
remove	int remove(char ＊ fname)	删除以 fname 为文件名的文件
rename	int remove(char ＊ oname,char ＊ nname)	把 oname 所指向的文件名改为由 nname 所指向的文件名
rewind	void rewind(FILE ＊ fp)	把 fp 文件指针置于文件头，并清除文件结束标志和错误标志
scanf	int scanf(char ＊ format,args,…)	从标准输入设备按 format 指定的格式，输入数据给 args 指定的单元。args 为指针
write	int write(int fd,char ＊ buf,unsigned count)	从 buf 所指向的缓冲区输出 count 个字符到 fd 所指向的文件中（非 ANSI C 标准）

5. 动态存储分配函数

在使用动态存储分配函数时，应该在源文件中使用如下命令：

```
＃ include "stdlib.h"
```

函数名	函 数 原 型	功　　能
callloc	void ＊ calloc(unsigned n,unsigned size)	分配 n 个数据项的内存连续空间，每个数据项的大小为 size 字节
free	void free(void ＊ p)	释放 p 所指向的内存区
malloc	void ＊ malloc(unsigned size)	分配 size 字节的内存区
realloc	void ＊ reallod(void ＊ p,unsigned size)	把 p 所指向的已分配的内存区大小改为 size。size 可以比原来分配的空间更大或更小

参 考 文 献

[1] 邵兰洁,马睿,等.C 语言程序设计[M].北京:清华大学出版社,2021.
[2] 马睿,孙丽云,等.C 语言程序设计习题解答与实验指导[M].北京:清华大学出版社,2021.
[3] 曹为刚,倪美玉.C 语言程序设计与项目案例教程[M].北京:清华大学出版社,2023.
[4] 王敬华,林萍.C 语言程序设计教程[M].3 版.北京:清华大学出版社,2021.
[5] 谭浩强.C 程序设计[M].5 版.北京:清华大学出版社,2017.
[6] 谭浩强.C 程序设计学习辅导[M].5 版.北京:清华大学出版社,2017.
[7] 许真珍,蒋光远,田琳琳.C 语言课程设计指导教程[M].北京:清华大学出版社,2016.
[8] 叶安胜,鄢涛.C 语言综合项目实战[M].北京:科学出版社,2016.
[9] 谭浩强.C 程序设计试题汇编[M].2 版.北京:清华大学出版社,2010.